太阳系主要成员（图片来

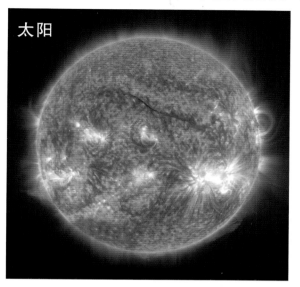

图片右下部的强光显示了 2014 年 10 月 26 日发生的 X 级太阳耀斑，这是 48 小时内的第三次 X 级耀斑。

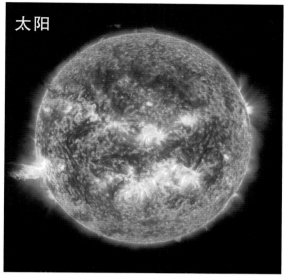

图片左侧显示了太阳耀斑穿过太阳大气层的物质喷发，这被称之为日珥爆发。耀斑是 M 2.9 级，处于中低范围。此后不久，太阳的同一区域将日冕物质抛射到太空中。

这张彩色的水星视图是使用"信使"号彩色底图成像活动中的图像制作的。

水星上的颜色差异是微妙的，它们揭示了有关行星表面物质性质的重要信息。图中可以看到许多带蓝色调的亮点，这些是相对较新的撞击坑。

　　金星被包裹在密集的云层中，这是一个高温、高压、腐蚀性酸云的世界。云层位于球表面上方约 60 千米处，它们由硫酸颗粒组成，而不是地球上的水滴或冰晶。这些云颗粒在外观上大多是白色的。然而，也可以看到一片片红色的云。这是由于存在一种神秘材料，可以吸收蓝色和紫外线波长的光。

　　这张图片是由 JPL 工程师 Kevin M. Gill 从存档的 Mariner 10 数据中处理的。

　　这是 2019 年 4 月 17 日从近 160 万千米的距离上拍摄的地球。

地球

在这张合成图像中，从航天器的角度看地球似乎是从月球地平线上升起的，当时拍摄平台位于月球背面康普顿陨石坑上方约 134 千米处。图中地球的中心在利比里亚海岸附近（4.04°N，12.44°W）。右上角的大片棕褐色区域是撒哈拉沙漠，再远处是沙特阿拉伯。

月球

月球

该图片是由来自 NASA 机器人月球勘测轨道飞行器上的摄像机所拍到的月球背面。

该图片展示了面对地球的月球一面。

火星

图片中心展示了整个 Valles Marineris 峡谷系统，长 3 000 多千米，宽 600 千米，深 8 千米，从地堑弧形系统 Noctis Labyrinthus 延伸至东西两头的混乱地形。

火星

图示沙尘暴活动有所增加，在此时的火星季节，沙尘暴是比较典型的活动。

木星

这是木星的真彩色视图，2000 年 12 月 7 日，由美国宇航局"卡西尼"号航天器拍摄的 4 张图像组合而成。左侧的黑点是木星的卫星欧罗巴在球面上的阴影。

木星

这是有史以来最详细的木星全球彩色图像，最小的可见特征大约有 60 千米宽。球面上可见大气中强烈的湍流，但互相平行的红棕色和白色带、白色椭圆形和大红斑仍然会存在多年。最具活力的是大红斑左侧和球面北半部位置的小而明亮的云。

木卫一

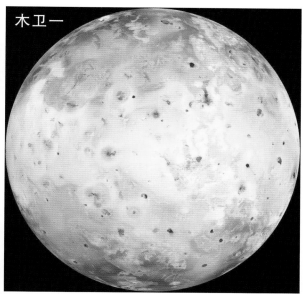

木卫一

由图片左侧的喷发气流，可看出该卫星正在发生火山喷发。木星强大的引力与其相邻卫星的较小且持续的拉力之间陷入了一场永久的拉锯战，木卫一的扭曲轨道使其在围绕这颗气态巨行星俯冲时弯曲。拉伸会使木卫一（艾奥）的内部产生摩擦和强烈的热量，在其表面引发大规模喷发。

图片显示木卫一的大部分表面都是柔和的颜色，在活动火山中心附近点缀着黑色、棕色、绿色、橙色和红色斑点，这表明熔岩和含硫沉积物由复杂的混合物组成。一些明亮（发白）、高纬度（靠近顶部和底部）的沉积物具有飘逸的品质，就像一层透明的霜层。鲜红色区域现在被视为既是弥漫性沉积物又有尖锐的线性特征。由于相对较高的分辨率和艾奥部分地区崎岖的地形相结合，在这里可以看到一些地形阴影。

土星

这是"卡西尼"号于 2010 年 1 月 2 日从土星轨道上拍到的景象。在这张图片中，土星夜晚一侧的光环已显著增亮，更清晰地显示了它们的特征。在白天，这些环被阳光直射和土星云顶反射的光照亮。

土星

　　该图显示了 2016 年土星的北半球。随着季节的推移,阳光的角度不断变化,照亮了北极地区周围巨大的六边形急流,微妙的蓝色色调继续消退。

天王星

　　该图片是"航海者"2 号航天器于 1986 年 1 月 14 日从大约 1 270 万千米处拍摄的天王星图像。

天王星

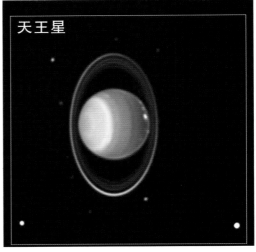

　　该图由哈勃太空望远镜拍摄,图片显示天王星被四个主要环和 17 颗已知卫星中的 10 颗包围。

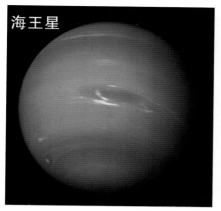

海王星

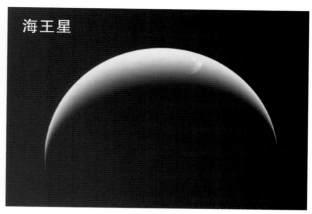

海王星

　　该图片由"航海者"2号窄角相机通过绿色和橙色滤镜拍摄的全行星图像生成的。图中部为大黑斑及其伴生亮斑；在西翼，可以看到被称为Scooter的快速移动的明亮特征和小黑点。在图片北部，可以看到类似于南极条纹的明亮云带。

　　这张照片是在1989年8月31日世界标准时间17：00左右由"航海者"2号的窄角相机拍摄的。

冥王星

冥王星与卡戎

　　这是美国宇航局"新视野"号航天器在2015年拍摄的最准确的冥王星自然彩色图像。冥王星上引人注目的特征清晰可见，包括冥王星冰冷的、富含氮和甲烷的"心脏"。

　　这张图片突出了冥王星和卡戎之间的显著差异。也突出了卡戎的极地红色地形和冥王星赤道红色地形之间的相似性。

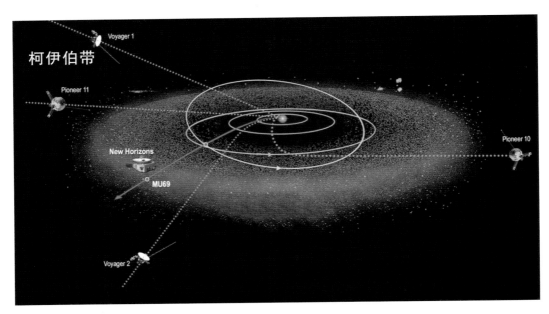

柯伊伯带

柯伊伯带的内边缘始于海王星的轨道，距太阳约 30 AU。柯伊伯带内部的主要区域在距太阳 50 AU 的地方结束。与柯伊伯带主要部分的外边缘重叠的是第二个区域，称为散射盘，它继续向外延伸到近 1 000 AU，有些天体甚至在更远的轨道上。

彗星

该图像于 2014 年 11 月 20 日从距彗星 67P/Churyumov-Gerasimenko 中心 31 千米处拍摄。彗核酷似雕塑头像。

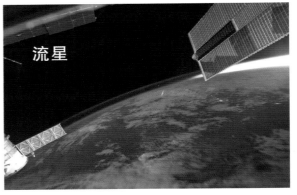

流星

2011 年 8 月 13 日，宇航员 Ron Garan 在国际空间站上拍摄了英仙座流星雨中的一颗流星。当时空间站位于北京西北约 400 千米的上空。

中学生地理实践力培养系列丛书

中学生
天文基础知识手册

龚湘玲　伍树人　编著

广东高等教育出版社
Guangdong Higher Education Press
·广州·

图书在版编目（CIP）数据

中学生天文基础知识手册/龚湘玲，伍树人编著. —广州：广东高等教育出版社，2021.7
（2023.4 重印）

（中学生地理实践力培养系列丛书）

ISBN 978 - 7 - 5361 - 7120 - 6

Ⅰ．①中⋯　Ⅱ．①龚⋯ ②伍⋯　Ⅲ．①天文学—青少年读物　Ⅳ．①P1 - 49

中国版本图书馆 CIP 数据核字（2021）第 191970 号

书　　名	中学生天文基础知识手册
	ZHONGXUESHENG TIANWEN JICHU ZHISHI SHOUCE
出版发行	广东高等教育出版社
	地址：广州市天河区林和西横路
	邮政编码：510500　电话：（020）87553335
	http://www.gdgjs.com.cn
印　　刷	佛山市浩文彩色印刷有限公司
开　　本	787 毫米×1 092 毫米　1/16
印　　张	19.25
插　　页	4
字　　数	485 千
版　　次	2021 年 7 月第 1 版
印　　数	2023 年 4 月第 2 次印刷
定　　价	58.00 元

序 言 1

  天文学既是一门古老的科学，又是现代六大基础学科之一。当前，我国已经迈入航天时代，对天文学提出了更高的要求，需要更多的天文学人才，青少年则是天文学人才的后备军。

  广大青少年对深邃的星空充满好奇和遐想，且有强烈的学习欲望，但由于手中掌握的数理工具的限制，很多天文学书籍不能畅快通达地阅读，实为憾事！

  龚湘玲老师是深圳市教育科学研究院高中部主任，又是地理教研员；伍树人老师是长期从事天文科普的地理教师。他们在工作中深切地体会到：天文地理不分家。青少年学天文，重点更应该放在学习天文学的思维方法上，通过实践加深对理论的认识，这有利于开拓创新、激发学习兴趣。因此编写了这本《中学生天文基础知识手册》，本人窃以为这填补了天文科普的一个空白，乐为之序。

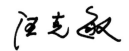

2021 年 6 月

汪克敏，天文学家，中国科学院国家天文台二部原主任。1992—1996 年任中国天文学会副理事长，1994—2001 年任中国科学院北京天文台副台长，2004—2011 年任中国科学院天文科普联盟秘书长。

序　言　2

　　龚湘玲老师和伍树人老师编写的《中学生天文基础知识手册》一书，是一本基础读物，尽量回避了中学生尚没有掌握的数学物理知识基础，强调了从动眼动手到动脑、从形象思维到逻辑思维，进而到创造性思维的过程，有利于学生的终身发展；同时也介绍了一些进行天文活动过程中所需的天文基础知识；还为教师带领学生开展天文观测活动提供了一些参考模式，符合中央提出的"双减"（减少学生过重的作业负担和校外培训负担；减轻家庭教育支出和家长相应的精力负担）要求，以及提高了学生的创新精神和实践能力的精神。相信此书会在学生学习天文知识、学校开展天文活动中发挥积极作用。以此记之！

2021 年 6 月

　　郭红锋，天文教育专家。原工作于中国科学院国家天文台，任信息部门负责人、天文数据库负责人、图书馆馆长；现任国际天文学联合会会员，国际动手天文教学组织（Global Hands-On Universe）中国负责人，中国教育技术学会智慧学习工作委员会理事，北京教委远程教育专业委员会常务副主任委员，中国科学院老科技工作者协会天文分会副理事长，中国科学院科普讲师团、科学家精神宣讲团成员。

前　　言

　　迄今为止，地球至少已有约 46 亿岁了，人类历史有据可查的不过万年，与之相比实在是微不足道。在那朦胧的几百万年的黑暗年代，没有给我们留下任何足以了解祖先是怎样积累、培育出知识的萌芽的证据。但我们可以从今人的认识方法去推测古人是怎样认识问题的，"以今证古"应该是一种比较可行的方法。

　　古人有些认识在今人看来似乎很可笑，但我们切不可有半点不敬之意。"王杨卢骆当时体，轻薄为文哂未休。尔曹身与名俱灭，不废江河万古流。"要知道，当时的古人还没有实行九年义务教育，更没有大学可上，知识的传递主要是依靠血缘关系的代代相传，当时的生活条件又极差，完全可以设想，一个好好的人很可能转眼间就丢了性命。如果这个人恰是那饱学之士，以前积累的知识就会就此中断。只是在文字出现之后，这种情况才有所改善，人类知识的积累才避开了中断的危险，而我们当今自认为浩如烟海的知识库也是以前人的知识积累为基础的。我们大概不会像那个聪明的"财主"，因为喜欢住高楼只建第五层而不建下面几层。从这个意义上看，了解我们科学发展的过去，有利于我们发掘前人被湮没的一些真知灼见，同时也有利于吸取前人的经验教训，以更少的物质、思想投入，取得更大的进步。

　　我们的祖先从认识到自己的存在开始，就力图对自己所生存的空间给出一个能令自己满意的解释，最富有浪漫色彩的要算是盘古开天辟地了，在混沌之中睡着一个辨不出上下左右前后的巨人，在黑暗之中醒了过来，因不满意这种状况，抽出了腰间的大斧，横着劈去，为这混沌不分的东西划出了界线，清者上升为天，浊者下沉为地，而这个开天辟地的盘古就作为人的代表立于天地之间。与其说这是中国人的创世纪，不如说这是人类认识到自己的存在以及空间的存在，是原始的宇宙模型，是人类首次对天地人三者相互关系的理解，是人类面对天地自觉渺小却又渴望改造甚至驾驭它的心理的反映。

　　天地人三者从来就是中国人常谈的话题，也可以说中国人早就认识到了天地、天人、人地关系的存在了，并且力图调整它们之间的关系。

中国古代先贤很早就提出了关于天地的许多问题，如楚国屈原在《天问》中一口气提出了几百个问题："遂古之初，谁传道之？上下未形，何由考之？冥昭瞢暗，谁能极之？冯翼惟象，何以识之？明明暗暗，惟时何为？阴阳三合，何本何化？圜则九重，孰营度之？惟兹何功，孰初作之？……"。

这些问题涉及天文、地理、人文各个方面，虽然其中有些带有神话色彩，但更多的是非常严肃的问题，有的已经初步得到解决，更多的至今还没有得到一个令人满意的答案。现在就让我们沿着前人走过的漫漫长路，继续他们的上下求索吧！

天文学是一门古老而又年轻的学科，它的研究对象是辽阔空间中的天体。早期的天文学主要为农耕服务，观测天象而知四时八节进而制定历法；近现代的天文学已与物理学融合，天文学不断地提出观测所得的问题，物理学为天文观测提供越来越有力的观测工具。地球也是一个天体，但即使能"解剖"地球，也不能代替我们对天体的了解。我们对天体的研究一直是被动的，对宇宙中的天体的认识只是等待式地捕捉它们发出的信息。

宇宙是那样广大，要想到达现已发现的最远天体，乘上光速飞船也要飞行 180 亿年；大多数似乎若明若暗的星星那不起眼的亮度，都能使地球在靠近它的时候在极短的时间内灰飞烟灭，这种令人生畏的且人力目前还无法创造的能量使得我们不大可能在地球上重演那"五彩缤纷的要命实验"。虽然如此，科学家仍然发挥他们的聪明才智，尽量运用其他学科的成果，来论证、模拟自己的猜测和所观察到的现象。同时天文学将永远是人类考察自然、认识自然的一个尖兵，这也是天文学作为六大基础学科之一的原因。自然科学的六大学科：生物、地理、天文、数学、物理、化学，在我国中学课程中只有天文学没有被独立设置为学科，仅有部分天文学知识分散在物理课和地理课中。

中学地理课中的天文知识主要是论述地球在宇宙中的位置以及地球与其他天体之间的关系，至于与地球表面的坐标有关的天球坐标等则主要在地球的运动中体现。历法等日常生活上要用到的一些与天文地理有关的知识，也只是出现了二十四节气等，而公历和中国的农历则不见于课本之中。

在教学实践中，既有"地球在宇宙中的位置"章节的教学所需，又有课外活动对天文知识的了解，教师们需要一本与教学相关的简易天文读本，天文活动小组也需要一本简易教材。为满足教学所需，我们编写了这本《中学生天文基础知识手册》，供教师们参考和天文活动小组使用。由于编者所知有限，遗漏及谬误在所难免，还望读者不吝赐教。

编著者

2021 年 6 月

目录

知识篇

活动篇

知 识 篇

第一章　天文学简史

🪐 第一节　古代天文学的诞生和发展

一、与原始农业一起发展起来的古代地理学和天文学

按人类认知自然事物的先后顺序，人类在文明发展的过程中，最先发展起来的科学门类应该是生物、地学和天文。对生物的认识自不必说，雏形的地学可以说是和真正意义上的农业同时诞生，而古代天文学则是应农业生产的需要而发展起来的。

在人类开始有了种植业之后，受地理条件的限制，首先在土壤肥沃、灌溉便利、交通发达的冲积平原上形成聚居点，从而形成了古代文明。如我国的黄河中上游的渭河平原、埃及的尼罗河下游平原、美索不达美亚平原和恒河平原，就孕育了四大文明古国。

地学知识除了使人能择耕田、选居地之外，还提供物候方面的知识。我们的祖先在很长一段时期内是依靠桃花开、桂花落、燕筑巢、蛙鸣鼓等现象来决定播种、收割等农耕活动。这比单靠经验来得稳当，但花开花落、燕归、蛙鸣会因一些偶然因素而提前或滞后，难免会影响农耕。经过长期的观察，在物候的基础上发现了回归年，各个不同的民族、不同的地域对回归年有不同的分割，分割出来的季节也有不同的名称，但无不本于太阳在星空中的位置，反映在地面上就是正午太阳高度角的周年变化，这就需要对太阳进行长期而细致的观测，这是早期天文学的一个显著特征。

人类历史上有一个漫长的时期依赖天文学为农业提供准确的季节依据，这种生产上的需要，使天文学在季节物候分明的地区得到了极大的发展。大约在 5 000 ~ 6 000 多年前，在黄河流域（温带地区，春夏秋冬四季分明）、印度河流域（雨季和旱季交替）、尼罗河下游平原（依靠热带草原季节性降水形成周期泛滥）和两河平原（两河流域的周期泛滥）等农业发达的地区，天文学首先得到发展。

二、古代中国的天文学

（一）夏商时期的天文学

早在夏代之时，人们就知道一年有 366 日，并"以闰月定四时成岁"。从现存的典籍看，我国早在夏代之时，就由巫、祝、史、卜等人员兼做天文工作，这就导致天象观测和星占结合在一起。一方面，视天下为己物的统治者最关心的莫过于自己的宝座是否稳固了，他们经常祈求于神灵，希望从上天垂象之中得到启示，因而非常重视天象观测，尤其是特殊天象的观测和报告。《尚书·胤征》中所记夏代仲康王之时（约在公元前 21 世纪），天文官羲和因酗酒而漏报日食被砍脑袋一事可为佐证。正是因为如此，天文学得到了统治者的重视，专门设立天文官来从事这项工作，斥巨资修建各种天文观测设施，使早期天文学得到了极大的支持从而不断发展；另一方面也使早期天文学带上了迷信的色彩，同时也为以后的星占学埋下了种子，使天文学常常钻进荒诞怪异的误区，影响了天文学的健康发展。笔者大胆猜测："玄之又玄，众妙之门"，焉知这是不是古代天文学家争取经费的一种手段呢？

中国大概在夏商之时就有了节气的划分，《夏小正》是我国第一部成文历书，它按 12 个月的顺序，记叙每个月的星象、物候、气象等内容，同时指导何时应开展何种农业活动，无疑是前人有关观测成果的总结、推广和应用。观测星象的时间也由初昏改到昏旦，继而在日出前观测东方出现的恒星，这就为确定太阳在星空中视运行的轨道——黄道提供了素材。使用这些观测资料，只要定时定位观测出现的星象就可以定月份和季节，观测月亮的圆缺位相，就可以知道大致的日期。懂得天文，就可以在天空上找到一本永不出错的年历，这在古代，尤其是在幅员广大的国家是非常重要的。在交通不发达、文字不统一、百姓文化水平低的状况下，别说当时没有统一的日历，就是有，发布到各地都是一个困难的事。由皇家制历，就是制定全国统一遵守的记日、月、年的方法，再由各地有文化的人（主要是官吏、读书人）传告乡里，全国上下就有了统一的"历"了。

分居在各地的农人会根据星象来判断季节，中国春秋时代的农妇都知道"斗柄东指，天下皆春"，这是因为当时农人须以天象指正农时。实践出真知，天文学在那个时候比现在普及也就不奇怪了。

到西周时，就有了比较完整的以二十八宿来划分星空的方法。当时，将黄道附近的星空分为二十八宿。天区的划分有利于对行星运动进行观测并进一步认识行星的运动规律。西周之时，就已对肉眼可见的五大行星进行了连续的观测，并用五行（金、木、水、火、土）来为这些大行星命名。当时已经注意到了木星约 12 年、土星约 28 年在黄道带星空中穿行一周。1978 年，在湖北省随县擂鼓墩发掘出来的战国古墓葬中，一个漆箱盖上就写画上了二十八宿的名称及与其相应的青龙白虎图像（见图 1－1），足以证明二十八宿和四象起源于我国。

图 1-1　擂鼓墩战国古墓葬漆箱盖上二十八宿名称及相应的青龙白虎图

从西周时起，已经诞生了圭表和计时漏壶等天文仪器。从流行于当时的一些诗歌，可以知道当时天文知识非常普及，对日食等天象也特别注意，如《诗经·小雅·十月之交》中就有"十月之交，朔日辛卯，日有食之"的记载，据专家考证，这是指发生在周幽王六年（公元前776年）十月初一发生的一次日食，是世界上最早的日食记录之一，同时还说明当时就已经知道朔日和有天干地支记日的方法了。

（二）中国的古代宇宙理论

在古人对日月星辰的运动规律不断认识的过程中，对天地的形成、日月星辰到底是由什么组成的等基本问题，有了进一步探索的欲望。

在大自然中，人显得太渺小了，对不断变幻的星空、四季更替、风霜雨雪、雷鸣电闪等自然现象，会很自然地产生敬畏之情，进而崇拜超自然力。各个不同的民族塑造了不同的超自然力偶像，由此产生的原始宗教可谓五花八门，但天和地是人们最基本的崇拜对象。在商代之时，人们将"帝"看作是主宰一切的超自然力，到周代，这个崇拜的偶像已演变成"天"了。为了巩固自己的统治，增加执政的合法性，统治者把人人敬畏的"天"抬出来，自称是"受命于天"并统治人间的"天子"。

劳动人民在生产实践中不断积累对自然界的认识，在对天地一无所知、盲目崇拜的唯心主义基底上，产生了朴素的唯物主义观念。商末周初，在民间已流传着宇宙是由水、火、金、木、土所组成的说法；周幽王时期，史伯进一步提出土、金、木、水、火是组成万物的最基本物质，五行说由此而生。

人们还力图寻找构成万物的更基本的物质。三国时代的杨泉进一步提出"夫天，元气也，皓然而已，无他物焉"，"星者，元气之英也；汉，水之精也。气发而升，精华上浮，宛转随流，名之曰天河，一曰云汉，众星出焉"。这是非常高明的推测，认为恒星是"元气"之精华组成。银河是众星所成，直到近代才得到证明。

《晋书·天文志》中有我国古代关于宇宙结构学说的记载："古言天者有三家，一曰盖天，二曰宣夜，三曰浑天。"

1. 盖天说

最早的盖天说是"天圆如张盖，地方如棋局"的天圆地方说，有典可查的是《周髀算经》中所记：平直的大地为边长81万里的正方形，天顶的高度是8万里，向四周下垂。大地是静止不动的，日月星辰随天穹一起旋转。为了解决圆天和方地不能吻合的矛盾，天圆地方又被修正为有如穹隆的天被八根大柱支撑在方形的大地上。但人们从来就没有找到天地的支撑点在哪里，况且天地之间的空间是什么呢？楚国诗人屈原就问："斡维焉系？天极焉加？八柱何当？东南何亏？九天之际，安放安属？隅隈多有，谁知其数？天何所沓？十二焉分？日月安属？列星安陈？出自汤谷，次于蒙汜；自明及晦，所行几里？夜光何德，死则又育？"

为了更好地解释这些问题，盖天说又经历了一次较大的改动，新的宇宙结构认为："天似盖笠，地法覆盘，天地各中高外下。北极之下为天地之中，其地最高，而滂沱四聩，三光隐映，以为昼夜。天中高于外衡冬至日之所在六万里。北极下地高于外衡下地亦六万里。外衡高于北极下地二万里。天地隆高相从。日去地恒八万里。"（《晋书·天文志》）

这个假说推断天地是大致平行的两个物体，还对日地距离做出了"八万里"的估计。按照这个宇宙图式，天是一个穹形，地也是一个穹形，就如同心球穹，两个穹形的间距是八万里。北极是"盖笠"状的天穹的中央，日月星辰绕之旋转不息。盖天说认为，日月星辰的出没，并非真的出没，而只是离远了就看不见，离得近了，就看见它们了。据东汉学者王充解释："今试使一人把大炬火，夜行于平地，去人十里，火光灭矣；非灭也，远使然耳。今，日西转不复见，是火灭之类也。"

2. 浑天说

浑天说源自战国时期的慎到，他说："天体如弹丸，其势斜倚"。到了东汉时期，天文学家张衡著《浑天仪注》，正式提出了浑天说，认为天为一球，地处中心。在这个假说中，张衡把天比作蛋壳，地为蛋黄，天像车轮一样绕地运转，造成二十八宿半见半隐，颇有一点地心说的味道。天地之间的关系是："天地各乘气而立，载水而浮"，但当日月星辰在地平线之下时，怎样"从水中钻过以从另一方起来的问题"，没有令人信服的解释。

在元气论进一步发展起来后，地被解释成浮在气中，它的上下左右前后都被气所包围。从字面看来，张衡将地看作"如鸡子中黄"，是把地看作球形的，但他又在《灵宪》中说："八极之维，径二亿三万二千三百里，南北则短减千里，东西则广增千里。自地至天，半于八极，则地之深亦如之"。这里又把地看作是南北稍窄东西稍长的平面，而不是球形。

3. 宣夜说

宣夜说原著现已失传，但在《晋书·天文志》中抄录了东汉秘书郎郗萌的书录："天了无质，仰而瞻之，高远无极，眼眢精绝，故苍苍然也。譬之旁望远道之黄山而皆青，俯察千仞之深谷而窈黑，夫青非真色，而黑非有体也。日月众星，自然浮生虚空之中。其行其止，皆须气焉。是以七曜或逝或住，或顺或逆，伏见无常，进退不同，由乎无所根系，故各异也。故辰极常居其所，而北斗不与众星同没也；摄提、填（通镇）星皆东行；日行一度，月行十三度；迟疾任情，其无所系著可知矣。若缀附天体，不得尔也"。从这段记载中看，宣夜说认为天是没有形质的无限空间，而日月星辰是飘浮在空中的，太阳日行一度，月亮却日行十三度，它们没有在同一个天壳上运动。与浑天说相比，宣夜说只是提出了一个宇宙模型，并没有给出一个天体的数学模型，不利于对天体视位置和视运动进行量的测算。

有了一个宇宙模型，人们就开始思考天地的运动了。早在战国时期，就有《庄子·天运篇》说："天其运乎？地其处乎？日月其争于所乎？孰主张是？孰维纲是？孰居无事推而行事？意者其有机缄而不得已邪？意者其运转而不能自止邪？"这段话的意思是：天是运动的吗？地是静止的吗？日月是交替着升起而落下的吗？什么力量主宰它们？什么力量制约它们？什么力量无缘无故推动它们？莫非它们有什么机制不得不如此？莫非是它们的运动无法停止？从这些问题可以看出，当时已经有人在猜测大地是否在运转不息。这里已经有了天旋地转是相对的运动的思想了。

西汉末年的《尚书·考灵曜》中说："地有四游，冬至地上北而西三万里，夏至地下南而三万里，春秋二分其中矣。地恒动不止，而人不知，譬如人在大舟中，闭牖而坐。舟行而不觉也。"从这段话中，可以看出，当时的天文学家认为地球是运动的，所以正午太阳高度角就有以年为周期的变化。这与 1 500 多年后，哥白尼以人坐船中不觉船行反觉地动为例来说明地球是绕太阳运转是何其相似！

宋代的张载对地球运动的思想有很重要的发展，他说："恒星不动，纯系于天，与浮阳运旋而不穷者也。日月五星逆天而行，并包乎地者也。地在气中，虽顺天左旋，其所系辰象随之，稍迟则反移徙而右尔；间有缓速不齐者，七政之性殊也。"张载从元气本体论出发，认为"天"根本不是一个固体壳，而是一团气（"浮阳"），恒星和天以较快的速度自东向西运转（"天左旋"），七政（日月五星）和地球一起"顺天左旋"。但速度又依次稍慢，因而在地球上看去，七政在恒星的背景上又有自西向东的运动（"稍迟则反移徙而右尔"）。这样，张载力图用相对运动的概念来说明恒星、日、月、行星的复杂的视运动。

张载除了对地球的自转做了猜测外，还提出了："地有升降，日有修短。地虽凝聚不散之物，然二气升降其间，相从而不已也。阳日上，地日降而下者，虚也；阳日降，地日进而上者，盈也。此一岁寒暑之候也。"张载认为地球的外面被无形的气体包围着，阳气上升时，盖在地上的阳气浓厚，压在地下的阳气空虚，所以地就下降，离太阳就远，成为冬季；反之，阳气下降时，地上阳气稀薄，地下的阳气饱满，所以地就上升，离太阳就近，成为夏季。这种解释，以现在的科学水平来看，有些不值一提，但他力图用地球相对于太阳的运动来解释四季的成因，在当时毕竟是一种有意义的尝试。

4．天地起源学说

西汉淮南王刘安主持著有《淮南子》，其中有天文训篇说："天地未形，冯冯翼翼，洞洞灟灟，故曰太昭。道始于虚廓，虚廓生宇宙，宇宙生气，气有涯垠，清阳者薄靡而为天，重浊者凝滞而为地，清妙之合专易，重浊之凝竭难，故天先成而地后定。天地之袭精为阴阳，阴阳之专精为四时，四时之散精力万物。积阳之热气生火，火气之精者为日；积阴之寒气为水，水气之精者为月。日月之淫为精者为星辰。"这段话的意思是：天地形成之前，一片混沌空洞，这一阶段叫作太始，在这种空廓的情况下，道就开始形成了。有了道，空廓才生成宇宙，宇宙生成元气。元气有一条界线。那清轻的互相摩荡，向上成为天；那重浊的逐渐凝固，向下成为地。清轻的容易团聚，重浊的不容易凝固，所以天先成而地后定。天地的精气结合而分为阴阳，阴阳的精气分立而成为四时，四时的精气散布出来就是万物。阳气积聚的热气变成火。火的精气变成太阳。阴气积聚的冷气化成水，水的精气是月亮。太阳和月亮过剩的精气是星辰。这段话描述了处于原始的混沌状态的物质怎样在其自身的运动中分出清轻和重浊的两种元气，并逐渐形成天地和日月星辰的过程。

《淮南子》一书，对天地生成过程的讨论内容非常丰富。除《淮南子·天文训》外，在《淮南子·俶真训》中，也对天地的生成做了精彩的论述。

《淮南子·俶真训》明确提出，当天地刚刚开辟时，还没有形成万类众生，生命是天地开辟以后逐渐形成的。在天地开辟以前，只是阴阳二气，上下错合，周游宇宙，再往前推，则是元气未分，一片混沌。这种思想和《淮南子·天文训》完全一致，而且对每个发展阶段描述得十分仔细，这里不仅有天地生成演化的思想，而且也有生物进化思想的萌芽，内容十分丰富。

东汉时期的张衡也讨论了天地的起源问题，他在《灵宪》中把天地万物的生成发展概括为三个阶段：第一阶段叫"溟涬"，它是道的"根"基，这是形成天地原始物质处于虚无无形的"太素之前"的阶段；第二阶段，物质从无形变为有形，元气连在一起，颜色相同，混混沌沌分不清楚，这个阶段叫作"庞鸿"，它是"道"发育的枝"干"；第三阶段，万物渐渐有了形体，元气各自分开，有了刚、柔和清、浊之别，然后天地形成，万物滋育，这个阶段叫作"天元"，它是"道"结的果"实"。

在《淮南子》和《灵宪》中，分别提到"虚生宇宙""从无生有"等话，那么是否表示宇宙是从一无所有中变成的呢？不是的！这些话的意思是表示从无形的物质状态向有形的物质状态的过渡。《淮南子·俶真训》中明确指出："……由此观之，无形而生有形，亦明矣"。张衡自己也说过："玄者，无形之类，自然之根，作于太始，莫之与先"，认为无形之类的物质状态是最根本的。因此，《淮南子》和《灵宪》中主张从无形的物质状态向有形的物质状态过渡是毫不奇怪的。

总之，《淮南子》和《灵宪》中描述了如下的天地生成图像：最先是一种虚无无形的物质状态；然后演变为混沌的物质状态；再继而分出元气，并逐渐形成天地；最后才是滋育万物的世界，这是一幅十分出色的朴素唯物主义和辩证法的世界生成的图像。

到了宋代，朱熹把上述这种天地生成说更加具体化了。他提出了原始混沌的元气在不断地旋转中分化出轻清和重浊的两种物质，最后构成了天（包括日月星辰）和地。清代来我国的美国传教士丁韪良于 1888 年说，朱熹的理论传到欧洲，曾对 17 世纪笛卡儿提出天体演化的旋涡假说起了影响。

5. 宇宙无限性和时空观念

远在战国时期，尸佼就给宇宙下过一个科学的定义"四方上下曰宇，往古来今曰宙"。差不多和尸佼同时的后期墨家著作《墨经》中也说："宇，弥异所也"，"久（宙），弥异时也"，即宇是包括一切空间，宙是包括一切时间。也在战国时期，名家惠施提出"至大无外""至小无内"的命题，认为宇宙空间在大的方面和小的方面都是无限的。

汉代，张衡在《灵宪》中提出："宇之表无极，宙之端无穷"，认为我们所在的天地，是有限的；但天外有天，在我们的天地之外，还有无穷无尽的世界。至于前文所提的宣夜说，所展示的更是一幅无限宇宙的图像。唐代，柳宗元在《天对》中明确地阐明了宇宙的无限性，他说："无极之极，漭弥非垠"（宇宙没有边界，广阔无边）。

南宋末年，号称"三教外人"的无神论者邓牧，对宇宙的无限性提出了清晰的类比。他说："天地大也，其在虚空不过一粟尔。虚空，木也；天犹果也。虚空，国也；天地犹人也。一木所生，必非一果；一国所生，必非一人。谓天地之外无复天地，岂通论耶？"他用十分清晰的比喻提出了天地之外还有天地，宇宙空间之外还有宇宙空间的科学预见，辩证地提出了空间的无限与有限之间的互相依存和互相转化。

我国古代不仅对宇宙的无限性提出过不少出色的见解，而且也曾对时间、空间与物质之间的互相依存性有过天才的猜测。例如，北宋时期的张载就曾明确提出过物质与空间"相资"即互相依存的观点。他说："若谓万象为太虚中所见之物，则物与虚不相资，形自形，性自性，形性、天人不相待而有，陷于浮屠以山河大地为见病之说。"就是说，如果把一切事物（"万象"）都看成存放在空间中的东西，这样就把事物与空间看成彼此独立，不相互依存，事物的形状和它的内在本性，天和人，双方毫无关系，就会陷入佛教把山河大地当作一种幻象（"见病"）的错误，张载这里十分明确地指出了物与空间互相依存（"相资"）的论点，并明确指出，不能视"万象为太虚中所见之物"，即不能把空间看成是装载物的容器以及把物看成是存放在空间之中。这的确是十分出色的见解。

综观上述五个方面，我们可以看到，我国古代在宇宙理论方面，内容也同样是极为丰富的。同时，中国还有出色的古代天文仪器、丰富的天象记录以及日益精密的天文历法。

当然，我们也必须看到我国古代在宇宙理论方面的弱点。与古希腊相比，我国古代的宇宙理论思辨哲学的成分太浓，在这个领域中，天文学还没有从哲学中分离出来，未能更具体地、定量地用宇宙理论来解释某些天文现象（如行星的逆行、留等），特别是由于几何学方面较为欠缺，也给这方面的发展带来了困难。

三、美索不达米亚的天文学

在阿拉伯半岛的根部，有两条河流几乎是平行地向东南方向流淌，形成了肥沃的泛滥平原，这就是幼发拉底河（古亚述语：大水之河）和底格里斯河（苏美尔语：两岸高耸的河流）冲积而成的美索不达米亚（希腊语：两河流域）平原。早在公元前4000年至公元前2000年左右，苏美尔人和阿卡德人就在这里定居，史称苏美尔—阿卡德时期；从公元前1894至公元前1595年，才是古巴比伦王国。

早在苏美尔—阿卡德时期，这里就有了东、西、南、北的概念；创造了十进位和六十进位计数法；人们把星空分成了星座，通过对太阳视运动轨迹的观测形成了黄道面的概念，发现了五大行星。到了古巴比伦王国时期，人们将黄道分为十二宫；分一天为12时，1时分为60分，1分分为60秒；将圆周分为360度，1度分为60角分，1角分分为60角秒。这些创造至今还被大家所用。

古巴比伦人对太阳和月亮的运行周期测定很准确，在公元前4世纪末，他们测得的朔望月的近点月的周期精度已达秒的量级，对天空中肉眼可见的五大行星的观测同样准确，他们还测定了五大行星的会合周期，如：水星，23/73年；金星，8/5年；火星，32/15年；木星，71/65年；土星，59/57年，这些数据和现代观测结果没有很大的差别。

迦勒底人发现了"日食每18年重复出现一次"的迦勒底周期，也叫莎罗周期，莎罗就是重复的意思。

四、古埃及的天文学

古埃及文化诞生于尼罗河下游平原，在公元前4500年以前，古埃及人集居在尼罗河河谷附近，生产劳动以渔猎为主。公元前4500年以后，原始农业和畜牧业开始发展起来。尼罗河发源于非洲热带草原。热带草原气候区一年分为雨季和旱季，地上的气候与天上的太阳遥相呼应，随着太阳直射点在南北回归线之间以回归年为周期来回移动，赤道低气压带和信风带也稍稍滞后一些做南北移动，当来自干燥的大陆内部的信风带控制热带草原区时，草原上又干又热，食草动物都因没有食物而离开，干风吹拂着枯草，尘土飞扬，一片荒凉；每当气流终年上升的赤道低气压带控制热带草原时，其中水汽因空气上升降温而过饱和形成降水，草原进入雨季，旱季枯死的草屑和干松的尘土随着洪水滔滔而下，洪水冲到尼罗河下游的同时也带来肥沃的泥土，为两岸土地铺上一层沃土，年复一年地滋润着尼罗河下游平原，为现在的阿斯旺以下的尼罗河两岸带来了生命，也由此诞生了文明。这种年复一年的泛滥淹没了两岸的土地，对各个地块之间界线的恢复测量促使几何学诞生；对泛滥时间的测算促使了天文学的诞生。

为了观测天体的地平高度，古埃及人发明了一种叫麦开特的天文仪器，如图1-2所示，这种仪器由两根垂直于地面的测竿所组成，移动较长的一根测竿，直到通过较低的测竿顶和长竿顶上测孔看到被测天体时为止，则天体的地平高度可由同一水平面上的两竿高度之差及相互间距离来确定，而方位角可由两竿的方向来确定。埃及金字塔东西南北的方位十分精确，有的误差不到 2 角分。第四王朝法老齐阿普斯建造的金字塔，塔高 146.5 米，底边长 230 米，金字塔的四边正好对着东西南北四方，其正北方向有一条与地平面成 27°交角的隧道，从隧道底部遥望星空，正好对准当时的北极星（天龙座 α 星），在没有罗盘的情况下，金字塔的取向只能用天文的方法定位。

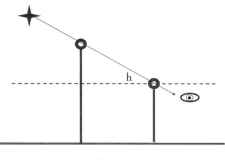

图 1－2　麦开特示意图

五、古印度的天文学

古印度文化发祥于印度河和恒河流域，在印度古籍《黎俱吠陀》中就有古印度人观察到太阳有半年运行在南天，半年运行在北天的记录。与中国有些相同，印度在吠陀时期（公元前 1000 年到公元前 400 年）把星空分为 27 个区域，后来又插进了一个区域。

当今学术界都认为印度的天文学史可以划分为五个时期：其一就是上述的吠陀时期；其二是公元前 400 年—公元 200 年，是受巴比伦天文学影响的时期；其三就是公元 200—400 年，是受巴比伦天文学和希腊天文学共同影响的时期；其四是公元 400—1600 年，是受希腊天文学影响的时期；其五是公元 1600—1800 年，是受伊斯兰天文学影响的时期。前两个时期是印度天文学的萌芽和诞生时期，主要表现在历法上的发展与完善，本书在后面有关历法演变的章节中还有叙述。

六、古希腊的天文学

古希腊是欧洲古代文化的发源地，早在四五千年前，在克里特岛和迈锡尼等地已经有相当发达的文化。

（一）早期的思辨性宇宙论

泰勒斯（约公元前 625—公元前 547 年）是古希腊最早的自然哲学家，可以说他是爱奥尼亚学派的创立者。他提出了水是宇宙间万物的本原的见解，他设想大地是浮在水上的圆盘，并认为天上也是水，所以下雨。相传他还预言了公元前 585 年的一次日食，由于这一预言，使爱琴海东岸两个互相残杀的部族停止了战争。

泰勒斯的继承人阿那克西曼德（约公元前 610—公元前

图 1－3　泰勒斯像

545 年），认为宇宙的本原是"无限"，他没有具体规定它是空气、水，还是别的东西，代之以一种"未规定的物质"，万物都从"无限"中产生，又重归于"无限"。不知他以何为据，认为大地是一个圆柱体，高是宽的 1/3，人类就住在圆柱体的上表面；地球悬在空中，没有什么东西支撑它（这一点要比当时的很多人高明）；地球的周围像洋葱一样被一个个透明而不可见的天层所包围，恒星离地球最近，其次是月亮和太阳，它们分别在不同的天层内围绕地球运动，而最外层则是火焰区。阿那克西曼德还认为星辰和太阳是一团火，而月亮本身并不发光，只是反射太阳的光。

阿那克西曼德行将就木之时，他的同派学者阿那克西美尼又提出了不同的见解，认为万物的本原是"气"，万物都由气的浓厚化或稀薄化而造成，永恒的运动使这些变化产生。他还认为大地的产生也是由于气的压缩，大地是扁平的，飘浮在空气中，而天体在它们各自的轨道上运转也是由于气的推动。

大名鼎鼎的赫拉克利特（约公元前 540—公元前 480 年）却认为："火"是宇宙的本原，万物都从火中产生，也都湮灭于火，当火熄灭时（逐渐冷却），就形成了眼前的芸芸众生；最后，整个宇宙和万物又在铺天盖地的烈火中焚毁。

爱奥尼亚学派的不同学者提出了"水""无限""气"和"火"等不同的宇宙本原，都是从自然界中可以观察得到的现象中通过思考来解释自然的，具有朴素的唯物主义成分。他们之间有不同的见解，甚至还有激烈的争论，是有利于科学的一件好事，使得人们对宇宙的本原有了一个理性的思维。

与赫拉克利特同时代但稍晚的古希腊学者留基伯（公元前 500—公元前 440 年）和他的学生德谟克利特（公元前 460—公元前 362 年）找到了宇宙本原的真正答案（这个功劳多记在后者头上），他们认为自然界由"原子"和虚空所组成。不同的原子虽有不同的形状、排列方式和位置，却有"不可分割"的共同特性。在无限的虚空中永恒运动着的原子组成了万物。他们还试图解释地球和天体的形成：无数原子处于一种旋涡运动之中，较重的"土原子"在旋涡的中心形成了地球；较轻的水原子、气原子、火原子在环绕地球的旋涡运动中形成了其他天体；有些天体形成的同时，另一些天体却在消亡。从以后的叙述之中，我们可以知道这些思想是多么地充满了睿智。

（二）毕达哥拉斯学派

毕达哥拉斯学派的创始人毕达哥拉斯（公元前 560—公元前 480 年），基于当时数学等知识已有相当的基础，他提出了一个前人所不敢想的宇宙本原"数"，从数生点，从点生线，从线生面，从平面生立体，从立体之中生水、火、土、气四种基本元素，进而组成我们周围的一切。他没有说"数"从哪里来，但我们都很清楚，"数"是人类为了计量周围物体的多少而创造的一种理性观念，他认为"数"在物质以前形成，是"万物之源"；他还将很多天文现象如人类文化中的某些方面类比，这种看法具有典型的唯心主义特征。可这并未影响他在天文学方面做出重大的贡献。

在毕达哥拉斯看来，各个行星的运动都像按某一韵律演奏着乐章。各个行星所在的天球的大小、运动速度有类似于音乐的简单数比，这种思想对后来的许多天文学家产生了极为深远的影响，成为宇宙和谐论的起源。

毕达哥拉斯还认为，宇宙不仅仅是和谐的，同时还应该是完美的。因为圆是平面图形中最完美的，球是立体图形中最美的，所以所有的天体的形状应该是球形，它们的运动都应是圆周运动。在这里，毕达哥拉斯歪打正着，从美学观念出发，打碎了前人对地球形状的种种不正确的猜测，最早提出地球是球形的观点。出于同样的道理，毕达哥拉斯认为：地球位于宇宙的中心，在它周围的天空中充满着空气和云彩（这可是能直接看到的）；空气和云彩之外的地方是日、月和行星运动的场所；日、月和行星之外是恒星之所在，也是元素聚集之地；包围着这一切的是永恒的火焰；它们的形状和运动轨迹，当然应该是圆。这个宇宙图像充满了和谐和完美。

图1-4　毕达哥拉斯像

毕达哥拉斯的弟子们在继承了他的基本理论之外，都有一些新的创见。

按菲洛劳斯的宇宙模型，地球以一天为周期绕"中央火"转动，就应该观测得到恒星的视差位移（毕达哥拉斯学派从符合数理的宇宙模型中认为恒星与地球之间的距离是一个有限值），事实上并未观测到这种位移。为了解释不能观测到恒星的视差位移的原因，毕达哥拉斯学派的另两位学者希色达和埃克方杜斯又重新把地球搬回宇宙的中心位置，提出了地球是自转的观点，正确地解释了天体周日视运动的原因。

（三）柏拉图学派

柏拉图进一步发展了毕达哥拉斯天体是球形的理论。大约在公元前4世纪，柏拉图提出了一种同心球宇宙结构模型。他保留了地球位于同心球的中央的地位，在地球的外边，月亮、太阳、水星、金星、火星、木星、土星和恒星都以地球为中心绕转。这种宇宙模型可以解释天体东升西落等天文现象，但不能解释行星的顺行和逆行现象。为了"拯救"这个理论，柏拉图的学生欧多克斯站出来修正了他老师的宇宙模型，他创立的宇宙模型把恒星放在半径最大以地心为圆心的球上，每天绕转一周，用以解释恒星的周日运动；日、月、行星则在不同的同心球上以取向不同的轴、不同的速度做匀速运动，用以解释日、月、行星不同的自转轨道和顺行、逆行。这一体系从数学上讲，是以匀速圆周运动的叠加来解释复杂的曲线运动，因而复杂得不得了，但也未能完全与这些天体的实际运动相符。

图1-5　柏拉图像

矛盾不断出现，解释也就不断更新。欧多克斯的学生卡利普斯不遗余力地改进这一同心球体系，球越来越多，以致达到 34 个之多。身在"庐山"之外的我们看得很清楚，由于把地球放在宇宙的中心，即使加再多的球也不可能完美地解释复杂的天体运动。但欧多克斯功不可没，在他之前，希腊的天文学基本上还是思辨性的宇宙论占主要地位，从他之后，天文学与哲学日益分离，并日益显示出用几何系统来表示天体的运动的希腊天文学特色。

（四）亚里士多德学派

亚里士多德（公元前 384—公元前 322 年）对地球的形状做出了正确的论证，他的一些论据就是现在看来，也是没有什么破绽的。他说由于压力（压力从何而来，没有说明），地球的各个组成块体将自然地落向中心，因而会形成对称、完美的球形；他还以人类在大自然观测的现象来说明地球是球形的：月食时，地球的阴影总是圆形的；向南向北旅行时，会发现星星的高度有变化。亚里士多德还修改了柏拉图和欧克多克斯的天体次序，他的天体次序是：月亮、水星、金星、太阳、火星、木星、土星，最后才是恒星天。由于加上了一些反向运动球层，也因此更为复杂，亚里士多德的宇宙模型的天球层多达 55 个。

图 1-6　亚里士多德像

（五）亚历山大学派

公元前 4 世纪末，亚历山大征服了地中海沿岸的广大地区，建立了亚历山大帝国。亚历山大去世以后，他的将领把帝国瓜分为一些小的国家。托勒密·苏特当了埃及王，他爱好科学，礼贤下士，许多希腊学者来到亚历山大城。托勒密·苏特的儿子继位以后，对这些学者优礼有加，花费大量金钱，建立了研究院式的学府，设有天文台和图书馆。众多的学者在这里衣食不愁地进行研究，从而形成了一个研究中心，后世称之为亚历山大学派。亚历山大学派延续了约 5 个世纪，取得了大量的成果。亚历山大学派的一个特点是用观测来为理论的发展提供证据。

1. 亚历山大学派最早的观测者

阿里斯提尔与提莫恰里斯是亚历山大学派最早的观测者，他们工作于公元前 300 年左右，取得了很多非常有价值的观测成果。继他们之后的阿利斯塔克既是一个精细的观测家，又是一个出色的理论家，他丰富的著作仅幸存了一篇《论日月的大小和距离》，在这篇文章中，他提出了 6 条假设：月亮所发之光属反射的太阳光；月球以地球为中心沿圆轨道绕转；月球上下弦时，明暗分界线与我们的视线处于同一平面上；月球上下弦时，我们观测到的日、月之间的张角为 87°；月食时，地球在月球轨道处投下的阴影宽度为月球直径的 2 倍；月球的角直径为 2°。以这些推断为基础，他用几何的方法得出了如下结论：日地距离为月地距离的 18 ~ 20 倍；太阳直径为月球直径的 18 ~ 20 倍，而为地球直径的 19/3 ~ 43/6 倍。这些数据误差太大，但在二千多年前，能靠几何的方法发现太阳要比地球大得多，用比例的关系来说明日、月、地相对的大小，确实是了不起的成就。

阿利斯塔克虽然对日、月、地的相对大小做了一个估计，但未能给出一个准确值。在他之后，希腊天文学家埃拉托斯特尼用巧妙的方法测出了地球的大小。他发现在夏至这一天，在阿斯旺正午时，太阳正好经过天顶，阳光直射井底；同时在亚历山大，太阳在正午时的天顶距为圆周的 1/50，而这正好是两地的纬度差。他据此断言地球的周长为两地距离的 50 倍，这两地的距离经测量为 5 000 希腊里，按 1 希腊里等于158.5 米计，地球的周长应为 39 625 千米，这是一个非常准确的结果。除此之外，他还测得黄赤交角为 23°22′，这个值被采用了好多年。

2．杰出的天文学家伊巴谷

伊巴谷是古希腊天文学家中的杰出代表，他毕生从事天文观测，硕果累累。他曾通过从两地观测同一次日食，算出了月地距离，与真值相当接近；测得回归年的长度，比真值只长 6 分 26 秒；发现了太阳周年视运动的不均匀性，测得春分、夏至、秋分、冬至两连续点之间的时间长度分别为 94.5、92.5、88.125、90.125 日，同时还给出了一个以当时的认识水平来看十分令人满意的解释：太阳在正圆轨道上匀速运转，地球偏离圆心 1/24 个半径。还据此编算了太阳运行表，与实际观测非常接近；研究了月球的运动，定出了黄白交角，测定了朔望月、近点月、恒星月、交点月的长度分别为29.530 58、27.554 65、27.321 8、27.212 3 日，这些数值中误差最大的也不过 0.000 2日，是当时的最高水平；伊巴谷于公元前 34 年观测到了一颗新星，出于一位天文学家的本能，他认识到这种现象具有重大的意义，为了使后人能更好地认识到星空的变化，他编制了一份含有 800 多颗恒星的星表。在这个星表中，伊巴谷首次把肉眼可见的恒星亮度分为 6 等，这种划分方法直到今天还被我们所用；他把自己观测得到的恒星位置与前人的观测结果相比较，发现了岁差现象，还定出了岁差数值；从天文观测的实践中，他发现很多问题用已有的数学工具不能解决，为了解决这些问题，他创立了三角学和球面三角学。他还写了很多天文著作，但绝大部分都已散佚，他在天文学方面所做出的贡献，今人主要是从托勒密的《天文学大成》中间接知道的。

3．日心地动说和本轮均轮说

除了天文观测和印证测量之外，亚历山大学派也有杰出的宇宙理论。在宇宙结构方面，亚历山大学派有两个具有代表性的模型，一是阿利斯塔克的日心地动说。另一个是阿波罗尼创立、托勒密完善的本轮均轮说。

阿利斯塔克建立了完整的日心地动说，他认为，地球每天自西向东自转一周的同时，还以太阳为中心以年为周期绕转，水星、金星、火星、土星也与地球一样绕太阳运转；恒星则嵌镶在以太阳为中心的天球上，它们与太阳之间的距离远远大于日地距离。当时的希腊人普遍认为天体之间的距离应是简单的数比关系，而宇宙是最和谐的完美的，细小的行星是不可以和地球相提并论的。这些植根于人们心底的习惯看法扼杀了阿利斯塔克的天才猜想，日心地动说很快就被人们遗忘。

亚里士多德的"透明水晶球"看起来漂亮，用起来却是很不方便，阿利斯塔克的日心地动说又不合大家的"胃口"，但天文学中许多问题又亟待解决。在日心地动说被遗忘了大约半个世纪之后，古希腊天文学家阿波罗尼提出了本轮均轮说，在这里，地球再一次被放在宇宙的中心，"坚硬的水晶球"却被打破，代之以圈上套圈的系统，以便解决行星视运动的种种现象。以地球为中心的圆叫均轮，行星自己打转的圆圈叫本轮，本轮的圆心在均轮上绕转；每一个行星都有自己的本轮，行星越多，本轮也就越多，好在当时只知道 5 颗行星，还不算太复杂，却也够人眼花缭乱的了。

4. 集天文学之大成者托勒密

阿波罗尼之后，又有一位杰出的天文学家走出来为亚历山大学派树立了一块丰碑。这位天文学家就是著名的托勒密，他留传至今的巨著《天文学大成》总结了许多古希腊天文学家的学说，在这个基础上，托勒密使地心学说更加系统化，他的理论体系主要论点是：地球位于宇宙中心静止不动；每个行星和月亮都在本轮上做匀速运动，它们的本轮中心则沿均轮做匀速运动，用来解释一些行星的顺行和逆行；太阳沿均轮以年为周期绕地球转动；地球的位置并不在圆心上，而是偏离圆心一段距离，用来解释太阳周年运动的不均匀性；水星和金星的本轮中心位于地球与太阳的连线上，这条连线随太阳绕地球运转一年转一周，用以说明水星和金星总在太阳两侧运动；火星、木星、土星三颗行星以年为周期沿自己的本轮运转一周，同时它们与本轮的中心的连线总是和地球与太阳的连线保持平行；所有的恒星都嵌镶在恒星天上，恒星天每天都绕地球转动一周；日、月、行星除了在本轮上转动且沿均轮运转之外，还要与恒星天一起每天绕地球运转一周。其"地心说"示意图如图 1-8 所示。

图 1-7 托勒密像

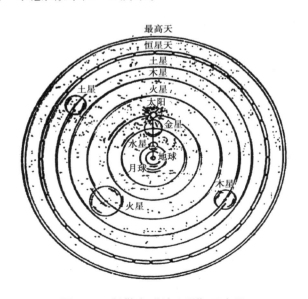

图 1-8 托勒密"地心说"示意图

为了更有说服力，托勒密对这个体系做了一些数学处理，引进了三个概念：一是阿波罗尼的本轮、均轮概念；二是依巴谷的偏心圆概念；三是他独创的"均衡点"概念。托勒密还确定了各个均轮和本轮半径的比率、行星的各种运行速度、地球对各行星均轮的不同偏离值以及各本轮平面与均轮平静面的不同交角，以使各行星位置与观测相符。不难想象，这个体系非常复杂，并且不可避免的有很大的误差，但他在人类认识自然规律的道路上又前进了一步。我们完全可以说托勒密的《天文学大成》是欧洲天文学当时的顶点。

托勒密做梦也没有想到，在他身后，他的天文学理论会有多次的荣辱反复。

5. 中世纪的黑暗

自 476 年西罗马帝国灭亡到 15 世纪文艺复兴开始，世称中世纪，是欧洲历史上科学遭到浩劫的时代。其中公元 5—10 世纪是尤为黑暗的时期。

在此之前，教会仅从《圣经》的字面上做一些解释，对欧洲各处的科学发展包括古希腊的天文学方面的宇宙观念等学说持观望态度。到了中世纪后，教会势力日渐强大，一些教士为了提高自己在教会中的地位，不断地变换着花样来诠注《圣经》，解释越来越奇特，越来越僵化。神学家们经常用圣经中一些富有诗意的描写来附会宇宙的结构。公元 6 世纪，教士科斯马斯写了一本《基督教地形学》，认为大地是长方形的，并且东西方向比南北方向长得多，因为基督像前的供桌是长方形的，且是东西方向放置。"只要你不是白痴，你不难想到，在这块土地的上方，正有一个无所不在、无所不知、无所不能的上帝在注视着你"。在最为黑暗的时期，教会不准人们学习、宣扬科学。既然大地是长方形的，你说地球是球形的就是大逆不道，此时，亚里士多德的水晶球理论和托勒密的地心体系更是异端邪说。要想进行天文学的研究实在是非常困难。

起初，因星占学侵犯了教会作为上天唯一代言人的地位，而受到教会的极力反对，认为这种"学说"是蔑视上帝权威的异端。不久，教会人士就发现，这种异端比起科学这种异端来，危险性要小得多，甚至是可以加以利用的，因为星占学也可以说成是上帝意志的一种体现；而科学在当时却未给上帝留下应有的空间。他们对星占学的态度也由批判到赞同，以致教皇都下令在大学里开设星占学课程。到了中世纪后期，星占学无论在日常生活还是国家大事中都发挥了重要作用，你在做一件事之前，如果没有星占家的指导，似乎是不可能成功的。一些大星占学家，成了国王的高参，重大的决策都打上了星占的徽章。

正当天文学在欧洲因教会的极力抵制、星占学以天文学的传统阵地——星空为舞台成为伪天文学而真正的天文学受到压制之时，阿拉伯的天文学却在东方得到了充分的发展。

七、阿拉伯的天文学

伊斯兰教虽然也有他们的圣经《古兰经》，但穆斯林并未以此来限制天文学的发

展，相反，他们认为天象是穆罕默德意志的体现。因此，天文学在伊斯兰世界得到了鼓励，形成了阿拉伯天文学。阿拉伯天文学可以分为三派：巴格达学派、开罗学派和西阿拉伯学派。

（一）巴格达学派

661 年，阿拉伯的倭马亚部落统一了叙利亚，定都大马士革，经过不断地扩张，建立了倭马亚王朝。倭马亚王朝接受希腊文化，吸引了大量科学家到大马士革从事科学研究，于 700 年建立了大马士革天文台。到公元 8 世纪中叶，阿拔斯王朝取代了倭马亚王朝，定都于巴格达，接受巴比伦和波斯的天文学遗产，聘请科学家翻译古希腊天文学著作。828 年，该王朝第四代哈里发马蒙在巴格达建立了智慧院，全面系统地翻译科学著作，名著《天文学大成》就是此时被翻译成阿拉伯文的。829 年，马蒙又下令建造巴格达天文台，巴格达因而成为天文学中心，以巴格达天文台为依托，巴格达学派逐渐形成。

雅雅·伊本·阿布·马舍尔是巴格达学派的第一位著名天文学家，他负责筹建巴格达天文台，测定了纬度相差 1° 子午线的长度。在多年实测工作的基础上，他编著了《木塔汗历数书》，在计算水星、金星位置时，是把它们作为太阳的卫星来处理的，这实际上是一种日心说。天文学家塔比·伊本·库拉发现岁差常数比托勒密提出的每百年移动 1° 要大，应为每 66 年移动 1°；并发现黄赤交角从托勒密时代的 23°51′ 减小到了 23°35′。他由此提出了颤动理论，认为黄道和赤道的交点除沿黄道西移外，还以 4° 为半径、40 年为周期做一小圆运动。这一理论曾被后来许多伊斯兰天文学家所采用。和其他学派一样，也有不同意见，著名天文学家巴塔尼并不同意塔比·伊本·库拉的颤动理论，他长期从事天文观测工作，修正了不少托勒密的天文数据，其毕生最大的成就是写了一部实用性很强的天文巨著《萨比历数书》，系统地阐述了三角函数、黄赤交角、行星的黄经运动、地月距离、交食计算、天文仪器、星占学、行星运行表等，他还在书中公布了对太阳远日点在进动这一重要发现。《萨比历数书》对欧洲天文学的发展有极其深远的影响。在巴塔尼之后，天文学家苏菲出版了《恒星星座》一书，此书是伊斯兰观测天文学的杰作之一，书中给出了 48 个星座中每颗恒星的位置、星等和颜色，并进行了星名鉴定，有阿拉伯星名和托勒密体系中星名的对照，其中不少星名至今还在通用。

1258 年，成吉思汗之孙旭烈兀攻占了巴格达，灭了历时 500 多年的阿拔斯王朝，建立了伊尔汗国，巴格达学派也随之销声匿迹。但旭烈兀并非不重视天文学，他在伊朗西北部建立了马拉盖天文台，天文台所拥有的天文仪器在当时首屈一指。1271 年，马拉盖天文台的创建者图西完成了著名的《伊尔汗数书》；他不赞成托勒密的本轮均轮说，提出了一个球在另一球内滚动的几何图像，用以解释行星的视运动。马拉盖天文台随着旭烈兀和图西的逝世而逐渐荒废。

1370 年，蒙古贵族帖木儿推翻了撒马尔汗的蒙古族统治者，又不断向外扩张，建立了强大的帝国。1409 年，帖木儿之孙乌鲁伯格继位，他在撒马尔汗建立了一座天文台，该天文台拥有当时世界上最大的半径达 40 米的象限仪。乌鲁伯格于 1447 年编算出著名的《古拉干历数书》，又称《乌鲁伯格天文表》，其中包括一个含星 1 018 颗的星表，其精度在当时是最高的。不幸的是，乌鲁伯格迷信星占学，据说他根据星占预言，得知自己将被儿子所杀，于是放逐了儿子，不想这正导致了其儿子真的于 1449 年杀害了他。

在阿拉伯被蒙古征服者占领期间，阿拉伯天文学家伊本·萨蒂尔在行星运动理论方面有了重大的进展，他废除了托勒密的偏心均轮和均衡点的概念，引进了以第一本轮上的点为圆心的第二本轮以及以第二本轮上的点为圆心的第三本轮，试图用多级叠加的匀速圆运动来解释行星视运动。除了仍然保留地球是宇宙的中心这一点以外，实际上已与托勒密的理论分离，而与后来哥白尼的行星运动理论在数学上几乎等同。

（二）开罗学派

909 年，在突尼斯和埃及建立了一个独立的伊斯兰国家——法提玛王朝，这个王朝于 10 世纪末迁都开罗后，成为西亚、北非的一大强国。该王朝重视科学，吸引了许多阿拉伯学者到开罗进行学术研究，统治者哈基姆于 995 年在开罗设立了一所科学院后，形成了一个天文中心，亦即开罗学派。这一学派的著名天文学家伊本·尤努斯从 977 年到 1003 年，做了长达 26 年的天文观测，并在此基础上编写了《哈基姆历数书》，汇集了大量天文观测记录，其中的日、月食观测记录为近代天文学研究月球长期加速度提供了宝贵资料。书中列有许多天文计算的理论和方法，如根据太阳高度计算时刻、太阳地平经度和地平高度的计算、黄道座标与赤道座标的换算、日月距离的测定、恒星的岁差等。书中还用正射投影和极射投影的方法解决了许多球面三角问题。此后 300 年中阿拉伯世界出现的历数书皆以此书为基础。

（三）西阿拉伯学派

8 世纪中叶倭马亚王朝灭亡时，它的一个后裔逃离大马士革，远涉重洋，来到了西班牙，在那里建立了后倭马亚王朝，并逐渐形成了西阿拉伯学派。该学派的杰出代表查尔卡利于 1080 年编制了《托莱多天文表》，在欧洲使用了近 200 年，直到 13 世纪才由《阿方索天文表》所代替。查尔卡斯还有《论太阳的运动》《星盘》《论行星天层》等著作。在《论太阳的运动》一书中，他记载了通过 25 年的观测所发现的太阳远地点每 229 年在黄道上移动 1°；在《星盘》一书中，详细介绍了星盘的结构和使用方法；在《论行星天层》一书中，用演绎法论证了水星按椭圆轨道运行，否定了托勒密的本轮均轮说。自此以后，西阿拉伯学派的许多天文学家都对托勒密的本轮、均轮体系持否定态度，如伊本·图法另行设想出一种无须使用偏心轮和本轮的行星运动模型；伊本·鲁什德指责托勒密体系纯属数学构想而非物理事实；比特鲁吉·伊什比利批评托勒密体系从数学意义上虽可接受，但并不正确。西阿拉伯学派的这种反托勒密体系思潮，为几世纪以后，天文学冲破托勒密体系的束缚做了思想上的准备。

八、玛雅天文学

玛雅人是美洲印第安人的一个分支，现在可查的文化印痕大概始于公元前 1000 年左右，公元 3—9 世纪是玛雅文化的古典时期，现在所说的玛雅文化大多属此时期。

玛雅人留下来的典籍太少，但我们千万不可忽视他们在天文学上的成就。我们虽然不知道那些古代玛雅天文学家是何许人也，但从留下来的一些遗迹足以使我们肃然起敬。

现在墨西哥不止一个地方有关于太阳观测的建筑，从其中一座金字塔顶上向东看去：每当太阳刚好从一座庙宇上升起，这一天就是春分或秋分日；如果太阳从东北方向的庙宇升起，这一天就是夏至日；当太阳从东南方向的庙宇升起，这一天就是冬至日。

玛雅人对行星运动的研究也很注重，尤其是对金星的会合周期有周密的研究，通过长期观测，他们定金星的会合周期为 584 天，还将其分成四个不同的时段：晨见 236 天、伏 90 天，夕见 250 天、伏 8 天。他们也知道五个金星会合周期大约等于 8 个回归年的时间，这说明当时他们已将一个回归年的长度定为 365 天了。

从玛雅人残留至今不多的典籍中发现有 177 天、354 天、502 天、679 天、856 天、1 033 天这一串数字，据考证，这很可能是指 35 个朔望月的交食周期。

玛雅人在黄道的划分上也与众不同，他们大概将黄道分为十三宫，已经考证清楚的就有：响尾蛇宫、海龟宫、蝎子宫、蝙蝠宫等。

玛雅人的历法有阴阳历和纯阳历两种，他们曾将阳历刻在石碑上（见图 1 - 9），作为大家统一的历法。

图 1 - 9　阿兹台克历碑

玛雅文化在地球上好像是突然消失一样，但留下的天文遗迹却足以证明其天文学水平的高超，以致有人认为他们并不是来自于地球上的居民。

第二节　古代历法的形成和历法的沿革

古代天文学对观测资料的总结和理论研究，很大程度上是为了制订历法而进行的。制订历法的根本目的是为了农业生产的正常开展，农业生产又关系到人类的生存，所以古今中外的统治者都重视历法的制订。

一、从天文观测中得出基本的时间单位

古代历法的形成，是从最普遍、最易观察到的天文现象——太阳的周日视运动开始的。

（一）最基本的时间单位"日"

哺育万物的大自然不仅为人类提供了栖息的场所、走兽飞禽和花茎叶果实籽，也把黑暗和光明的交替赋予人类。这种周而复始的黑夜与白昼的交替，很自然地使古时的人们产生了"日"的时间概念。古人称太阳为"日"，通常把日出作为一天的开始。"迎日推策"，就是迎着朝阳翻过记日子用的竹片，这实际上已在不自觉地进行太阳周日运动的天文观测了。把"日"作为最初的时间单位，是以地球的自转产生的太阳周日视运动为根据的。从"混沌初开"到"昼夜分明"是人类在时间观念上的一大进步。"日"的确定，为更大的时间单位的度量和更小的时间单位的分割奠定了基础。

有了"日"的观念以后，生产、生活的节奏就可以以"日"为单位来计量来安排了。比如：剩下的食物还够吃几"日"的；两人或两部落相约数"日"后共同进行一项活动，就取一竹片，刻上数道痕迹，一剖为二，每送走一个夕阳，就削去一格，格子削完了，准备工作也该做完了，下一个太阳出来了就该共同进行某项活动了。至于到底是几日，在早期人类计数水平低于"十"以前，似乎并不重要，重要的是在同一天聚头办事。这种方法看起来可靠，实际上存在一些问题：某一方若是忘记削掉格子，就会错过日期，尤其是格子太多时，也就是准备工作复杂时，更容易发生错漏。怎样避免错漏？更重要的是怎样进行长时间的日子计量，以适应安排长期生产、生活的需要呢？在"日"这个基本单位的采用上，各个不同地域的不同民族，在更大时间单位的确定上无不是以月相的变化周期为起点。

（二）以朔望周期为单位的"月"

夜晚并非总是黑暗，月亮，尤其是光亮如银盘的满月给人类带来了光明。但盈极乃亏，自此以后，月儿越出越晚，而且一天一天地消瘦下去，终于消失在东升旭日的光芒之中。紧接着一连几个漫漫长夜，伸手不见五指，使人更加留恋白昼。抬高的望眼挽不住逝去的晚霞，却意外地在落日的余晖中发现了一弯蛾眉月，自此以后，每当

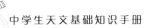

日落时望月，月亮越来越靠近头顶继而东移，直至西沉的红日与东升的明月遥遥相"望"之日，才又有了一个满月。

月亮这种出没和圆缺的周期变化是很容易观察到的，月相中的凭肉眼就可以确定的如弯弓张弦的"上弦"和"下弦"，以及意味着无缺的满月"望"，很自然地被用来当作日子的标志，这种大自然挂出的月历，当然比削竹片记日要可靠得多。所以，古时候有很多需要多人共同去做的事情，多定在这些特殊的日子里。

将"朔"作为一个月的起点最为准确。"朔"，屰月也！屰，不顺之意，古"逆"字，与"望"相反。何时"朔"肉眼无法观测得到，古代天文学家就取连续两个"望"的平分日为"朔"，朔日一定是初一，以作为一月的开始。

朔、上弦、望、下弦这个系列是最原始的纪日方法，所以那个时候的日期要看月相，"其月"为期。如青年男女月圆之日的相会，固然是因为月色如昼，景色宜人，更重要的是可以如期而至。到后来发展成亲人逢"望"相聚或全家人会合在一起，也称之为团圆了。乡村在物品交换量不大的时期，有初一（朔日）和十五（望日）集市的习惯，其源溯也在于此。

在定"朔""望""上弦""下弦"等特殊日子的过程中，也就掌握了两个相同特定日之间的时间长度了。我国在帝尧之时就已经知道朔望周期约为 29.5 日，如同以太阳的周日视运动产生了"日"的概念一样，以月亮的朔望周期为依据，人类有了以"月"为长度的时间单位了。古罗马、古希腊、古巴比伦、古印度、古玛雅都先后以朔望周期为"月"，并且作为制历的基础。

二、古巴比伦历和印度历

据现有的文字资料，古巴比伦开始定每月 30 天，与朔望周期不符，后来才改进为大月 30 天，小月 29 天，大小月相间，平均每个月是 29.5 天；到公元前 4 世纪末，巴比伦人测定的朔望周期的精度已达秒的量级。古巴比伦人首创了"星期"这个介乎于"日"和"月"之间的时间单位，并以日、月及肉眼可见的五大行星来为一个星期中的七天命名，至今西方文学中星期的词根中都程度不同地有这七个天体名称的痕迹。

比较特殊的是古印度，曾把"月"的长度定为 27 日，这是以恒星月（恒星月的实际长度为 27.321 7 日）作为依据的，但恒星月不经专业的测定不易确定。故后来又以月相的朔望周期为据把一月的长度定为 30 天，至于朔望周期不足 30 天，他们认为这是"消失"了几天的缘故。

三、中国古代历法

（一）年长的确定

人类建立"年"的时间单位较"日""月"单位要晚一些。人类首先从观察物候的变化而有了季节的概念。正是因为如此，早期的天文学和气象学是混在一起的，甚至可以说具有天象学性质。殷代甲骨文中关于风、云、雨、雪、虹、霞、龙卷、雷暴等记录常和天文现象的记录混在一起；周代还设立了进行天文和气象观测的高台（灵台、清台、观台）；到了春秋战国时期，根据气象物候的观测记录，初步确定了二十四节气。

正是根据气象物候，中国人有了春夏秋冬四季；印度人有了雨季、干季和热季；古埃及人有洪水季、冬季和夏季。农人根据植物的发芽、开花、结果和天气中风霜雨雪的周期变化，来安排生产。桃花开了，该下稻种了；桂花开了，该种麦子了；等等。但花开花落会因一些短期的天气因素而提前或滞后，初霜始雪并非定期而来，诸如此类的因素使得靠物候来安排生产不大可靠。随着生产力的提高，人们在以气象物候为基础而形成时间单位"季"的同时，还有了"年"的概念。

（二）与农业生产直接相关的季节

早在5 000多年前，生活在黄河流域的中华民族就发展起了以种植业为主的原始农业。中国地处温带，四季分明，何时播种是有关国计民生的一件大事。

古代人民在长期生产实践中积累了大量的天文、物候知识，人们根据物候分一年为春夏秋冬四季，分一季为孟、仲、季三月，四季以四立为首。到帝尧之时，就有专门的天文官负责观测日月星辰等天象，以正节令，并通过一定的方式布告天下，指导农事，《尧典》称之为"授时"。为了授时准确，古代天文官对天象的观测是非常勤勉的，每当初昏之时，观测南方的星象，以星象来校正从物候得出的季节和节气。《尚书·尧典》中有"日中星鸟，以殷仲春；日永星火，以正仲夏；宵中星虚，以殷仲秋；日短星昴，以正仲冬。"

日指昼，宵指夜；中，昼夜平分；仲春指春分，仲夏指夏至，仲秋指秋分，仲冬指冬至。这段话说的是：昼夜平分，且初昏之时鸟星（南方朱雀七宿中的星宿一，即长蛇座 α 星）中天之日为春分，属农历二月；白昼最长且"大火"（心宿二，天蝎座 α 星）中天之日为夏至，属农历五月；昼夜平分，且虚星（虚宿一，宝瓶座 β 星）中天之日为秋分，属农历八月；白昼最短，且昴星（昴宿一，金牛座昴星团中最亮的一颗）中天之日为冬至，属农历十一月。所谓殷、正就是校正之义，这是古人重视星象观测，并将观测成果用来作为季节月份指标的具体写照。

（三）最早的天文仪器——圭表

随着观测成果的积累、观测技术的提高，人们对天文现象的认识越来越深。有一种天文仪器——圭表至晚在周代时就开始应用了。圭表不仅可以测定东西方向、南北方向以及测定地方时刻，通过长时期的经验积累，还可根据日影长短的周期变化来确定一年的长度。春秋古籍《周髀算经》中说："于是三百六十五日，南极影长，明日反短，以岁终日影反长，故知之：三百六十五日者三，三百六十六日者一。故知一岁三百六十五日四分之一，岁终也。"也就是说，早在3 000多年前，我国人民就已经根据日影长短的变化周期确定一年的长度为365.25日，还可以根据影子的极短与极长来确定冬至日和夏至日，进而确定春分日和秋分日。到秦汉之际，二十四节气的设置已经完成，并将从物候现象定出的节气和太阳在空中的视运动整合起来了。

（四）纪年

有了年、日、月的时间概念，人类在生产生活记事中就方便得多了。对于古人来说，年就是最大的实用时间单位了，如同日子的区分计量一样，年与年之间怎样区别呢？换言之，怎样纪年呢？

1. 岁星纪年法

我们的祖先采用了多种方法。现在已知中国最早的通用纪年法是岁星纪年法。岁星就是木星，木星在天空中的亮度仅次于太阳、月亮、金星和火星最亮的时候。日月经常可见，金星过于靠近太阳，火星亮度多变，它们的运行周期也都偏短。木星亮度大而稳定，在星空间运行的速度不快，很早就引起人们注意。古人通过长期的观测，发现木星约十二年自西向东绕星空走一圈，因此把木星运行所靠近的黄道面自西向东分为十二星次：玄枵、娵訾、降娄、大梁、实沈、鹑首、鹑火、鹑尾、寿星、大火、析木、星纪。某年木星运动在某某星次，即纪："岁在某某"，如《左传·襄公二十八年》中："岁在星纪"。

古人自西向东分天赤道为十二个等分，用地平方位中的十二支名称表示为：子、丑、寅、卯、辰、巳、午、未、申、酉、戌、亥，这就是十二辰。但十二辰与十二星次顺序方向正好相反（这是因为太阳的视运动是东升西落，而木星在星空中是自西向东运行），用来纪年很不方便，像今人为方便为星星定位而假想天球并建立坐标系一样，古人发挥想象力，设想一个假岁星，也就是所谓的"太岁"，让它自西向东运行，用以纪年。岁星纪年和太岁纪年的对应关系及十二辰、十二星次名称如图1-10所示。

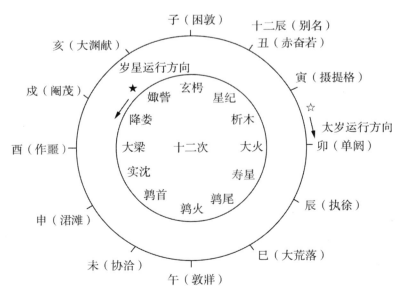

图1-10　十二辰、十二星次图

实际上木星的公转周期不是正好 12 年，而是 11.86 年，这样每隔 84.714 年木星就会超出一个星次或一辰，这叫"超辰"或"超次"。由于存在"超辰"，岁星纪年或太岁纪年的时间越长，误差就会越大，必然会出现纪年与星象不合的情况。为了解决这个问题，中国人采用了独创的"干支纪年法"。

2. 干支纪年法

十二辰称之为"岁阴"，另有称之为"岁阳"的十干。自殷商之际直到东汉之前，一直用岁阴岁阳相配纪年，如《史记·历书》所记："端蒙（乙之别名异写）单阏（卯之别名）二年。"

自东汉正式用干支纪年，依五行金木水火土按顺序分十干为五组，配十二支，可得六十个不同的干支组合，见表 1-1。

表 1-1 不同的干支组合

甲子	乙丑	丙寅	丁卯	戊辰	己巳	庚午	辛未	壬申	癸酉	甲戌	乙亥
丙子	丁丑	戊寅	己卯	庚辰	辛巳	壬午	癸未	甲申	乙酉	丙戌	丁亥
戊子	己丑	庚寅	辛卯	壬辰	癸巳	甲午	乙未	丙申	丁酉	戊戌	己亥
庚子	辛丑	壬寅	癸卯	甲辰	乙巳	丙午	丁未	戊申	己酉	庚戌	辛亥
壬子	癸丑	甲寅	乙卯	丙辰	丁巳	戊午	己未	庚申	辛酉	壬戌	癸亥

俗称六十花甲子，以此循环往复纪年。

3. 王位纪年法

我国历史悠久，有史可查的即有 5 000 多年，其中以干支纪年至少循环了 80 多次，这个甲子年和那个甲子年之间又怎样区别呢？为解决这个问题，古人又按在位王位年号纪年，这样就不会把三百年前的甲申年和二百四十年前的甲申年混淆了。如汉文帝刘恒前元元年为壬戌年（公元前 179 年，前元，刘恒年号），与东汉安帝刘祐延光元年（公元 122 年）的壬戌年自然不是同一个壬戌年。

正因为如此，我国上下五千年，"江山代有才人出，各领风骚数百年"，历史舞台上的事件、人物、时间的记录，在没有公元纪年的情况下，时序不乱，干支纪年起了很大作用。

（五）中国特有的历法

1. 阴历

古人通过长期观测，认为朔望周期为 29.530 851 1 日（现代天文观测得知朔望周期为 29.530 588 2 日），而每历月的日数不能为小数，否则就会很不方便，故定月有大小，一大一小计 59 日，与两个朔望月相差甚微，但一年六大月与六小月共 354 日与十二个朔望月相比，要短 0.367 058 4 日。这样，每 32.692 345 42 个历月就要短一日，就会出现"晦而日见西方"的情况，"晦"即是朔，就是月终之日，却在西方看到月亮，古人已经认识到这是因为"月行疾，在日前，故早见。"并把这种现象称为"朓（tiao）"（《全汉五行志注》）。这样，古人很重视的朔日与月终之日就要错开一天，因此每隔一段时间有两个月都是大月。但这个大月是怎样安排的呢？又是天文学解决了这个问题。简单地说，观察月相朔望变化，总使历月的初一在朔日前后不过一天，若农历二十九日一过就是朔日，则本月就是小月；若过了三十才是朔日，则该月就是大月，朔日仍为初一，这叫"定朔"。

一年十二个阴历月，共 354 日。是为阴历年。

2. 阳历

我国至迟在夏代就已认识到一回归年的长度为 365.25 日，亦即圭影从头年最短到次年最短两时刻之间的时间长度，古人，尤其是天文官把年和岁的概念分开，太阳一周天（从黄道上某一点运行一周又回到这一点）为一岁，即今之回归年。

圭影最短的时刻称之为夏至，此日昼最长；圭影最长的时刻称之为冬至，此日昼最短。昼从最长到最短又回到最长，必有两个昼夜平分之日，其中在夏至之后的昼夜平分的时刻为秋分，在冬至之后的为春分。

将黄道均匀分为 24 个点并配以节气，节气多以物候为名，太阳运行到某位置之日就是某节气。二十四节气点的位置都在黄道上，其黄纬均为 0°。两分是黄道和天赤道的交点：春分是升交点，将其定为黄经的起点 0°，秋分是降交点，黄经为 180°；夏至点黄经为 90°，冬至点黄经为 270°。

太阳在黄道上的位置可以通过天文观测确定，因此天文学家可以在历法中指出 24 个节气在哪一天，以此来指导农耕，就比以物候定农时要准确得多。

因为二十四节气是以太阳在轨道上运行来确定的，我们完全可以说：我国的二十四节气就是精确的太阳历。正因为如此，在我国广大农村，长期以来，一直都是以节气来控制农桑田事，这比用花开蛙鸣来指导农事要可靠得多。

3. 阴阳历

阴历月与回归年不能整合。一个回归年为 365.242 2 日，与阴历年 12 个阴历月 354 天之差为 11.242 2 日，只要三年就可差上一个月，故每三年中要增加一个闰月，一般是 29 天，但这还不足三个回归年的长度：11.242 2 × 3 − 29 = 4.726 6 日，再过两年累积差为 11.242 2 × 2 + 4.726 6 = 27.211 日，又近一个朔望月，须在第五年时再加一个闰月，也就是古书中所说"五年再闰"，但这又使历月多出了 1.789 6 日，会出现古人称之为"朒"的"朔而日见东方"（《说文解字》）的现象了，阴历日期又与月相朔望不合。因此，古人经过反复推算，在最早历法"古六历"中，就已采用十九年七闰法。

规定十九年七闰，则有 365.242 2 × 19 − (354 × 19 + 29.5 × 7) = 7.101 8 日，这 7 天多时间，就安排在改闰月 29 天为 30 天之中。

古代是怎样安排闰月即置闰的呢？这就需要更为复杂精确的天文观测了。商周时代，闰月都在岁末，这种置闰方法一直沿用到汉武帝太初元年（公元前 104 年）改历以前。自后改为无中气的月份置闰，这实际上是以太阳的周年视运动，也就是地球公转在不同的位置与历月的对应关系来确定闰月。如表 1-2 所示。

表 1-2 四季·月份·节气安排表

季节	月份	季称	节气	中气
春	正月	孟春	立春	雨水
	二月	仲春	惊蛰	春分
	三月	季春	清明	谷雨
夏	四月	孟夏	立夏	小满
	五月	仲夏	芒种	夏至
	六月	季夏	小暑	大暑
秋	七月	孟秋	立秋	处暑
	八月	仲秋	白露	秋分
	九月	季秋	寒露	霜降
冬	十月	孟冬	立冬	小雪
	冬月	仲冬	大雪	冬至
	腊月	季冬	小寒	大寒

自汉武帝用"民间治历者"落下闳编《太初历》，很好地解决了置闰于何月的问题，即以无中气的月份置闰。

由于阴历月与朔望月之间的不整合而要靠观测月相来定朔，而阴历与阳历之间的时间差 11.242 2 日势必使本应在朔日附近的节气移到望日，本应在月之十六日的中气逐渐移到晦日（二十九或三十），月份与节令错开很多，就设置一个闰月，来调整节气与相应月份的关系。古人一度认为二十四节气均匀分布在黄道上，故节气和中气之间应隔 15 又 7/32 日，所以，总会有某个节气后的中气落在下月的朔日（初一），这就是所谓的"闰月无中气"。

从现代天文学的角度看，古人严格意义上的"岁"是以地球的公转周期为基准的，当某个月份与相应的节气错开时，就要设置闰月保持对应关系，亦即"调和阴阳"，从而解决"年"与"岁"之间的矛盾。所以我国的农历实质上是阴阳历。

而"年"则是历法概念。平年 12 个月，六大月六小月，大月 30 天，小月 29 天，计有 354 天；闰年加一闰月 29 天，计 13 个月 383 天。

不难看出回归年长与《太初历》年长之间仍有差异。到公元 412 年北凉赵𫷷编制《玄始历》，《玄始历》采用 600 年置 221 个闰月代替十九年七闰法，之后祖冲之的

《大明历》亦循之，自此弃"十九年七闰法"。

太阳的视运动使阴阳历法不得不考虑以闰月的设置来调和月份和节气之间的关系。但经过精密的观测以后，古人发现太阳的视运动并非等速，夏天快而冬天慢，从冬至到春分六个节气不到 90 天，平均每两个节气之间不到 15 天；夏至到秋分的六个节气超过 90 天，平均两节气间超过 15 天，因此，闰月多出现在农历的五到八月。

阴阳历对于幅员广大、交通不便、通信不畅的古代中国，是有实用价值的，但我们也可以看出，它的计算很繁复，况且统治者一直把制历权抓在手上，赋予神秘感，广大劳动人民若无"黄历"——皇历，每每不知我之今日是他之何日！更何况随着交通的发展，各国交往渐趋频繁，一种能通行于世界的历法也就成为必要的了。

四、古希腊历

古希腊历也是一种阴阳历，它以夏至为岁首，从某个夏至到次年的夏至为一年。希腊人的月份也用朔望月，大月 30 天，小月 29 天，12 个月共计 354～355 天，为了和回归年长度协调，也采用置闰的方法。直到公元前 433 年，雅典天文学家默冬在实测的基础上，提出 19 年 7 闰的置闰方法，在 19 年之中设大月 125 个，小月 110 个，共计 6 940 日，平均一年的长度为 365.263 2 日，相应的朔望月长度为 29.531 9 2 日。默冬在一次希腊奥林匹克竞技会上公之于众后，得到大家的赞赏，并被采用，这些历法被刻在石柱上，就是现在所说的"默冬章法"。经过长期的观测比较，人们发现这种历法每隔一个周期，新月的出现就会延迟 1/4 日。为了解决这个问题，卡里普斯在公元前 334 年提出了新法。他取 19 年的 4 倍即 76 年为一个周期，再在这个周期中减去一天，共有 6 940 × 4 − 1 = 27 759 日，这个周期叫卡里普斯周，相应的年长为 365.25 日，月长 29.530 85 日。公元前 125 年，伊巴谷发现卡里普斯周的年长和月长还有些偏大，他像卡里普斯一样，再在 4 个卡里普斯周中减出一天，于是有 27 759 × 4 − 1 = 11 135 日，其相应的年长为 365.246 7 日，月长 29.530 59 日，精度相当高了。古希腊的历法纪年用奥林匹克竞技会日期为据。按现在推断，首届奥林匹克竞技会在公元前 776 年夏至日举行，其后每 4 年一次，一直延续到公元 396 年的第 293 次，这一年，罗马皇帝废除了此项竞技。

五、古埃及历

古埃及人先是依照物候分一年为三季：第一季洪水季，第二季冬季，第三季夏季，作为安排农事的节奏。早在公元前 2500 年以前，埃及人把赤道附近的恒星分为 36 组，每组星分属 10 天，称之为旬星，当一组星刚好在黎明前升到地平线上时，就标志着这一旬的到来。合 3 旬为一月，合 4 月为一季，这样就把季和星空的变换对应起来了。埃及人在长期的生产实践中观察到每当日出之前，在东方出现天狼星（大犬座 α 星，埃及人称之为索特基斯星，是埃及人最崇拜的星）时，尼罗河水很快就要泛滥了。正因为如此，埃及人很重视对天狼星运行周期的观测和研究。通过观测及研究成果的长期积累，埃及人先是粗略地发现天狼星和太阳一起从东方升起的周期大约是360天，继而精确地测定其周期是365日。自公元前18世纪左右起，埃及人一直以365日为一埃及年。观测的误差由于积累而越来越大，500年后的公元前13世纪，原定月份和季节的相关，刚好错过了一个季节，本应是洪水季的月份，却为冬季，错过日数达120多天。从这个事实，埃及人认识到，若以365日为一年计，则在某年岁首天狼星与太阳升起后120年，这种天象的出现与岁首之间要差一个月，直到第1461年的岁首，天狼星才和太阳一起在东方升起。因为埃及人把天狼星叫作"天狗"，故把这个周期称为"天狗周"。公元前238年，埃及国王多禄曼欧吉德规定，以后每四年设一闰日，平均每年365.25日，这就和现行公历很接近了。

六、公历

现行公历源自古罗马。古罗马最早的历，也以朔望月周期为基础，一年10个月计304天。公元前713年，罗马王努马参照希腊历法增加两个月，使一年有12个月，为图吉利，每月日数均为单数，依次为31、29、31、29、29、31、29、29、29、27日共354日，和中国阴历平年日数竟是不谋而合。为调整努马历和回归年11天多的差额，公元前509年，罗马政府规定每四年增加两个闰月，在第二年和第四年的二月后分别加上22天和23天，这样平均每年的长度为365.2422日，这实际上就是阴阳历了。这种历法一直到公元前191年仍与天象符合得较好，随后因制历的统治者任意增设闰月，使罗马历法混乱不堪，直至公元前59年，罗马执政官儒略·恺撒邀请埃及天文学家索息泽尼助他改革历法，于公元前46年颁布命令：①每年设12个月，共计365日；②冬至后第十日为1月1日；③从下一年起，每隔三年置一闰年，计366日，多出的一日放在二月；具体月份日数从1到12除二月份平年29日、闰年30日外，其他月份单月31日，双月30日。这种历法被后人称之为儒略历。儒略历是纯太阳历，冬至、春分等节气与12月22日和3月21日基本对应，各月日数已与朔望周期分离。

因为儒略历较以前的历法精确，所以欧洲基督教国家于公元325年在法国濒临地中海的利古里亚海的港口城市尼斯开会，决定共同采用儒略历。但儒略历的平均年比回归年长了365.25 − 365.2422 = 0.0078日，这样到了公元1582年，因为（1582 − 325）×0.0078 = 9.8046日，春分日已经不是尼斯会议所规定的3月21日了，而是3月11日。为解决这个问题，当时的教皇格里高利决定采用业余天文学家利里奥的方案，于1582年3月1日改历。为纠正历日与春分日相差十天之误，把1582年10月4日后一天改为1582年10月15日，为避免今后再出现这样的误差，规定不能被400整除的世纪年不置闰，如1900年不置闰为365日，而2000年置闰为366日，故格里高利历年比回归年要长（400×365 + 97）/400 − 365.2422 = 0.0003日，也就是说，春分日与3月21日错开1日需3333年。至于以后的一日怎么办，可以留待公元4500年以

后的专家解决。这样各个节气在日历上也就相对确定下来。由于格里高利历（简称格里历）的精度很高，随着各国之间的交往越来越频繁，在需要统一的纪日方法的客观要求下，世界各国相继采用格里历，它也就成为"公历"了。我国自1912年开始采用公历，但为尊重民族习惯和继承我国农历与月相相符的优点等，故在日历本上同时印上公历和农历。

🪐 第三节　科学的复苏

一、教会的控制

时至11—12世纪，欧洲社会逐渐有了一些质上的变化。一些生产机械的发明，手工业的发展，使欧洲在11世纪之后出现了早期的技术革命。有力地刺激了实验科学的兴起和发展，并提供了许多力学、化学、物理学方面的新知识；在生产力发展的同时，观测天文学也取得了相当的进展，这又刺激了天文仪器制造，反过来又为观测天文学的发展创造了更为有利的条件。航海事业的发展，要求更为准确地测定日月星辰的天空方位，推动着观测天文学的发展。

当时在欧洲有三种大学，一是教会创办的教会大学，如牛津大学和剑桥大学；二是公立大学，由学生选举出来的校长总揽校务，如帕多瓦大学；三是国立大学，由帝王征得教皇认可而建立，如那不勒斯大学等。后两种世俗大学大多开设了讲授希腊经典著作的课程，尤其是亚里士多德的自然哲学、托勒密的天文学以及古罗马医生盖伦的医学。

离开了"上帝的指示"，自由地进行学术研究，教会的约束力越来越弱，教会有了危机感。面对科学的威胁，教会一方面在1209年和1215年两次下令，不准人抄录、阅读和保存亚里士多德和托勒密等人的著作；另一方面把世俗大学放在教会的控制之下。任何压力都不能阻止科学的传播，新思想仍在学者之间悄悄传播。教会并不笨，硬的不行就来软的，但奏效不大。1227年，罗马教皇格里高里九世上台后，采取软硬兼施的两手，一方面他在1230年下令在罗马成立宗教裁判所，对传播所谓异端思想的学者进行残酷迫害；另一方面他于1231年下令重新修订和评注古希腊的哲学和自然科学著作。

二、教会抬出了亚里士多德

首先被抬起来的是亚里士多德，既要符合圣经，又要表示对他的著作的认可，实在不是一件容易事。歪曲篡改这一法宝是解决这种问题的最好工具。德国神学家阿尔伯特首先根据神学教条来注释亚里士多德的著作：他的弟子更是大胆地对亚里士多德的著作进行删改和歪曲，写了一本《神学大全》，其间对亚里士多德的哲学体系进行符合圣经、教条式的整理，他的科学理论被篡改成上帝是无所不能、无所不知、无处不在的证据；"死去的人是不能从棺材里爬出来提抗议、为自己的著作正名的，把一个不能再发言的权威捧成为基督教服务的旗帜，是再聪明不过的事了"。

三、对托勒密的先打后拉

但教会仍觉得靠一个亚里士多德来唬人有些势单力薄，就打起另一个不在人世的学者的主意来。教会本来是排斥托勒密的思想体系和宇宙模型的，但他的名声确实太大了，一味诋毁也不利于分化瓦解那抱死理的学者，经过反复的研究，他们发现托勒密的地心学说可以为上帝服务。托勒密的地心体系是以地球为宇宙的中心来描述的，上帝创造的地球位于宇宙的中心，不正说明了上帝的伟大？于是，本来与教会势不两立的科学体系，就成为上帝创造世界的极好证据，成为教会的一个工具。

教会对托勒密学说的"解冻"，结束了欧洲天文学长期停滞不前的局面，成为天文学的一个新起点。这一点是教会所未能想到的：本来是为教会找一个"温顺的婢女"，谁知找到的是"战斗的号角"。

四、托勒密学说的传播

1252 年继位为西班牙国王的阿方索十世（1221—1284 年），是一位热衷于科学的君王，对天文学尤其有兴趣，在他还是王储时就和学者们热情交往，支持他们把阿拉伯文的科学著作翻译成拉丁文，并且修订了查尔卡利的《托莱多天文表》，一登上王位，就将修订后的天文表刊行于世，称《阿方索天文表》。他在学习托勒密的天文学著作时，就感到托勒密的宇宙模型过于复杂，对其烦琐而不"和谐"颇为不满。他曾发牢骚说："上帝创造世界时要是向我求教的话，天上的秩序本来可以安排得更好些。"因而触犯了至高无上的教会，被认为是大不敬的异教徒，1282 年被废黜。一个在位国王能被废黜，说明教会的势力的强大及对社会思想控制之严。

法国天文学家霍利伍德于 1220 年出版了名著《天球论》，对有关球面天文学的许多问题阐述甚清，此书多次再版，在中世纪的欧洲流行了 400 多年。

1454 年，维也纳大学教授波伊尔巴赫（1423—1461 年）写成了重要著作《行星新论》，详细地介绍了托勒密行星理论，该书在此后的 200 多年中再版了 56 次之多。

随着对托勒密著作的深入研究，大家发现在欧洲流行的拉丁文本《天文学大成》中错误甚多，迫切需要一个较为准确的本子。1460 年，一个叫贝萨里翁的红衣大主教接见了波伊尔巴赫和他的学生雷乔蒙塔努斯，请他们把《天文学大成》编译成简明易懂的拉丁文本。未及终卷，波伊尔巴赫就溘然长逝，他的学生雷乔蒙塔努斯继承了这项工作，于 1496 年出版了《天文学大成概要》。说是概要，其实在书中增加了不少新的观测资料和新的见解，深受学术界赞赏，这本书使雷乔蒙塔努斯和他的老师名声大振。

后来雷乔蒙塔努斯来到纽伦堡定居，在一位爱好天文学的富商的资助下，修建了一座天文台，并附有一个印刷所。1474 年，雷乔蒙塔努斯出版了自己编制的星历表，其中给出了此后 30 多年间行星每天的位置，是同类著作的第一部，对当时航海定位起了一定作用。雷乔蒙塔努斯可能认识到了地球是运动的，他在一封信中说："恒星的运动必然会由于地球的运动而产生微小的变化。"

五、冲力学派的冲击

雷乔蒙塔努斯的这个观点并非孤立，当时不少学者都认为地球是运动的。早在雷乔蒙塔努斯之前的 14 世纪时，巴黎的冲力学派十分活跃，这一学派否认有天神（上帝）在推动天体周转，而认为它是由开头（创世之时）受到的冲力所致。该学派的代表人物奥里斯姆（约 1320—1382 年）就提出地球每日都在自转不息，他认为，地球和天体一样，将在原始的冲力下无限期地运动下去。如果说这些说法仍然给上帝留下了空间，那么我们应该看到它同时也冲击了托勒密以地球为中心且是固定不动的观念。在教会对这一点认识还不清楚时，这种思潮在社会上还是有一定的发展空间的。就连古萨的尼古拉主教（1401—1464 年）也明确主张地球每日自转一周，所有的物体都在运动，地球也必然在运动不已，只是由于人们像坐在远离陆地在大海中央的船中，不能觉察船在运动而已。

六、教会发现给上帝留下的"空间"越来越少

大家起劲地学习、研究托勒密的理论体系，将之用来计算行星的视位置，并与观测结果对照时，发现计算出的位置与精度越来越高的实际观测结果日益不能相符。出于不同的目的：忠于科学者力图从中找出前进的方向，忠于教会者为了给上帝留出一块"栖息地"，大家站到一起来挽救托勒密的宇宙模型，运用包括不断增加本轮的层次和个数在内的各种方法，修补托勒密宇宙体系。在经过了无数次失败后，尤其是不能为飞速发展的航海事业提供可靠的航海历书（这可不是呼唤上帝能解决的实际问题），忠于教会者心中有说不出的颓废，忠于科学者已看到了一个科学大发展的曙光。

⚆ 第四节　把太阳放到宇宙中心的人——哥白尼

一、最早的日心地动说

日心说早已有人提出过，早在公元前 4 世纪，古希腊的赫拉克利德就提出："水星和金星环绕太阳旋转，其他行星和恒星一起环绕地球旋转。"日心说示意图如图 1 – 11 所示。

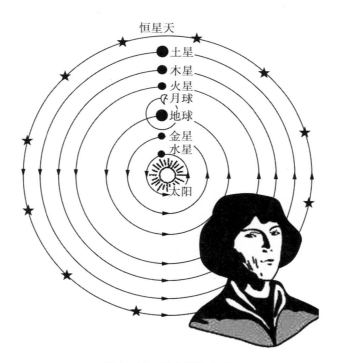

图 1 – 11　日心说示意图

希腊天文学家阿利斯塔克（公元前 310—公元前 230 年）根据月亮上弦之时测得的日月之间的夹角，提出太阳比地球大很多。当然是小的绕着大的转！他认为，地球在绕轴自转的同时绕太阳转，太阳和恒星都不动，行星则绕太阳作圆周运动。一个天才的发现已经超越了常人的思维，更何况古希腊的大天文学家喜帕恰斯又下了"不过是简单的空想"的评语，"那堪几番风雨"！最早的日心地动说就这样被葬送了。

二、托勒密的地心体系已不能满足航海的需要

时至中世纪末期，一些重要的事发生了。首先是意大利航海家哥伦布在西班牙国王的资助下，于1492年成功地横渡大西洋并到达了现在的中美洲一带，说实在的，他当时并不知这是一个欧洲人所不知道的大陆，而且以为这是欧亚大陆的另一端——印度，因而将他看到的群岛命名为印度群岛。在他之后，亚美利加发现这不是人们所知的东亚和南亚一带，而是欧洲人毫无所知的一个大陆。欧洲人无视这个大洲的真正主人的存在，以亚美利加的名字为这个新发现的大洲命名为亚美利加洲——也就是美洲，而将大家叫惯了的印度群岛改为西印度群岛。用大家说惯了的一句错话，美洲被"发现"了。在发现新大陆这件大事的鼓舞下，葡萄牙航海家麦哲伦自1519年起历时三年完成了首次环球航行。这些巨大的成功在为殖民者提供了更大机遇和鼓励的同时，成为他们漂洋过海探险的内在动力，大大地刺激了航海事业的发展。在这种条件下，对航海书的要求也就越来越高，托勒密的地心体系已经不能胜任为优良的航海历书提供准确的行星位置的任务了，一个更接近真理的体系的诞生就在眼前。一个在天文史上划时代的人物哥白尼把太阳重新放回宇宙的中心，完成了这个任务。

三、哥白尼和《天体运行论》

1473年2月19日，哥白尼生于波兰维斯瓦河畔的托伦城。10岁那年不幸丧父，由舅父瓦琴洛德抚养长大。18岁时进入克拉科夫大学学习，在校受到人文主义者、数学教授布鲁楚斯基的影响，抱定献身天文学的志愿。三年之后他回到故乡，已经是埃尔梅兰城大主教的舅父，希望他能走自己的道路，派他到意大利学习教会法规。1497—1500年他在波洛尼亚大学读书时，除了学习教会法规外，还学习了其他多种学科，尤其是对数学和天文学特别有兴趣。在这里他又遇上了一位对他影响极大的老师——文艺复兴运动的领导人之一、天文学教授诺法腊，这位恩师在天文学方面给他以极大的帮助。1497年3月9日，他在波洛尼亚做了他遗留下来的第一个天文观测记录：月掩毕宿五（金牛座α）的时刻。

1501年，哥白尼从意大利回国，正式宣誓加入神父团体，旋即请假再次赴意大利，在帕多瓦大学学习，同时研究法律与医学。1503年，在费拉拉大学获教会法博士学位。1506年，哥白尼回到波兰，为他任主教的舅父当助手和私人医生。1512年他舅父逝世后，他就定居在弗龙堡。为了方便天文观测，他选择了教堂城墙上的一座箭楼作为宿舍，还选择了顶上一层有门通向城头上的塔作为天文台（这地方被后人称之为"哥白尼塔"，自17世纪以来就是天文学的圣地），并安装了一些天文仪器进行天文观测。

早在意大利留学期间，哥白尼就大量阅读、研究古希腊哲学和天文学著作，他赞成毕达哥拉斯学派的治学精神，主张以简单的几何图形或数学关系来表达宇宙的规律。

当他了解到古希腊人阿利斯塔克等有过地球绕太阳转动的学说时，受到了很大的启发。哥白尼分析了托勒密体系中的行星运动，发现每个行星都有三种共同的周期运动，即：一日一周、一年一周和相当于岁差的周期运动。如果把这三种运动都归到被托勒密视为静止不动的地球本身的运动上，托勒密体系中的许多复杂性就可以得到简化。在此基础上，哥白尼建立了一个新的宇宙体系：太阳居于宇宙的中心静止不动，其他的行星包括地球在内都绕太阳运转，离太阳最近的是水星，其次是金星、地球、火星、木星和土星。只有月亮绕地球运转，恒星则在离地球很远的天球面上静止不动，只是因地球自转，星空才呈现东升西落的现象。

　　一个完整、严密的体系要能经得起各方面的推敲，因此，哥白尼花了大量时间来测算、校核、修订他的学说。在1502—1514年期间，他曾写过一篇《从天体结构导出天体运行论要释》（简称《要释》），简要地介绍他的学说。在这篇《要释》中，哥白尼明确地提出了他的日心体系的要点：①地球不是宇宙的中心，它只是月亮运行轨道的中心；②宇宙的中心在太阳附近，包括我们地球在内的行星都围绕太阳运转；③日地距离与恒星所在的天球面的高度相比是微不足道的；④天球周日旋转的视现象是由于地球每天自转一周所致；⑤太阳在天球上的周年运动是地球绕日公转的反映；⑥行星的视逆行和顺行是地球和行星共同绕日运动的结果。这些要点已经具备了后来正式出版的《天体运行论》的主要论点。哥白尼还在他舅父身边当助手时，就开始写《天体运行论》这部巨著，但他一直不断地做修订工作，并且一直在加入最新的理论上的和实际观测得来的资料，却一直没有出版。其主要原因是担心此书一旦出版，必会引起两个方面的抵制和攻击：坚持亚里士多德和托勒密的理论的哲学家，不允许把地球从宇宙的中心处拉出来；教会的反应将会更加强烈，会认为这是离经叛道的异端邪说，是与圣经上所说地球是静止不动的说法唱对台戏。

　　1539年，雷蒂库斯专程到波兰拜访哥白尼，一住就是两年，他认真地学习哥白尼学说，成了哥白尼学说的热烈拥护者和积极宣传者。在此期间，雷蒂库斯以给他的老师舍纳写信的形式写了一篇《"天体运行论"浅说》，详尽地介绍了《天体运行论》的基本内容，文中充满了对《天体运行论》作者的赞美之辞。1540—1541年，该文以单行本形式出版，在科学界引起了强烈反响。

　　在一些挚友和他唯一的学生雷蒂库斯的劝说下，哥白尼终于同意出版《天体运行论》。为了此书能够顺利出版，哥白尼处心积虑地写了一篇序言，在序言中说此书是献给教皇保罗三世的，他希望在这位比较开明的教皇的庇护下，《天体运行论》可以顺利问世。

　　先是由雷蒂库斯誊清、整理《天体运行论》手稿，并以此书编辑的身份到纽伦堡安排出版事宜。就在雷蒂库斯在纽伦堡的时候，他收到了哥白尼的序言。哥白尼的序言主要是阐明此书绝无亵渎之意，谨将此书献给教皇，实际上是求得教皇的谅解和庇护；序言中同时还说明了出版此书的忧虑是怎样被他的一些好友和其他学者所消除的，但没有一处提到过雷蒂库斯，这可能是一时的疏忽，也可能出于其他的原因，不管怎么说，这对坚决支持他的学说并为他的著作竭尽全力的雷蒂库斯来说，毕竟是一个伤害。雷蒂库斯突然丧失了出版此书的热情，并且放弃了已经开始的编辑工作，将一切事务转交给纽伦堡出版商奥塞安德尔，自己却到莱比锡大学就任数学教授。

奥塞安德尔这位教士为使这书能安全地出版发行，假造了一篇无署名的前言，说书中的理论不一定代表行星在空间的真正运动，而是为了编算星表、预推行星的位置的一种精心设计。前言里还说了许多称赞哥白尼的话，细心的读者很容易从这一点看出这篇前言并非哥白尼所作，但长期以来，一直作为哥白尼本人之作保留在《天体运行论》中。直到19世纪中叶才不再保留这篇前言。但这篇前言的作用不可忽视，它作为"迷眼的砂子"，在半个多世纪中骗过了许多人，尤其是教会人士，使《天体运行论》能在社会上有足够的传播时间，使更多的人了解到这一划时代的巨著。

《天体运行论》一共分为6卷，第一卷概述了哥白尼日心体系的基本观点，描绘了作者提出的宇宙总结构；第二卷应用球面三角解释天体在天球上的视运动；第三卷讲太阳视运动的计算方法；第四卷讲月亮的视运动；第五、六两卷讲行星视运动。全书立论清晰，论据充分，结构严密。与以往的一些宇宙模型不一样，《天体运行论》对日、月、行星的运动不只是停留在定性的叙述上，而是有严格的数学论证和定量探讨，可以据此推算出太阳、月亮和行星的星历表，预告它们的位置。哥白尼还用前人的和他自己的观测资料，推算出各大行星到太阳的距离（以日地距离为1），其结果除土星误差稍大外，其他的误差都很小。

《天体运行论》的出版意义十分深远，它揭示了地球仅仅是一颗围绕太阳运转的普通行星，从根本上否定了"地球是上帝特意安排在宇宙中心"的宗教说教，摧毁了宗教统治的一根最重要的理论支柱，大大动摇了人们对教会的敬畏进而崇拜之情；是自然科学向教会发动的独立宣言，自然科学从此便开始从神学的桎梏中解脱出来；它以地球运动的观念奠定了近代天文学的基础，使天文学首先跨入近代科学大门。

由于历史条件的限制，哥白尼的日心体系也有不少缺陷和错误，其中最根本的有：保留了托勒密地心体系中"恒星天"概念，认为宇宙是有限的，而太阳处于宇宙的中心位置上；仍然认为天体只能作匀速圆周运动的观念，为了解释行星运动实际上存在的不均匀性，就不得不搬用托勒密体系中的本轮均轮概念。为了使行星的运动更为遵守匀速圆周运动，哥白尼还首创了"均衡点"的概念。哥白尼认为，托勒密的模型，本轮在均轮上并非做匀速运动，因而违背了天体运动的最根本原则，应该用本轮、均轮和偏心圆这三者的组合来解释行星的运动。但他的这个模型还是不能正确解释行星的运动，也不能正确地预报天体的位置，于是哥白尼又采用多个圆运动组合的方法来与行星的运动吻合，这样一来，行星的运动图像就更为复杂。从总的图像来看，哥白尼的日心体系比托勒密体系要和谐，但还是十分复杂，不过这个体系却为后继者指明了前进的道路。

第五节　不给上帝留任何 "立足点" 的布鲁诺

布鲁诺于 1548 年出生于意大利那不勒斯附近的诺拉镇的一个贫寒的家庭，17 岁入多米尼加修道院当见习修道士，一年后转正。他身在修道院，却不守教规，阅读禁书，从事文学、哲学、科学研究活动，被修道院划为 "异端分子"。为避免被起诉，他于 1576 年逃离意大利，到瑞士、法国、英国等相对宽松一些的国家流浪，仍然到处宣传哥白尼的学说。在英国期间，他阅读了英国学者迪格斯的《天体轨道的完美描述》一书。在这本书中，迪格斯宣传了哥白尼的学说，与其不同的是，他取消了哥白尼的恒星天，在日心体系的图上，把恒星画成向四面八方无限延伸的，这实际上是说宇宙是无限的。迪格斯的这一论点给布鲁诺以很大的启发，布鲁诺在此基础上进一步发展了宇宙无限的思想。

图 1-12　布鲁诺像

1584 年，布鲁诺在伦敦出版了《论无限宇宙和世界》一书，他在书中指出："宇宙是无限大的，其中的各个世界是无数的。"他还大胆地问道："假如世界是有限的，外面什么也没有，那么我要问：世界在哪里？宇宙在哪里？"从而取消了哥白尼学说中的恒星天，肯定了宇宙是无限的思想。他还进一步针对一些教士的说法指出："恒星并不是嵌在天穹上的金灯，而是跟太阳一样大、一样亮的'太阳'！"这就否定了太阳的唯一性，把太阳从宇宙的中心移开。除此之外，他还写了《诺亚方舟》等矛头直指教会的文章，尖锐、辛辣地抨击教会和《圣经》中的论说。布鲁诺虽然在他的著作中还认为大自然就是万物之神，使他的学说披上了泛神论的外衣，但他在发展哥白尼的学说的同时比哥白尼革命得更彻底。如果说哥白尼还为上帝留了一点 "面子" 的话，那么在他的宇宙图像中没有给上帝留下任何 "立足点"，因而被教会看作是最凶恶的敌人，必欲置之于死地而后快。

1592 年，布鲁诺被威尼斯贵族莫钦尼戈骗到了威尼斯，因莫钦尼戈的出卖而被捕押送到罗马宗教裁判所，囚禁了八年之久，面对种种威胁利诱，布鲁诺毫不屈服，终被宗教裁判所判为 "异端"。1600 年 2 月 6 日，宗教裁判所判处布鲁诺火刑，在他听到判决书后，凛然地说："你们对我宣讲判词，比我听判词还要感到恐惧"，并庄严地宣布："黑暗即将过去，黎明即将来临，真理终将战胜邪恶！"在行刑之时，他最后高呼："火，不能征服我，未来的世界会了解我，会知道我的价值"。布鲁诺终于 1600 年 2 月 17 日被烧死在罗马鲜花广场。后人为纪念这位为真理而献身的学者，于 1889 年在鲜花广场上建立布鲁诺铜像，供后人瞻仰。

1992 年，罗马第 264 任教皇约翰·保罗二世宣布为布鲁诺平反。

第二章 从天文学到物理学的三步跳

物理学为天文学提供新装备，天文学为物理学发现新问题，并促使物理学突破性地发展，这在万有引力理论的建立上表现得尤为经典。

一、观测天文学大师——第谷

（一）童年星空迷

丹麦天文学家第谷·布拉赫于 1546 年 12 月 14 日出生于丹麦克努兹斯图普（今属瑞典）的一个贵族家庭，人们常直呼其名而忽略他的姓，因而常称他为第谷，好在"天下谁人不识君"。

童年时的第谷就对天文学有浓厚的兴趣，常常因观测星空入迷而忘记回到室内。1559 年进哥本哈根大学学习法律，1562 年入莱比锡大学。1563 年，也就是在他 17 岁时，就作了他第一个天文记录——木星合土星。

（二）设计制造天文仪器

1565 年以后，第谷到欧洲许多地方游学。长期对天文学的追求，使他抓住了一个大好机会，1572 年 11 月 11 日他发现在仙后座出现了一颗比金星还要亮的新星，年方26 岁的第谷对它进行了连续一年多的观测，详细地记录了它的光度、位置和颜色的变化。在积累了大量的观测资料后，第谷于 1573 年发表了《论新星》一文（见图 2 -1），指出这颗新星没有视差，它十分遥远，属于恒星一类的天体（现已测知这是银河系的一颗超新星，称之为第谷新星）。第谷因之名声大噪，得到了丹麦王腓特烈二世的青睐，于 1576 年被聘为皇家天文学家。腓特烈二世还拨出巨款，在汶岛为他建立了一座当时最好的天文台。在这里，第谷亲自设计、由工人就地制造、装备了大量堪称当时最精确的天文仪器，如六分仪、方位仪、三角仪、象限仪、赤道浑仪、大浑仪、天球仪等。

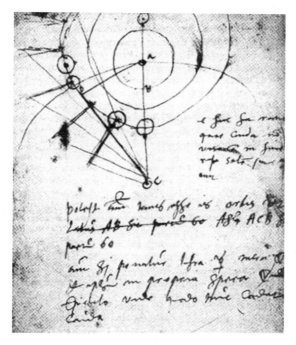

图 2 - 1　《论新星》文章局部

（三）当时最精确的恒星表

第谷的天文仪器尺寸较大，制造和安装的精度又较高，加上他还发明了横断点分弧法（见图 2 - 2），提高了观测精度，可以说当时他的天文仪器举世无双。他还培养了许多助手，这些助手都按他的要求精细地进行各种各样的天文观测。精密的仪器设备和高超的观测技巧，使他的天文观测精度达到了望远镜诞生以前的最高精度，所测天体的位置误差小于 2′，几乎达到了用肉眼进行观测的精度极限。利用这些优越条件，第谷重新测定了许多恒星的位置，并且编制了一部当时最精确的恒星表，该表收入 777 颗星，后来又补充了未经最后校对的 223 颗星，于 1602 年刊行。在精确的恒星背景上，他还积累了大量关于行星运动的观测数据。

（四）留下了大量观测资料

第谷在汶岛连续进行了二十多年的天文观测，这是他一生中最美好的时光。腓特烈二世逝世以后，继位的国王对天文学的热情远远不及腓特烈二世，对第谷的支持也日渐式微，第谷于 1597 年离开汶岛，1599 年到布拉格任鲁道夫二

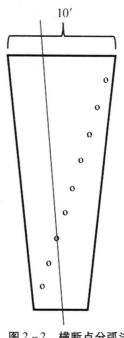

图 2 - 2　横断点分弧法

世的御前天文学家，次年，他邀请开普勒来当他的助手，这是他一生中最有意义的决定。

第谷不仅仅在天文观测方面达到了前无古人的境界，在理论研究方面也有成果。他通过对1572年新星的观测，指出新星隶属于恒星一类的天体，并据此批驳了亚里士多德关于恒星天球是永恒且完美不变的错误观念；他通过对1577年大彗星的长期观测，指出该彗星的轨道穿越了多重"行星天球层"而绕日运动，从而说明了亚里士多德的水晶球理论的谬误，还使当时一些学者认为彗星是"大气中的一种腐化现象"的看法得到了纠正。他认为哥白尼的理论与托勒密的理论相比，与实际天象更为吻合，但传统的观念和宗教的影响使他不能清楚地看到日心学说的正确，从而不能跳出地心体系的束缚，在托勒密与哥白尼两种宇宙体系之间搞了一个折衷：地球位于宇宙的中心，诸行星绕日运行，而太阳则带着众行星绕地球旋转。值得一提的是，他的这一理论在欧洲虽未产生很大影响，但在中国明末清初之际，来华的传教士几乎都是介绍这一体系，对中国当时的天文学有很大的影响。

第谷对日心说的怀疑并没有影响他勤勉而精确的观测，在近三十年的不懈的追求中留下了丰富的观测资料。暴躁的坏脾气不仅使他不得不戴着一个银子做成的假鼻子，还使他不能沉下心来总结、归纳他的成果，或者说，他是一个天才的观测家，但却缺乏理论上的推演能力。

1601年10月24日，这个伟大的天文观测家离开了他为之奋斗了一生的天文学观测事业，离开了寄托了他所有希望和情感的天文仪器。他一生最大的成功就是发现了开普勒；他一生最大的成果就是在临终之时，为他的弟子开普勒留下了大量精确的观测资料。

二、接力赛的第二棒——开普勒和行星运动三定律

（一）差一点成为牧师

开普勒于1571年生于德国符登堡，幼年时体弱多病，12岁时入修道院学习。16岁进入蒂宾根大学，在这里他受到秘密宣传哥白尼学说的天文学教授麦斯特林的影响，很快就成为哥白尼学说的忠实维护者。1591年，开普勒获文学硕士学位，此后曾想当路德教派牧师而学神学，如果沿着这一条路走下去，现在的行星运动三定律的名字就可能是另外一个"什么勒"了。但在1594年，他得到了大学的有力推荐，到奥地利格拉茨的路德派高级中学任数学教师。在这一段时间里，他全力研究天文学。

（二）25岁发表《宇宙的神秘》

1596年，年方25岁的开普勒发表了构思奇特的《宇宙

图2-3 开普勒像

的神秘》一书。书中提出一种看法：正多面体一共只有五种（见图2-4），而行星一共只有六个，这六个行星的轨道所在的球面正好顺次外接于和内切于这五种多面体。一个正多面体的外接球代表外面那颗行星的轨道大小，其内切球则代表里面那颗行星的轨道大小。

图2-4 开普勒宇宙构想

经计算发现，开普勒设想的这个模型，与各行星到太阳的距离之比符合得相当好。开普勒由此认为，他已经找到了揭示行星距离规律的金钥匙。开普勒进一步寻找行星运动的物理原因，在《宇宙的神秘》一书中，他认为是太阳产生了一种驱动力，使行星在自己的轨道上运动。离太阳远的行星，驱动力小，所以运动速度慢，周期就长；他认为两行星的周期之比等于它们离太阳距离的平方之比。在观测精度较低时，这与行星运动的实际情况大体上相符。

《宇宙的神秘》出版以后，开普勒把它寄赠给许多有名的学者，如伽利略、第谷等人。第谷读了此书后，尽管不同意这一见解，但却很欣赏开普勒理论思维的才能。1600年，开普勒来到布拉格对第谷做试探性的拜访，并停留了约3个月，为第谷承担研究火星运动理论的任务，不久又返回格拉茨。适逢格拉茨驱逐新教徒，使笃信新教的路德教派的开普勒无处容身，只好于1600年10月再次来到布拉格，留在第谷身边工作。

（三）继承了第谷的观测资料

第谷和开普勒在各自的研究方法、对一些问题的看法甚至性格方面都有很大的不同，所以两人之间的关系并不和谐，但在事业上的追求却是一致的，尚能在一起为共同的目标而奋斗。1601年秋，第谷病倒，弥留之际，把凝结他毕生心血的大量观测资料遗赠给开普勒，要求开普勒继续完成他未竟的事业。第谷一方面告诫开普勒要尊重观测事实，另一方面又要求开普勒不要逾越他的体系。

（四）火星的轨道

开普勒充分认识到第谷的这些观测资料的珍贵，在获得这些资料之后，立即全力以赴地继续进行火星运动的研究。他先利用第谷的观测结果精确地画出了火星的轨道。他马上发现这个轨道并非大家所认为的完美无缺的正圆。如果换了一个天文学家，很可能把这个差异归因于观测上的误差，但开普勒目睹了第谷近于苛刻的精确观测，使开普勒有信心在其他方面寻找原因。开普勒只能把2 000年来大家所认为的正确无误的正圆轨道稍稍"拉扁"一点，使其成为椭圆轨道，才能解释火星乃至其他行星的运行规律。

（五）行星运动第二定律——面积定律

他先从圆轨道入手来考虑问题。由于火星与地球之间一直存在着相对的运动，要想搞清楚火星的运动，必须对地球的真实运动有清楚的了解。为了在这个"船舱"里了解地球的运动，他想出了一个十分巧妙的方法。他先假定地球和火星都在偏心的圆轨道上绕太阳运动，再在火星绕太阳运转一周后回到原来的位置（一个火星年）时测定地球的位置（见图2-5）。

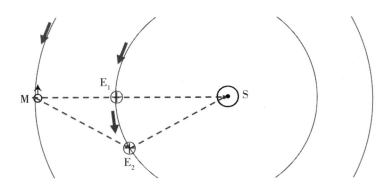

图2-5　用火星运动测定地球位置图

经过无数次试算，最后开普勒得出结论：在相同的时间内，地球到太阳的连线扫过的面积相等。也就是说，图中扇形ASB，A′SB′和DSE三者的面积相等。这一结论的推广便是行星运动第二定律，或称面积定律。面积定律示意图如图2-6所示。

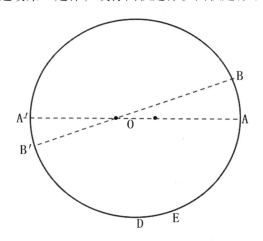

图2-6　面积定律示意图

（六）行星运动第一定律

开普勒十分幸运，地球轨道确实与圆差别很小，所以他所做的假定与实际情况相当符合，从而使他首战告捷。但是，尽管面积定律对地球轨道来说与第谷的观测资料符合得十分好，却在应用于火星时出现了问题。开普勒先用第谷的 10 个观测值来模拟一个火星的偏心圆轨道，然后应用面积定律，加进其他的观测值来检验，结果发现出现了 8′的误差。开普勒坚信第谷观测资料的精确性，他也认为刚刚取得的面积定律没有错，看来问题似乎出在火星的轨道形状上，经过长时间复杂的计算，其间几经挫折，最后他发现，若使用椭圆轨道，理论推算便能与观测资料密切相符。于是开普勒做出结论：火星在椭圆轨道上绕太阳运动，太阳位于其一个焦点上。这一结论的推广便是行星运动第一定律。

（七）试算出行星运动第三定律

开普勒受古希腊毕达哥拉斯学派的宇宙和谐论的影响很深，他觉得各行星离太阳的距离一定存在着某种规律性。前文已提到，他在《宇宙的神秘》一书中，曾求得两行星的公转周期之比等于它们离太阳距离的平方之比。这一关系式虽然与观测数据可粗略地相比拟，但并不完全符合。他孜孜不倦地进一步探索，在 1609—1619 年这 10 年中，不知做了多少次试算，经历了多少次失败。最后，当他将行星公转周期 ρ（以年为单位）的平方与行星到太阳平均距离 γ（以日地平均距离为单位）的立方进行比较时，终于发现两者惊人地相吻合（见表 2－1）。于是他又做出一项重要发现。这便是行星运动第三定律。1619 年，他在《宇宙和谐论》一书中公布了这一发现。

表 2－1　开普勒求得第三定律时的计算数据

	周期 ρ/日	平均距离 γ	ρ^2/年	γ^3
土星	10 759	9.510	860.08	867.69
木星	4 333	5.200	140.61	140.73
火星	687	1.524	3.546	3.538
地球	365	1.000	1.000	1.000
金星	225	0.724	0.379 5	0.379 5
水星	88	0.388	0.058 4	0.058 0

哥白尼接受了前人天体只能作匀速圆周运动的观念，但宇宙中的天体却不听任何人的指使，行星的运动速度却不均匀，为了解释这个现象，哥白尼仍不得不搬用他所打倒的体系中的一些东西，如托勒密体系中的本轮和均轮概念。开普勒对哥白尼学说进一步扬弃，砸碎在他看来的一切桎梏，使日心体系与观测结果更为吻合。开普勒根据行星运动三定律的计算，利用第谷的观测资料来校正，于 1627 年出版了《鲁道夫星表》，其精度比哥白尼推算的要高 100 倍!《鲁道夫星表》曾被视为天文学上的标准星表达一个世纪之久。

三、成功的最后冲刺——牛顿和万有引力定律

（一）万有引力定律的发现

牛顿是一位科学巨人，他在天文学、物理学、数学各个方面都有杰出的贡献。恩格斯在《英国状况》中说："牛顿由于发现了万有引力定律而创立了科学的天文学，由于进行光的分解而创立了科学的光学，由于创立了二项式定理和无限理论而创立了科学的数学，由于认识了力的本性而创造了科学的力学。"连神父都不得不按他自己的方式称赞他："世界是黑暗的，上帝说：让牛顿出来吧！世界就充满了光明。"

我们所能看到的一些书籍中都说牛顿之所以发现万有引力，是因为他躺在苹果树下看到苹果不是向上掉而是落下来，灵感迸发发现了万有引力定律。这些说法常使孩子们充满了遐想，也想找一棵苹果树坐上一天，结果当然是不得而知，就这

图2-7　牛顿像

样坐上一年，也不会发现什么"亿有定律"。其实事情没有那么简单，牛顿是在开普勒的行星三大运行定律的基础上，通过艰苦地分析、归纳、总结，加上大胆的猜测得出万有引力的。倒是牛顿自己有一段伟大的谦虚："如果说我比笛卡儿看得远一点，那是因为我是站在巨人的肩上"。这巨人就是伽利略、开普勒等人。

直到16世纪初期，亚里士多德的一些错误见解仍然统治着欧洲，如：重的东西比轻的东西下落得快；运动必由力所致等。到16世纪后期，这些看法已受到了有力地挑战。比利时物理学家斯台芬在1586年发表了他的一个实验，实验中的二个重量相差10倍的铅球，从30英尺的高度掉下来，同时落到木板上。这个在现代人看来天经地义的事实，当时却令人瞠目结舌，因为这个实验第一次向亚里士多德的错误观点提出了挑战。

伽利略在这个基础上，设计了不同体积、不同重量的球在斜面上滚动的实验，进行了深入的理论分析。他不但区分了速度与加速度两个不同的概念，总结出自由落体定律和惯性定律，还进一步研究了抛射体的运动，且将地球重力作用考虑进来，证明了地球重力势必把抛射体的惯性运动弯曲成一条抛物线。离真理只差一步！可惜伽利略总也不能从匀速圆周运动转出来，他认为如果没有阻力，一个在地面上滚动的球，会一直匀速地在地球表面作圆周运动，在他的惯性理论中没有"直线匀速运动"这个概念。另外，此时开普勒虽已提出行星运动三定律，但伽利略却未予以足够的重视，谈不上也可能是不愿意去研究行星运

图2-8　伽利略像

动的轨迹为什么是椭圆的问题。

　　开普勒在发现行星运动三定律之前，就曾想到过行星之所以在一定的轨道上运动，很可能是受太阳的驱使。离真理只差一步！与伽利略相仿，开普勒也受亚里士多德的力学见解的束缚，认为运动必须有力的支持，也没有对伽利略的惯性定理和对抛射体运动规律的研究予以足够的重视！两个经常通信的好朋友却失之交臂，失去了让世界变得光明的机会。

　　另一个更接近真理的人是惠更斯，1659 年，他通过对单摆运动的研究发现要保持物体的圆周运动需要一种向心力，并证明了这个力所产生的向心加速度与该物体的速度的平方成正比，与物体离圆心的距离成反比。这一结果于1673 年发表。惠更斯没有"更进半步"把这个结果同开普勒的行星运动第三定律结合起来，从而未能推出行星的向心加速度和离太阳的距离平方成反比的定律，进而总结出引力的理论。向心力和引力之间终未画上等号。

图 2 - 9　惠更斯像

　　比他们稍晚，1662—1666 年间，英国皇家学会的干事胡克试图通过实验来研究引力随距离变化的规律。他先是比较同一物体在高度不同从而离地心的距离不同的地方的重量差，没有得到令人满意的结果。1664 年，上天给了他一个绝好的机会，天空上出现了一颗彗星，胡克注意到彗星在靠近太阳时轨道是弯曲的，也意识到了这是太阳引力所致。胡克也试图通过研究摆的运动来解决这个问题，但没有什么实质性的进展。惠更斯于 1673 年发表的向心加速度公式为解决这个问题提供了一把锁匙，胡克、哈雷和雷恩在此基础上，结合开普勒的行星运动第三定律，得出了行星的向心加速度与它们离太阳距离的平方成反比的结论，也认识到产生这种向心加速度的向心力也就是引力。1679 年，他们提出行星所受的太阳引力与其离太阳距离的平方成反比，万有引力已是呼之即出了，但他们还不能提出令人信服的论证，更不能证明按这样规律运动的行星的轨道应为椭圆。

　　1665—1666 年，伦敦流行瘟疫（黑死病，即鼠疫），当时的医学还没有解决这个问题，大家都是消极地躲避，牛顿也在此时离开了剑桥大学，回到他的家乡英国林肯郡沃尔索普村。远离大都市的尘嚣，使他有时间来考虑万有引力的问题。传说中看见苹果落地悟出万有引力就是指这一段田园生活期间的事。

　　上文说过，胡克并未对他和哈雷、雷恩等认识到的起吸引作用的向心力和距离的平方成反比的论点做出有力的论证，更未能证明依此定律的天体运动轨迹是椭圆。哈雷由于胡克不愿拿出证明而得不到答案，于 1684 年 8 月到剑桥大学向牛顿请教，当他提出如果重力和距离的平方成反比变化时，行星的运动轨迹是何种曲线时，牛顿毫不犹豫地回答说是一个椭圆。同时牛顿还说他对这个问题已做过计算，当时并没有找到计算草稿，他答应找到后就寄给哈雷，但后来还是没有找到（如果当时就找到了，就没有后来和胡克之间万有引力的发现权之争了）。牛顿就重新做了计算，同时进一步考虑了这个问题，于同年的 11 月给哈雷寄去了名为《论运动》的论文手稿，还在剑桥做了一系列名为《论天体运动》的演讲。这些重要论文还被哈雷送交皇家学会登记备案。在哈雷的促使下，牛顿才下决心写了现在众所周知的科学巨著《自然哲学的数学原理》，并在 1686 年向皇家学会交上了原稿，正是在这一本书中，牛顿系统地提出了"牛顿运动三定律"。但由于和胡克的发明权之争，更因为经费问题，皇家学会并未及时付印，还是哈雷出钱替牛顿出版此书，这一巨著才于 1687 年展现在大众面前。

还是以大家所熟知的苹果故事来说明其中的一些思路。伽利略已经发现水平地扔出一个苹果，苹果的运动轨迹是水平匀速运动和落体运动的叠加，亦即抛射体运动。牛顿把这个伟大的发现更进一步：地球是一个球体，地面是一个向下弯曲的曲面，一定的水平距离，向下弯曲的尺度是可以确定的；自由落体每秒钟向下落的距离也是可以确定的，若是在物体平抛某一距离的时间内，物体下落的高度正好和地面向下弯曲的距离相等，则物体在运动的过程的任一点，对于地面的高度就会和平抛时的高度相等，此时，该物体就会围绕地球作圆周运动。当然，这里须有一个条件，就是不考虑大气的阻力。

仅仅到此为止，就不是现在我们所知道的牛顿了。牛顿把月球进而把行星的运动作为一个抛射体来考虑。天体的轨道运动可以分解成两种简单的运动，一种是惯性力引起的匀速直线运动；另一种是引力形成的落体运动，牛顿说："如果没有引力的作用，月球就不能保持在轨道上运行。如果这种力太小，就不足以使月球偏离它的直线运动；如果这种力太大，就会把月球从轨道上拉下来而落向地球。"

（二）万有引力定律的检验

由于当时没有地球大小的准确数据，牛顿根据它的理论检验，月球的向心加速度和重力加速度并不一致。直到 1671 年，法国天文学家皮卡尔测出了准确的地球半径，用新数据再次计算时，获得了满意的结论，从而证明了向心力就是引力这一重要的论点。为了进一步证明行星在轨道上运行时其向心力指向椭圆轨道的一个焦点上的太阳，同时写出引力表达式，牛顿提出了流量和流数理论，奠定了微积分基础。通过计算，牛顿不但发现了太阳对行星的引力与行星离太阳的距离平方成反比，还于 1685 年，用流量和流数理论证明了密度按同心球对称分布的两球体之间的引力，等同于它们质心之间的引力。有了两个坚实的立足点，牛顿在 1687 年出版的《自然哲学的数学原理》中提出了完整的万有引力定律。牛顿不仅仅论证了开普勒的行星运动的第一、二定律，还对第三定律做了重要修正。

逆向思维常常引导出伟大的发现。牛顿又从相反的角度考虑怎样求天体运行的轨道，他通过运算后发现，天体的运行轨道不只是椭圆，也可以是其他圆锥曲线，如抛物线和双曲线，这个结论为彗星的运行轨道的计算提供了理论基础。

科学的正确性不仅仅在于理论的完美，更重要的是能用来解释、解决实际问题。

万有引力定律发表以后，当时人们的理解就好像是现代的爱因斯坦提出相对论一样不可思议。其时还未把牛顿看作是使"世界就充满了光明"的上帝使者，种种的疑惑并不难令人理解。

哈雷以牛顿的彗星轨道理论为基础，推算出历史上24颗彗星的轨道。在计算1682年的彗星轨道时，他发现这颗彗星的轨道根数与1607年开普勒观测到的彗星的轨道根数相近。他继续向前寻找，发现1531年出现的一颗彗星也有相同的轨道根数，而且这三颗彗星出现的时间间隔均为75年左右。他据此断言，这三次出现的彗星实际上是同一颗彗星，它的轨道不是抛物线，而是一个接近抛物线偏心率很大的椭圆。1705年，他出版了《彗星天文学概论》一书，预言这颗彗星将于1758年再度回归。他所预言的那颗彗星如期而至，与哈雷预计的日期相差仅一个月，这在76年的长周期中实在不算什么大的误差，因此在整个欧洲引起了轰动。哈雷没能等到这一天的到来，他于1742年1月14日在格林尼治闭上了他睿智的双眼。真所谓"出师'大'捷身先死，长使英雄泪满巾！"但人们并没有忘记他，这一彗星被命名为哈雷彗星。哈雷彗星的准确预算使牛顿的万有引力定律在欧洲学术界得到了承认。

牛顿曾预言一座孤立大山的引力会使铅垂线偏转一个角度。1774年，时任格林尼治天文台台长的马斯基林在苏格兰的一座孤山希哈里恩山的南北做了精确的测量，直接证明了牛顿的预言和万有引力的正确性。

（三）万有引力常数的测定

在中学教科书中给出的万有引力公式 $F = G \cdot Mm/r^2$ 中的 G 为万有引力常数，这在牛顿的《自然哲学的数学原理》中还没有出现，这是英国科学家卡文迪许所设计的扭秤实验获得的。1798年，卡文迪许将一根细秤杆的中点拴在一根细金属丝上，秤杆的两个端点上各有一个质量为 m 的球，用两个质量为 M 的球靠近小球，测量因引力所导致秤杆的偏角大小，据此求出金属丝的扭矩，进而可以求出万有引力常数 G。这在验证了万有引力的同时也使其成为精确的定量定律。

（四）海王星的发现

万有引力的另一次伟大胜利是海王星的发现。1781年3月3日，业余天文学家赫歇尔在例行的巡天观测中偶然发现了天王星，在大家庆幸发现了一个从不知道的大行星时，同时也发现早在16世纪末就已有人记录过它的位置，但却是以恒星来记录的。从这时算起，到1821年，天王星的观测纪录已积累了近130多年了，在编制木星、土星和天王星的星历表时，法国天文学家布瓦尔发现，对木星和土星运动的观测资料与理论计算十分吻合，而天王星的位置却与理论计算不符。为了使实际观测位置与理论计算相符，布瓦尔只根据1781年以后的观测资料来推算天王星的位置。疑难经过发酵成了问题：1830年，天文学家们又发现据布瓦尔的星历表推算的天王星位置与实际观测又有了 $20''$ 的误差，而且还有增大的趋势。这引起了天文学家们的注意，他们重新对格林尼治天文台1750年以来的全部观测记录进行分析，发现对别的行星，理论计算和

实际观测都很吻合，只有天王星例外。

对万有引力本来就有怀疑的人现在有理由重申自己的立场了。但是万有引力定律已深入人心，科学家们也想到了这种现象是否为天王星轨道外有一颗行星的摄动所致，如布瓦尔和德国天文学家贝塞尔就明确提出了这个见解。

推测和推算是两码事，要从天王星微小的摄动反推出这一颗行星，其困难是难以想象的。这一艰难的任务被一位当时名不见经传的大学生完成了。剑桥大学的青年学生亚当斯经过两年的不懈努力，于1845年9月算出了这颗未知行星的轨道，同时在两个月内相继通知了剑桥大学的天文台台长查利斯和格林尼治天文台台长艾里。可惜人微言轻，两位天文台台长都没有给予足够的重视。直到次年的7月，查利斯才开始漫不经心地寻找这个未知的行星，以致这颗行星两次光顾他而未被发现，这使他事后痛悔不已。与此同时，法国青年天文学家勒威耶也在做同样的工作，经过长期的艰苦计算，于1846年8月发表了"论使天王星位置偏移的行星及客观存在的质量、轨道和现在位置的确定"的重要论文。9月，他写信给柏林天文台的伽勒，请他在指定的天区寻找，伽勒在收到信的9月23日当晚，就在离指定位置仅差52弧分的地方发现了这颗行星，也就是后来被命名的海王星。由于这颗行星完全是在摄动理论指导下计算出的行星，所以又被称之为"笔尖上的行星"。在发现海王星的运行也存在着异常时，大家再也没有疑惑，又算出了冥王星的位置。海王星和冥王星的发现不仅令人信服地解释了大行星运动的异常，同时也给哥白尼的日心理论和牛顿的万有引力定律以有力的支持。

（五）万有引力定律在恒星系统上的应用

德国天文学家贝塞尔在1934年发现天狼星的自行并非一条直线，而是波浪形的运动。他根据万有引力定律预言，天狼星有一颗质量很大的暗伴星和它一起绕转，所以才产生这种现象。1840年，他对南河三也做出了同样的结论。这种推测后来分别被美国光学家克拉克和天文学家舍伯尔所证明，他们都在这两颗恒星旁发现了暗伴星。他们的工作把万有引力的应用范围扩大到了恒星系统。

事实证明，万有引力定律正确地反映了宏观世界里物质运动的客观规律，天体力学建立在此基础上并得到了充分的发展。

第三章　望远镜的发明及其在天文学上的应用

第一节　伽利略和他的望远镜

一、肉眼观测的极限

人类观测手段的不断提高促使了天文学的发展，数千年的目视观测积累了大量的无可替代的宝贵资料，虽然这些资料尤其是中国古代天文学家和玛雅人的观测记载的准确程度之高令人叹为观止；第谷使用自制的巨大天文仪器进行了 20 多年的天文观测，观测资料的丰富、准确达到了目视观测的最高峰。但人眼的分辨率有限，分辨角大约是 2′，第谷所测的天体位置的误差小于 2′，已经达到用肉眼观测的极限。但所有这些都只局限于肉眼可见的天体及它们的可见运动。

古典天文学依靠肉眼观测做出了巨大贡献，为历法的制定、哥白尼的学说、开普勒的行星运行定律提供了必需的资料，但也留下了许多遗憾。

社会的需要具有极大的推动力，在这种形势下，望远镜应运而生。

二、望远镜的发明

1608 年，荷兰的米德堡有一个眼镜匠叫汉斯，他的儿子（一说是他的学徒）在玩弄废旧眼镜片的时候，突然发现透过两片透镜（一块老花镜和一块近视镜）看远处的东西，就像在眼前一样。他的儿子把这奇妙的现象告诉了他，汉斯找来两块镜片，安装在一根长筒子的两头，做成了世界上第一个望远镜。汉斯将制成的望远镜献给荷兰的行政长官，这个当官的也不错，马上拨款让他大批量生产望远镜，用来武装海军，不难想象，在海洋上比敌人更早发现对方，对战斗是多么有利！

三、第一台天文望远镜——初战告捷

这个发现传到了意大利的伽利略那里，他马上就想到这个发现可以用到观测星空上来。1609 年，伽利略先是用平凸透镜和平凹透镜做了一架放大率为 3 倍继而又做了一架 8 倍的望远镜，由于不太满意，他又精心做了一架口径 44 毫米、放大率 33 倍的望远镜。

伽利略把他的也是世界上的第一台天文望远镜（见图 3 - 1）指向月亮，发现月亮上布满了大大小小的环形山（小斑点）。指向银河，发现银河并非"牛奶的路"，而是无数的恒星聚合在一起；指向恒星，他发现恒星没有视面，同时还在视场中发现了无数原来看不见的恒星，这说明它们距离我们非常遥远。

图 3 - 1　世界上第一台天文望远镜

这些成果令伽利略兴奋不已，他每个晚上都不知疲劳地观测，不断扩大自己的视野。1610 年元月 7 日，伽利略的望远镜指向了木星，他先是发现金球般的木星旁有三个小亮点排成一条直线，到 13 日，在这队列中又来了第四个成员。连续地观测使他发现这些小光点在围绕木星运转，而不是像教会所说的所有物体都像月亮一样绕着地球转！伽利略先是以他的保护人的名字命名为"梅迪西斯星"，开普勒却提议这些小不点应叫"卫星"。为了纪念伽利略的功绩，这四颗卫星被大家命名为"伽利略卫星"。

教会需要为上帝在宇宙的中心创造了地球的说法找一个理论根据，此时正在支持托勒密的宇宙图像，即地球位于宇宙的中心，其他天体都是绕着地球转。而这些胆大妄为的"小东西"并非按上帝的旨意绕地球转，而是绕着木星转。"四个小东西"动摇了地心说的根基，从而给哥白尼的"日心地动说"以有力的支持。

四、《星际使者》说天空没有上帝

在积累了大量观测资料后，伽利略在 1610 年出版的《星际使者》一书中公布了这些令人耳目一新的发现。如果事情到此为止，教会大可以松一口气，但更多的发现还在后面。1610 年 8 月，伽利略在观看金星时，发现金星也有位相，经过几个月的连续观测，他进一步发现金星像月球一样有圆缺的位相变化，同时还注意到金星的视面有大小的变化。这说明金星在绕着太阳运行，因与地球相对位置的变化而有圆缺变化，

因与地球距离的变化而有视面的大小变化。同年末，他开始用减光的方法观看太阳，他不仅看见了太阳黑子，还发现黑子在日面上由东向西慢慢移动，经过连续观测，他确定太阳的自转周期约为 25 日。既然太阳也可以转动，地球为什么不能转动？

1613 年，又一本令教会不安的书出版了，伽利略在《关于太阳黑子的书信》中收集了许多新的观测成果。知识界甚至世俗民众都在街头巷尾谈论这些令人耳目一新的事情。教会却是惊恐慌万状，僧侣们担心哥白尼学说乘此东风进一步传播，制订了一系列措施来扑灭这场"大火"。他们先是在 1616 年 3 月宣布哥白尼的《天体运行论》是禁书，继而警告伽利略必须放弃哥白尼学说。

五、献给教皇的《对话》引起了教会的恐慌

当时的教会势力很大，顶着干可是不明智的行为。伽利略就绕着走，花了近 8 年的时间，用拉丁文写了《关于托勒密和哥白尼两大世界体系的对话》一书，书中的三位对话者明显地分成两派：一派是代表伽利略的萨尔维阿蒂和他的朋友沙格列陀；另一派是托勒密体系的支持者辛普利邱。伽利略让他们对话了四天，就像中国的相声一样，既有逗，又有兴，诙谐调侃之中全面系统地介绍了哥白尼的科学体系，给托勒密体系以无情鞭笞。同时还用自己的许多观测成果和力学方面的研究成果为哥白尼体系以有力的支持。虽然他在扉页上写上"献给教皇"之类的字样，但也仅是希望能让此书能顺利发行。

如意算盘并不好打，那些僧侣虽然在科学上非常无知，却在意识形态的斗争上胜过伽利略多矣！此书印行不久，就遭教会严令查禁。同时还传令伽利略到罗马接受宗教法庭的审判。年近 70 岁的伽利略在教庭的胁迫下，1633 年 6 月，不得已在悔罪书上签字，同时还被判处为终身监禁。在他走出教廷时，嘴里还喃喃地说：不管怎样说，地球还是绕着太阳转！

伽利略失去了自由，但他的学说不胫而走，越来越多的人用望远镜观测星空尤其是伽利略所观测过的那些天体并得到和伽利略一样的结论；越来越多的人私下传递并阅读哥白尼和伽利略的著作，支持真理的人越来越多。上帝的世界越来越黑，人们的心中却越来越亮。

1983 年，罗马教会为伽利略平反。

伽利略于公元 1609 年把望远镜用于天文观测开辟了天文学的新纪元。望远镜开拓了人类的视野，甚至帮助人类挣脱了精神枷锁。他具有创见性的工作奠定了天体运动学的发展基础。开创了天文观测的望远镜时代。

望远镜的发明和应用在天文学界引起了极大的震动。在应用中，他们发现望远镜的光学性能如果仅停留在伽利略的水平上，要想取得更大的成果是不可能的。天文学家、物理学家和光学工程师都以极大的热情投入到性能更好的望远镜的研制之中。

🪐 第二节 常见的望远镜光学程式

一、伽利略望远镜

伽利略望远镜的物镜是一块凸透镜，作为目镜的凹透镜被放置在物镜的焦平面之前，其光路图如图 3 - 2 所示。

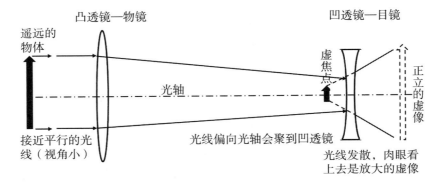

凸透镜—物镜　　　　　　　凹透镜—目镜

遥远的物体

光轴

接近平行的光线（视角小）

光线偏向光轴会聚到凹透镜

虚焦点

正立的虚像

光线发散，肉眼看上去是放大的虚像

图 3 - 2　伽利略望远镜光路图

从光路图中可以看出，用肉眼在目镜后观测，看到的是一个正立的虚像。追求时髦的贵族们常用来观剧而不是观天，未免有辱斯文，但也使伽利略望远镜声名大振。目前市场上出售的一些简易望远镜几乎都是伽利略式。

伽利略望远镜虽然使用方便，但有视场小且像差大的不足，所看到的像也不能在目镜后的屏上重现，也就是所谓的虚像。为了更好地探索这广阔的天空，天文学家需要更好的望远镜。

二、开普勒望远镜

1701 年，开普勒出版了《光学》一书，首先提出了"像差"的概念，同时还设计出一种特别适用于天文观测的望远镜。

开普勒制造的望远镜的物镜和伽利略望远镜一样也是凸透镜，最大的不同是目镜也为凸透镜，且被放置在物镜焦平面的后面，这种望远镜现在被大家称为开普勒望远镜。其光路图如图 3 - 3 所示。

开普勒望远镜较伽利略望远镜的视场大，它最大的优点是：①在目镜前的焦点处放上一个十字丝，在观测时星像可以与十字丝同时显现在眼睛里，这对天体的精确定

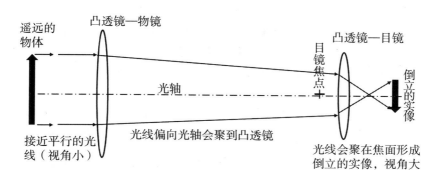

图 3 - 3 开普勒望远镜光路图

位大有好处；②天文学家又发现，天体在开普勒望远镜的目镜后可以结成实像，因而能在纸屏或感光底片上形成天体的实像。在照相术发明以后，拍摄的底片既可以在长时间曝光感光累积，也可留存供长期观测分析。在 17 世纪中叶以后，折射天文望远镜的基本程式都采用开普勒式。

　　这种望远镜也有不便之处，从光路图中可以看出，在目镜后直接观测到的像和实物的方向完全相反，好在天上的星星没有上下之分，在观测月亮这些天体时，对于天文学家来说，习惯了也就没有什么关系，只要知道像是怎么倒的，并不影响观测。如果用来观剧，演员的头向地，脚朝天，谁都会觉得别扭，所以这种程式的望远镜如果用来进行观察实地景物，就需要在光路中安装五棱镜，把像正过来。

　　有了望远镜这犀利的武器，天文学家们首先用来对我们熟知的天体进行研究。

🪐 第三节　望远镜里的星空世界

一、对月球表面的研究

　　17 世纪三四十年代，波兰天文学家赫维留用一架焦距为 3.6 米的望远镜观测月球，通过 10 年的艰辛观测，他绘出了月面特征和不同月龄的月相图，还为月面上一些明显的特征物命名；为了准确地描绘月面特征，他首创了月面坐标系，进而描绘了月球的各种天平动状态。在他稍后，意大利天文学家里乔利也做了同样的工作。他们给月面环形山等特征物的许多命名一直沿用至今。

二、对土星卫星及光环的研究

　　1655 年，荷兰物理学家和天文学家惠更斯用望远镜发现了土卫六，同时还澄清了伽利略甚感疑惑的一个问题，那就是土星的光环。

早在 1610 年 7 月，伽利略就发现土星两侧似乎对称地有两个更小的星球，但过了不久，这两个小球又逐渐消失了。惠更斯的望远镜比伽利略使用的望远镜性能要好很多，因此他发现这两个小球实际上是一个像草帽一样的光环。为了慎重起见，同时也不丧失首先发现土星光环的权利，他于 1656 年 3 月，在报纸上刊登了一个如同天书的字谜："aaaaaaa ccccc d eeeee g h iiiiiii llll mm nnnnnnnnn oooo pp q rr s ttttt uuuuu."同时又磨制了口径更大、焦距更长的望远镜，用来继续观测土星，在 1659 年确认这项发现正确无误后，他揭开了谜底，这些字母组成这样一句话："Annulo cingitur, tenui, plano, nusquam cohaerente, adeclipticam inclinato."意即：（土星）有环围绕，环薄而平，没有一处和（土星的）本体相连，而与黄道斜交。他还刊布了一幅示意图（见图 3-4），用来说明土星光环的形状随与地球的相对位置而变化的原理，这已经被人们所接受。

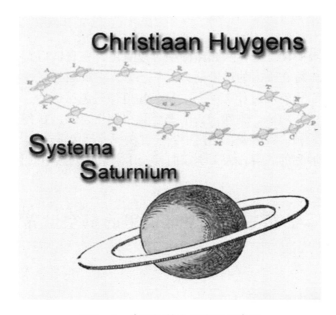

图 3-4　惠更斯的土星光环示意图

土星戴的这个草帽光环十分美丽，使得土星成为最受大家欢迎的天体，一时间成为大家争相观看的目标。大家都在猜测这美丽的光环是由什么东西组成的，有人认为这可能是一个固体环，有人认为是一个气体环，但谁也没有证明它到底是由什么东西组成的。

过了不久，问题得到了解答。巴黎天文台第一任台长卡西尼用当时世界上第一流的望远镜对土星进行了连续的观测，相继在 1671 年和 1672 年发现土卫八和土卫五，又在 1684 年发现了土卫四和土卫三。1675 年，他在观察土星环时，发现环的中间有一条暗缝（即卡西尼缝）。他由此猜测光环是由许多细小的颗粒所组成，这个猜测直到 200 多年后才由分光观测得到证明。

三、对木星和火星的研究

卡西尼于 1664 年 7 月观测到木星卫星影凌木星现象，并由此研究了木卫的转动和木星自转，描述了呈扁圆状的木星表面条纹和斑点，正确地把这解释为木星的大气现象；1666 年，他测定火星的自转周期为 24 小时 40 分，与今值仅差 3 分；他在 1671—1679 年绘制的月面图，在一个世纪内没有人超越他。令人奇怪的是，他是最后一位不愿承认哥白尼学说的著名天文学家。他反对开普勒定律，认为行星的轨道应是一种四次曲线（到两定点距离之乘积为一常数的动点轨迹）——即人称的卡西尼卵形线；他拒不接受牛顿的万有引力定律，反对罗默关于光速有限的结论。他在理论上的保守，不仅使他自己的学术研究没有取得更大的成果，还使他的继承者尤其是他的儿孙也少有建树，实是固执所致。

四、对光速的确定

1672 年，丹麦天文学家罗默在巴黎天文台参加木星"被食"的观测。他发现卡西尼制定的木卫星历表常常和观测不相符合，而且木卫一相继两次"被食"的时间间隔并不一样长，当地球在运动中离木星越来越远时，这个间隔变长；当地球向着木星运动时，这个间隔变短。经过深入的研究，罗默认为这是光的传播速度并非无限大而是有一个定值所致。他在 1676 年发表论文《有限的光速》，叙述了他在相同的条件下，用木卫一运转多圈使这个差异积累的方法，求得"对于整个距离，即地球到太阳距离的两倍，光线约需 22 分钟。"与此同时，卡西尼也首次测出了太阳视差为 9″.5，以此计算出日地距离约为 1.4 亿千米，由此可知光速约为 21 万千米/秒，虽然这两个值都比准确值小，但这个成果第一次打破了当时人们认为光速无限的传统观念。

望远镜诞生不过几十年，就取得了如此巨大的成就，实在令人欢欣鼓舞，同时也促使科学家们想方设法改进望远镜的性能。

第四节　大口径长焦距望远镜的制造和色差的麻烦

一、色差

色差的产生是因为不同的颜色（波长）的光线由一种光媒质传导到另一种介质时，有不同的折射率。对单片透镜来说，色差来自穿越空气和玻璃之间的界面；对复合透镜来说，色差还产生于不同光学玻璃之间的界面上。按色散的方向可以分为侧向色差和纵向色差。

在望远镜的设计中，光学系统的这两种色差都需要做修正。

1. 侧向色差

短波长的蓝光和长波长的红光在经过透镜之后，不能聚焦在同一个焦点上，这种现象对点光源可能产生一个围绕着焦点的模糊色环，通常的结果是造成影像模糊不清。有几种方法可以减缓这个问题，一种是利用薄膜来改正目镜的元素。较为传统的方法则是利用多个不同玻璃和曲度的元素来消减变形。

2. 纵向色差

在光学望远镜中，因为焦距很长，复合光线经过透镜折射后，不同波长的光线聚集在纵向排列的不同焦点上，这叫纵向色差。

两种色差如图 3 − 5 所示。

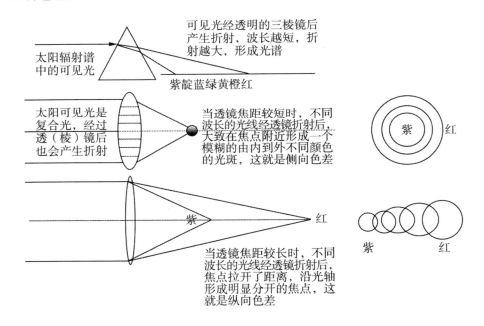

图 3 − 5　纵向色差和侧向色差示意图

二、像差

（一）最早认识到的像差[①]

天文学家在实践中早已认识到，望远镜的物镜口径大，集光能力强，观测天体的

---

① 色差属于像差的一种。

效果就好，可是大块的优质光学玻璃制造起来相当困难。天文学家同时也注意到，无论怎样对物镜的几何形状精心计算、精密磨制，成像总不太清晰，尤其是在较亮的天体像的周围，镶有一圈令人厌恶的彩虹般的光环——就是我们所说的色差。其实在观测较暗的天体时也有色差，只不过是在望远镜口径较小时不那么明显而已。

1. 桶形像差

方格光栅呈向外凸出状，就像水桶鼓出状，故名之。实际上是视场中间的放大率比外围高所致。

2. 枕形像差

方格光栅呈向内凹进状，就像枕头中间陷下状，故名之。实际上是视场中间的放大率比外围低所致。

3. 彗差

由位于主轴外的某一轴外物点，向光学系统发出的单色圆锥形光束，经该光学系统折射后，若在理想平面处不能结成清晰点，而是结成拖着明亮尾巴的彗星形光斑，则此光学系统的成像误差称为彗差。

简而言之，彗差是轴外物点发出宽光束通过光学系统后，并不会聚一点，相对于主光线而是呈彗星状图形的一种失对称的像差。

（二）减小色差的努力

当时，大家还不明白产生这种像差的原因，不过也摸索出当物镜的焦距较长（也就是曲率较小）时，色差就较小，天体成像也较清晰。由于这个原因，天文学家竞赛般地使用长焦距望远镜，1722 年，布拉德雷用来测定金星直径的一架望远镜，焦距竟长达 65 米，创了长焦距的纪录。

1673 年，赫维留在一根 30 米高的桅杆上吊起了一架长达 46 米的望远镜，调整它的指向时需要很多人用绳子拉扯。卡西尼曾用过一架长达 41.5 米的望远镜。

惠更斯的长焦距望远镜大概是最让人觉得新奇的。他的望远镜物镜焦距长达 37 米，为了减轻重量，也为了避免巨大的镜筒因自重而弯曲造成光轴失常，他干脆取消了镜筒，只把物镜安装在一个较短的金属筒内，将其放在高高的杆子上，像操纵木偶一样用细绳来调整物镜的指向，目镜装在一个小金属筒内，按物镜的指向来移动它，他同时还对目镜进行改革，以图消除色差。不难想象，这样的望远镜瞄准一颗星星是多么困难，达到聚焦准确的目的是多么麻烦！更何况在物镜和目镜之间毫无遮挡，杂散光很容易干扰观测。付出这么大的代价，成效却不能令人满意，大家有说不出的丧气。

（三）七彩的日光

1666 年，牛顿做了一件物理学上非常重要的一项工作，他在一个特别布置的暗室里，用三棱镜把从窗子上一个小缝射进来的日光分解为肉眼可以分辨出的赤橙黄绿青蓝紫七种颜色的"光谱"。白光到哪里去了呢？实在令人百思不得其解。这个连现在的小学生都知道的道理，牛顿想了好多天后，才得出日光并非单色光，而是由这些彩色的光带所组成。为了证明这一点，他又用另一块三棱镜反过来把各色光线集中在一起，又还原成了白光。

他把太阳光谱上的所有颜色画在一块圆木盘上，当这圆盘很快地旋转时，看上去却是白色的。在这个实验中，牛顿注意到，与射进来的白光相比，光谱中紫色光的方向偏转最大，另一端的红光偏转最小。把这个规律用来解释望远镜的色差，问题就迎刃而解。牛顿指出，望远镜的色差是由于透镜对不同的色光有不同的折射率所致。因为透镜可以分解成许多棱镜，当透镜的曲率越大时，这些组成透镜的棱镜的底边就越宽，因而折射得越厉害。至此大家算是明白了为什么透镜的焦距越长，色差越是厉害的真正原因了。

（四）反射望远镜的诞生

牛顿研究了光的透射特性，断言折射望远镜的色差不可避免。既然色差是光线通过透镜所产生，如果不让光线在透镜里面折射，改用反射镜做望远镜，就可以消除色差了。根据这个原理，牛顿于 1688 年创造出了牛顿式反射望远镜，其光路图如图 3－6 所示。

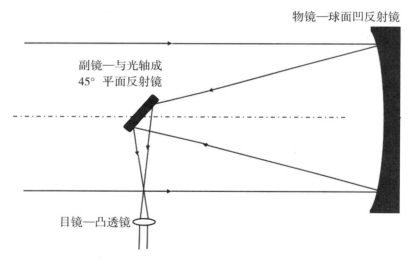

图 3－6 牛顿式反射望远镜光路图

牛顿式反射望远镜也有局限性，一是视场比较小，除视场中心外，周围的成像有彗差（像差的一种，本来是圆圆的星星，变成了拖着尾巴的彗星，故名之），在你观测满天星斗时，视场里的星星却像一群蝌蚪向中间游去一样，很有些美中不足；二是安装目镜的地方在镜筒的上口，如果看天顶的天体，镜筒又很长，还得站在高台上观测，加接终端设备时很不方便；三是经过平面反射镜这么一改变方向，在瞄准要观测的天体时，改变镜筒的方向和视场中的方向并不一致。

天文学家和物理学家又琢磨着做更好的反射望远镜。

（五）不同的反射望远镜

1. 格雷果里反射望远镜

在牛顿之前，英国数学家格雷果里在 1663 年就提出过一种反射望远镜的设计方案。格雷果里反射望远镜的主镜凹面是抛物面，中间开有一个圆孔；副镜是凹椭球面，被放置在物镜的焦点（这个焦点同时也是副镜的焦点）后面，副镜将主镜的光线进一步汇聚到主镜中央的圆孔外，通过目镜进入人眼，成正像，如图 3-7 所示。

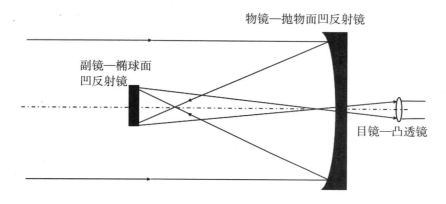

图 3-7　格雷果里反射望远镜光路图

根据计算，格雷果里反射望远镜在视场、像差尤其是彗差要明显优于牛顿反射望远镜。但在当时，这还只能停留在纸上。因为那时的工艺水平还不能磨制这两块非球面镜。科学经常不只是需要图纸，同时也需要按图纸造出的实物。

2. 卡塞格林反射望远镜

该反射望远镜由两块反射镜组成，1672 年由卡塞格林所发明。反射镜中大的称为主镜，小的称为副镜。通常在主镜中央开孔，成像于主镜后面，如图 3-8 所示。它的焦点称为卡塞格林焦点。

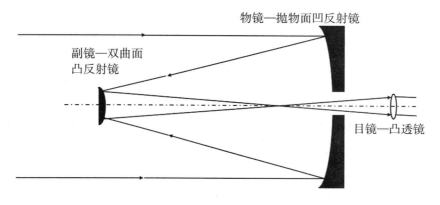

图 3-8　卡塞格林反射望远镜光路图

🪐 第五节　制造大口径望远镜和观测天文学的发展

一、早期望远镜的制造——恒星天文学的奠基人：赫歇尔

牛顿望远镜的反射镜面是球面镜，易于磨制，尤其适宜业余条件下手工制作，这个优点造就了一批业余天文学家。英国天文学家赫歇尔一家（还有妹妹和儿子）就是其中突出的代表。

赫歇尔原为一位音乐家，1738 年 11 月 15 日生于德国西北部的汉诺威，在他 19 岁那年，因法军入侵而移居英格兰。他酷爱天文学，自 1773 年起开始自行磨制望远镜，并用其进行巡天观测。

1781 年 3 月 13 日，他用自制的口径 15 厘米的反射望远镜在双子座 H 星附近发现了一颗有视面的小星，一连几天的观测使他发现这颗小星在星空中的位置是不断改变的，他认定这是一颗彗星。在观测资料的基础上，他写了一篇名为"一颗彗星的发现"的文章寄给皇家学会。天文学家勒格泽尔根据赫歇尔的观测资料推算出这颗所谓"彗星"的轨道，结果令人大吃一惊而又兴奋不已。根据推算，这颗"彗星"实际上是一颗离我们比土星还要远、人们在此之前毫无所知的一颗行星。

为人类找出了以前不知道的一笔财富，这可是大功劳，一时间赫歇尔自己也成为一颗"明星"。赫歇尔提议将他发现的这颗大行星以当时在位的英王乔治三世的名字命名为乔治星。虽然后来还是按照惯例用希腊神话的天神乌剌诺斯之名命名为天王星，但乔治三世并未忘记他的一番盛情，同时也出于他杰出的功绩和才能，于 1782 年聘他为宫廷天文学家，从此他正式从事天文学的研究。除此之外，赫歇尔还于 1783 年发现了太阳运动的方向是指向武仙座 λ 附近；1782—1821 年先后发表了三个双星和聚星表；1783—1802 年对星团和星云进行了系统的研究，引起了人们对恒星的起源的重视；他还用统计恒星数目的方法，证实银河系为扁平状圆盘的假说。他创立了恒星天文学的研究方法。

二、提丢斯—波得定则和小行星带的发现

早在赫歇尔发现天王星之前，人们就对已知的大行星在太阳系中的摆序进行过研究。1766 年，德国维滕贝格大学的物理教授提丢斯在他的一本译著中，以注释的形式首次提出，以太阳到土星的距离为 100，则各个行星按从里到外与太阳的距离可用 4 加上级数 0、3、6、12、24、48、96 来表示，水、金、地、火与前 4 项十分吻合，木星和土星和后两项相合，唯独第五个位置上没有发现相应的天体，提丢斯断定该处一

定有一颗人们未知的天体。这个定则又于 1772 年被德国天文学家波得进一步研究和大力宣传，在公众之中有很大的影响，遂被人们命名为提丢斯—波得定则。

提丢斯—波得定则可以用公式表示为：$A_n = 0.4 + 0.3 \times 2^{n-2}$（天文单位。水星的摆序为 1，却取 $n = -\infty$ 以使计算值与实际相符）。其中 n 为各大行星按距太阳远近的摆序，如金星取 2，地球取 3，火星取 4 等。提丢斯—波得定则提出来后，也有不少人提出疑问，最有力的是：在排序为 5 亦即距太阳 2.8 个天文单位处从未发现过类似如行星的天体。

赫歇尔所发现的天王星距太阳的距离正好符合这个数列的第 8 项：

$A_8 = 0.4 + 0.3 \times 2^{8-2} = 19.6$（天文单位），天王星的观测值为 19.2，与计算值十分接近。

天王星的发现打破了人们认为土星就是太阳系的边缘的观念，把太阳系的尺度扩大了一倍多，更重要的是它证明了提丢斯—波得定则的正确性。人们在惊讶、兴奋之余，开始以极大的热情去寻找位于定则所预言的 2.8 个天文单位处的未知天体，甚至还有 7 位热衷于此的人士组成了一个"天空巡警队"。正在此时，意大利天文学家皮亚齐在 1801 年的元旦之夜，发现了一颗"彗星"。像赫歇尔一样，后来也被证实不是彗星，而是一颗有着行星一样的轨道的天体，它的位置正好在提丢斯—波得定则所预言的空缺位置上，按惯例它被命名为谷神星。1802 年，德国天文学家奥伯斯在这个位置上发现了智神星；1804 年，德国天文学家哈丁发现了婚神星；1807 年，奥伯斯又发现了灶神星。它们的位置都在火星和木星轨道之间离太阳约 2.8 天文单位处，但它们的块头确实小了一些：其中最大的谷神星的直径约为 950 千米，现在归于矮行星之列；智神星，490 千米；婚神星，195 千米；灶神星，390 千米。到 19 世纪下半叶照相术应用于天文观测之后，这类天体像成群的蜜蜂一样飞到人类的面前，截至 2018 年，在太阳系内一共发现了约 127 万颗小行星！这些小天体的体积大多极小，以致用一般的测定视角的方法难以确定它们的直径，确实难以与八大行星为伍，只好将它们称之为小行星了。

有发现天王星的殊荣和专业天文学家的工作条件，赫歇尔更加全身心地投入到天文学研究之中。他磨制的望远镜的口径越来越大，精度越来越高。1789 年，他磨制成了一架口径 1.22 米、焦距 12.2 米的大型望远镜，是当时世界上最大的望远镜。在投入使用的第一个晚上，他就发现了土星的两个新卫星——土卫一和土卫二。

三、19 世纪最大的反射望远镜的发现

大口径望远镜的优势显而易见，大家像比赛一样做大口径望远镜。英国的帕森斯，也就是罗斯伯爵三世于 1845 年制造了一架口径 183 厘米、镜筒长约 17 米的金属面反射望远镜。当他用这架望远镜观测猎犬座星云 M51 时，首次发现这个星云具有旋涡结构；他还用这架望远镜发现了其他的几个旋涡星云。当他观测 M1 星云时，发现其间

的纤维状结构，认为它的形状很像一只螃蟹，"蟹状星云"这个名字就是他取的，且沿用至今。

罗斯的这台望远镜是空前一绝，本应取得更大的成果。但这架望远镜的支承系统难以实现望远镜的自由指向，它被安装在两堵南北走向的高墙之间，对天球子午线上的天体固然可以观测得到，但其东西指向的调整范围太小，只能被动地等天体经过子午圈时才能观测，且连续观测的时间也不长；其次是随着反射镜的口径加大，金属镜因温度变化引起形变导致成像不佳的情况也加大；加上观测地点天气不好等原因，限制了这台望远镜发挥更大的作用。这件事引起人们对望远镜的机械结构的重视。

反射望远镜有很多优点：它没有色差，成像畸变小，易于磨制，加上光学工艺和机械设计的灵巧更使反射望远镜取得了骄人的成果。但早期的反射镜都是用金属来磨制主镜的，其反射率很低；金属的反射面容易被氧化更加剧了这种现象，赫歇尔为了尽量减少光线因此而损耗，不得不把主镜微微与光轴偏离一点，以便取消副镜（见下图），就是不得已而为之。

四、消色差折射望远镜的诞生

虽然牛顿以光谱实验为根据断言用折射镜不能消除色差，使大多数人对制造折射镜失去了信心，但也有人不死心，继续进行折射镜消色差的研究。早在1650—1655年间，惠更斯与他的弟弟通过反复实验，制成了一种几乎完全消除色差的复合目镜（就是常用的惠更斯目镜），但对色差产生的原因没有搞清楚。

到18世纪30年代，英国数学家霍尔发现由一块冕牌玻璃的凸透镜和一块火石玻璃的凹透镜组成的复合透镜可以有效地消除球差和色差（见图3-9）。

霍尔制成的第一块消色差透镜的口径为6.5厘米，焦距为50厘米。在霍尔之后，光学家多朗德透彻地研究了消色差透镜的基本原理，也制成了消色差透镜。解决了这个阻碍折射望远镜发展的难题后，天文学家不必为了减少色差而用吓人的长镜筒了。但折射望远镜的蓬勃发展还有一个难题。

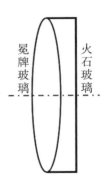

图3-9 消色差透镜图

18世纪下半叶的工艺水平还难以制造出直径10厘米以上的大块优质光学玻璃，所以消色差望远镜的口径受到了限制。18世纪和19世纪之交，瑞士的吉南德用均匀搅拌熔融玻璃的方法，制成了较大口径的光学玻璃。著名的光学家夫琅禾费和他合作，进一步改进工艺，终于制成了一块直径24厘米的优质光学玻璃。1824年，夫琅禾费用这块玻璃制成了一架口径24厘米、焦距4米多的消色差望远镜，同时还在赤道式装置上配有可以跟踪天体的机械装置，其光学性能和操作的灵活性达到了前所未有的水平，是当时世界上最大最好的折射望远镜。夫琅禾费本想制出更大的折射望远镜，却不幸英年早逝，在39岁那年带着遗憾离开人间。后来人们继承了他创造的制镜方法，制成了口径达38厘米的消色差望远镜，并于1847年安装在哈佛大学天文台，成了该天文台最出色的一架望远镜。

帕森斯的口径183厘米的金属面反射望远镜和哈佛大学天文台的口径38厘米的折射望远镜成为当时两类望远镜的代表。该时期的望远镜取得了许多成果：对太阳系有了进一步的认识，使我们基本上确立了太阳系的科学观念；对恒星世界的研究，尤其是赫歇尔的杰出工作，打开了恒星世界神秘的大门，从此奠定了恒星天文学的基础；对望远镜大型化、灵巧化、精密化的研究不仅为当时提供了一流的研究工具，也为后来的望远镜发展开了先河。

第六节　现代望远镜的发展

一、折射望远镜的发展

早期的望远镜除了色差之外，还因为透镜是球面镜而存在着一种像差——球差。为了解决色差和球差的问题，许多科学家献出了毕生的精力。千万不要以为消色差透镜只是一块冕牌玻璃的凸透镜和一块火石玻璃的凹透镜简单的叠合，为了达到最佳效果，在设计和制造上是非常复杂的。两种质地的镜片的曲率、厚薄、胶结及所用的胶的牌号和厚度、整个光路中各光学镜片的几何距离等都需要考虑。这当然要经过精密的计算，在现代，大多采用计算机辅助设计。

现代的折射天文望远镜都采用消色差透镜。由于工业技术水平的提高，望远镜的口径也可以做得比较大一些，但随着望远镜口径的增大，镜片的厚度和重量也大大增加，这就使得支撑镜片的镜筒进而支架要大大加强；由于透镜只能在周边支撑，在望远镜改变指向而呈现不同的体位的时候，镜片和镜筒的变形使成像质量变差；当折射望远镜口径增大到一定的时候，聚光面积加大带来的好处已不能补偿光线因通过固体介质路径加长而增加的损失；由于不同波长的光线在通过不同介质的界面时必会产生色散，因而消色差的透镜无论从理论还是从实践上都难以完全消除色差。如此种种限制了折射望远镜口径的增大，时至今日，最大的折射望远镜口径101厘米，焦距18米，是建立于1897年的美国叶凯士天文台（42°34′N，88°34′W，海拔334米）的一台望远镜。

二、对反射望远镜的重新认识

既然折射望远镜受到诸多因素的影响而不能继续加大口径，而天文学家探索宇宙的欲望又并未因此而消退，那就又到了重新认识反射望远镜的时候了。

反射镜的最大优点是没有色差。从理论上看，由几块精心设计的反射镜系统可以消去其他的一些像差，从而得到非常优良的成像质量；从机械结构上看，其最大的优点是可以从背后支撑镜面，这就避免了因镜片口径增大带来的支撑困难，有利于做大型乃至巨型望远镜，因此，反射望远镜的口径可以做得很大。

反射望远镜也有一些目前还不能克服的缺点，最主要的就是安装在镜筒里的副镜会挡住一部分光线，如果采用各种像差不增大而类似于赫歇尔那样的偏轴镜，加工起来又非常困难。但反射镜其他的优点，使得人们还是钟情于它，所以，现代的大型望远镜都是反射望远镜。

现代反射望远镜的设计制造与早期的水平不可同日而语，但常用的基本光学系统除了前面所说的牛顿式系统、格雷果里系统、卡塞格林系统以外，还有主焦点系统和折轴系统等。这些系统各有优势，现代大型反射望远镜几乎都可以通过镜面的变换，在同一个望远镜上获得以上几种不同的系统，大大提高了望远镜使用的灵活性。

目前，世界上已经投入使用的最大的反射望远镜是位于西班牙帕尔马加那列岛屿中的一个小岛上的加那列大型望远镜。这个望远镜可以说是个庞然大物，镜面直径长达 10.4 米，由 36 个定制的镜面六角形组件构成，安装需要精确至 1 毫米范围，并耗费巨资（当时达 1.75 亿美元）。

欧洲南方天文台（ESO）在建的"极大望远镜"位于智利阿塔卡玛沙漠附近的阿马索内斯山，它的主镜直径为 39 米，由近 800 个六角形小镜片拼接而成，一旦它建造完成，将成为世界上最大的光学/近红外陆基望远镜，是地面上观测太空的"最大眼睛"，预计 2023 年建造完成。这一项目不仅包含 85 米直径的旋转圆顶结构，质量达到 5 000 吨，还有望远镜座架和筒体结构，移动质量达到 3 000 吨。欧洲极大望远镜的光学系统由独创的五个镜面组成，这种先进的自适应光学系统可以减少大气湍流的影响，提高图像的光学质量。其清晰度将比哈勃太空望远镜高 16 倍，比詹姆斯韦伯望远镜高 6 倍。第一阶段将在 2024 年开始配备中红外成像仪和光谱仪、自适应光学成像仪以及高分辨率光学和近红外积分场光谱仪。

三、折反射望远镜

实用的反射望远镜，为了避免像差，视场一般都比较小，为了扩大视场，多在光路中加上像场改正镜。实际上很早就有人动了这个脑筋，早在 1814 年，哈密顿就曾提出过在透镜组内加上反射面，以此达到提高光焦度的同时又使色差得到改正，但由于这种系统不能改进其他像差，所以没有得到进一步的发展。实践中的需要，使折反射望远镜诞生了。

折反射望远镜应用得最广泛的是施密特望远镜和马克苏托夫望远镜以及由它们衍生的望远镜。

施密特望远镜是德国天文光学家施密特于 1931 年所发明，因而得名。这种望远镜由一块凹球面反射镜和一块改正透镜所组成。这种望远镜的最大优点是在口径和焦比相同的条件下，比其他望远镜有更大的清晰视场，光能损失较小。

从光路图中可以看出，施密特望远镜的改正镜的直径比主镜的直径要小。这种望远镜的主镜反射面是凹球面，磨制起来还算简单，但改正镜的形状比较特殊，因而磨制比较困难。另外，它的焦面是弯曲的，在照相观测时就不能用玻璃底片了。

施密特望远镜的集光能力强、像差小、视场大，特别适合于天体摄影。如果加上一块凸面反射镜把焦点通过主镜中间开的圆孔引到后面，就成为施密特—卡塞格林望远镜，使用起来就方便了许多，其光路图如图 3 - 10 所示。

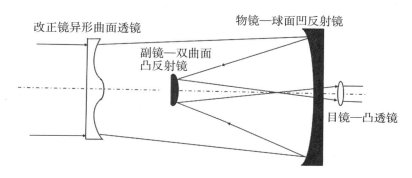

图 3 - 10　施密特—卡塞格林望远镜光路图

另一种常用的折反射望远镜是马克苏托夫望远镜。是 1940 年由原苏联光学家马克苏托夫所发明。

目前最大的马克苏托夫望远镜在格鲁吉亚阿巴斯图马尼天文台，弯月透镜的口径为 70 厘米，球面反射镜直径为 98 厘米，焦距 210 厘米。

在马克苏托夫望远镜主镜焦点 F 处放置一块双曲面反射镜，在主镜中心开一孔，让被副镜聚焦的光线在主镜后面成像，就是马克苏托夫—卡塞格林望远镜，其光路图如图 3 - 11 所示。

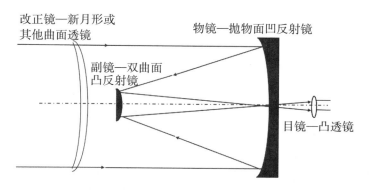

图 3 - 11　马克苏托夫—卡塞格林望远镜光路图

四、一些设计新颖的望远镜

1. 斜塔式太阳望远镜

斜塔式太阳望远镜又称太阳塔，它是一种镜身固定的长焦距望远镜，靠塔上可以旋转跟踪太阳的"定天镜"把太阳光线反射到通常在地底下的主镜上来跟踪天体。美国基特峰国家天文台有世界上最大的太阳塔，口径 1.5 米，安放定天镜的塔高 30 米，伸到地底下的光路通道长约 150 米，可以形成直径 1~2 米的高清晰度的太阳像，并可将太阳光分解成 20 余米长的光谱带。这种结构省去了笨重的支承，光路可以做得很长，又能很方便地为主镜恒温，且能避免杂散光的干扰，真是一种绝妙的设计。

2. 我国的太阳望远镜

我国于 1984 年在北京怀柔建立了太阳观测基地，主要仪器设备有多通道太阳望远镜，就是一架斜塔式太阳望远镜。为了减少大气扰动的干扰，望远镜南面濒临风景如画的怀柔水库。

太阳望远镜由 5 个不同功能的望远镜组成，组装于统一的带有光电导航的跟踪系统上，同时用 14 个 CCD（电荷耦合器件）接收工作，后接图像、录像和计算机系统。

60 厘米多通道太阳望远镜主镜，这是我国独创的，世界唯一的，能同时测量太阳上不同层次、不同尺度的视频矢量磁场、速度场，以及通过光谱扫描获得光谱线轮廓和 Stokes 参数轮廓的，高时间、高空间分辨率、高灵敏度和适当光谱分辨率的，高科学含量的综合望远镜，是目前世界上具有领先水平的最强大的综合功能的太阳望远镜系统之一。主要用于太阳物理的基础研究，日地关系应用基础研究以及太阳活动对空间环境和通信骚扰预报等应用研究。

怀柔太阳观测基地已发展成为国际著名的太阳磁场观测台站之一，其主要观测对象为太阳磁场、速度场和太阳活动等太阳物理研究领域的前沿课题。发展了太阳磁场测量的新方法和新技术，开创了一流的太阳视频光球矢量磁场、色球磁场以及速度场用一个仪器同时观测的先河。

3. 合成式望远镜

近年还出现了一种合成式望远镜，它由多块较小的镜片组成，把它们收集的光线聚焦在一个焦点上，就相当于一个很大的望远镜。如 16 枚直径 4 米的镜片组成的望远镜的有效口径为 16 米。这种方法可以制造出口径非常大的望远镜。

4. 太空望远镜

在地球表面无论何处修建天文台都会受到地球大气层的干扰。一是大气作为光媒质会削弱到达地面的电磁波，尤其是紫外线和红外线波段；大气扰动会使星光抖动，光学望远镜会因为云彩的荫蔽而不能工作；天光干扰会大大降低取得图像的反差等。正因为如此，天文台多建于高山，以减小大气的影响；或建立在海洋之中，以减小大气扰动。这些方法起到了一定效果，但不能完全去除大气的影响。天文学家想到了将天文台建立在太空之上。

1946 年天文学家莱曼·斯皮策在名为《在地球之外的天文观测优势》论文中提出，在太空中的天文台有两项优于地面天文台的性能：首先，角分辨率的极限将只受限于衍射。在当时，以地面为基地的望远镜的解析力只有 0.5 ~ 1.0 弧秒，但只要口径 2.5 米的望远镜安放在太空之中，就能达到理论上衍射的极限值 0.1 弧秒。其次，在太空中的望远镜可以观测被大气层几乎吸收殆尽的红外线和紫外线。

哈勃空间望远镜（HST，有时亦称哈勃太空望远镜）的口径为 2.4 米，由于位于地球大气层之上，因此获得了地基望远镜所没有的优势：影像不受大气湍流的扰动、视像度绝佳，且无大气散射造成的背景光，还能观测到会被臭氧层吸收的紫外线。于 1990 年发射之后，哈勃空间望远镜已经成为天文史上最重要的仪器。它成功弥补了地面观测的不足，帮助天文学家解决了许多天文学上的基本问题，使得人类对天文物理有更多的认识。此外，哈勃的超深空视场则是天文学家目前能获得的最深入、也是最敏锐的太空光学影像。

在发射时，哈勃空间望远镜携带的仪器如下：广域和行星照相机（WF/PC）、戈达德高解析摄谱仪（GHRS）、高速光度计（HSP）、暗天体照相机（FOC）、暗天体摄谱仪（FOS）。

WF/PC 原先计划是光学观测使用的高分辨率照相机，由 NASA（美国国家航空航天局，又称美国宇航局）的喷射推进实验室制造，附有一套由 48 片光学滤镜组成，可以筛选特殊的波段以进行天体物理学观察的系统。整套仪器使用 8 片 CCD（电荷耦合元件），做出了两架照相机，每一架使用 4 片 CCD。

GHRS 是被设计在紫外线波段使用的摄谱仪，由哥达德太空中心制造，可以达到 90 000 的光谱分辨率，同时也为 FOC 和 FOS 选择适宜观测的目标。FOC 和 FOS 都是哈勃空间望远镜上分辨率最高的仪器。这三个仪器都舍弃了 CCD，使用数位光子计数器作为检测装置。FOC 是由欧洲空间局制造，FOS 则由马丁·玛丽埃塔公司制造。

威斯康星麦迪逊大学设计制造了 HSP，它用于在可见光和紫外光的波段上观测变星，以及观测其他被筛选出的天体在亮度上的变化。它的光度计每秒钟可以侦测 100 000 次，精确度至少可以达到 2%。

哈勃空间望远镜的导引系统也可以作为科学仪器，它的三个精细导星感测器（FGS）在观测期间主要用于保持望远镜指向的准确性，但也能用于非常准确的天体测量，测量的精确度达到 0.000 3 弧秒。

在哈勃空间望远镜发射数星期之后，传回来的图片显示在光学系统上有严重的问题。虽然，第一张图像看起来比地基望远镜的明锐，但哈勃空间望远镜显然没有达到最佳的聚焦状态，获得的最佳图像品质也远低于当初的期望。点源的影像被扩散成超过 1 弧秒半径的圆，而不是在设计准则中的标准：集中在直径 0.1 弧秒之内，有同心圆的点弥漫函数图像。

对图样缺陷的分析显示，问题的根源在主镜的形状被磨错了。镜面边缘太平了一

些，与需要的位置差了约 2.2 微米。

在哈勃空间望远镜执行任务的前三年期间，在光学系统被修正到合适之前，依然执行了大量的观测。光谱的观测未受到球面像差的影响，但是许多暗弱天体的观测因为望远镜的表现不佳而被取消或延后。尽管受到了挫折，乐观的天文学家在这三年内熟练的运用影像处理技术，例如反折绩（影像重叠）得到许多科学上的进展。

在设计上，哈勃空间望远镜必须定期进行维护，1994 年 1 月 13 日，美国国家航空航天局宣布维护任务获得完全的成功。

哈勃空间望远镜帮助解决了一些长期困扰天文学家的问题，而且导出了新的整体理论来解释这些结果。哈勃空间望远镜为天文学的发展贡献了极大的力量。

第七节　望远镜的目镜

一、目镜的功能

从望远镜的光路图中知道，完整的望远镜都有目镜，人眼通过目镜观察星像，故名之。

目镜的主要作用是将由物镜放大所得的实像再次放大。当聚集于人眼的视网膜上时，我们就可以看到放大的星像；通过目镜将放大的实像聚焦在感光片上就可以完成照相观测。

望远镜的放大倍数就是物镜的焦距和目镜的焦距之比。如一台望远镜的物镜焦距是 2 400 毫米，目镜焦距为 24 毫米，此时望远镜的放大倍数就是 100 倍。

目镜焦长是平行的光经过目镜聚焦的点与目镜主平面的距离。在使用时，目镜焦长和物镜焦长的结合，确定了系统的放大倍率。当单独提到目镜焦距时，其单位通常是毫米（mm）；在一架固定且可以更换目镜的仪器上使用时，有些用户喜欢使用经过目镜后所能得到的放大倍数做为单位。

二、目镜的结构

1. 目镜的组成

目镜由两部分组成，位于上端的透镜称目透镜，起放大作用；下端透镜称会聚透镜或场透镜，可使影像亮度均匀。在上下透镜的中间或下透镜下端，可以安放光栏、测微计、十字玻璃（通常在镀膜时加上去）、指针等附件。为了在观测夜空中的星像时也能看到十字丝，有的目镜从侧面引入光线照亮十字丝，现在还有可以调节亮度的装置。

2．目镜中的透镜组合

各个部分通常又由若干个透镜组合而成。光线在目镜中经过不断地折射，就会产生以色差为主的像差，因此它的质量将最后影响到物像的质量。为了减小像差，并能将物镜造像过程中产生的残余像差予以校正，正是因为如此，成套设计的物镜和目镜不应分开使用。

每一个独立镜片称为元素，通常是简单的透镜，可以组合成单镜、胶合的双镜或是三合镜。当这些元素被两个或三个黏合在一起时，这种组合就成为群。

每片透镜的材料（主要有冕牌玻璃、燧石玻璃和萤石玻璃）都要经过精心选择，透镜的各个曲面都要经过精心设计，以使目镜在具有较大的视场和视角放大率的同时尽可能地减小像差和色差。

3．透镜的胶合和镀膜

透镜的各个表面和内部都会产生反射和散射。

表面的反射和散射会使光线损失，这就需要镀上增加透射的膜，也就是增透膜。内部反射有时也称为散射，导致穿过目镜的光线不仅分散还降低了目镜产生影像的反差。当影像的效果很差时就会出现"鬼影"，称为幻象。在设计透镜组时在透镜之间胶合或留出很小的空气隙，能有效地改善这个问题。镀上的膜和透镜黏合胶几乎都是用一些特殊的树胶制成，有机质在潮湿的环境下会霉变，故透镜需要保存在干燥的环境中。

三、目镜的种类

若按构造形式分，目镜有以下类型：

1．H 目镜是惠更斯式目镜

荷兰科学家惠更斯于 1703 年设计，有两片平凸透镜组成，前面为场镜，后面为接目镜，他们的凸面都朝向物镜一端，场镜的焦距一般是接目镜的 2～3 倍，镜片间距是它们焦距之和的一半。惠更斯目镜视场约为 25°～40°。过去，惠更斯目镜是小型折射镜的首选，但随着望远镜光力的增大，其视场小、反差低、色差与球差明显的缺点逐渐暴露出来，所以目前这种结构一般被显微镜的目镜采用，在望远镜中已很少使用。

2．SR 目镜是冉斯登式目镜

该目镜也由两个平凸透镜组成，其主焦点在下透镜（场透镜）之外，故称正透镜。冉斯登目镜对像场弯曲和畸变有良好的校正，球差也较小，它除用于观察和摄影外，也可用于放大。

3．K、RK 目镜是凯尔纳式目镜

该目镜是在冉斯登目镜的基础上发展而来，出现于 1849 年。主要的改进是将单片的接目镜改为双胶合消色差透镜，大大改善了对色差和边缘像质的改善，视场达到 40°～50°，低倍时有着舒适的出瞳距离，所以目前在一些中低倍望远镜中应用广泛，但是在高倍时表现欠佳。另外，凯尔纳目镜的场镜靠近焦平面，这样场镜上的灰尘便容易成像，影响观测，所以要特别注意清洁。美国一家公司在凯尔纳目镜的基础上进一步改进，研制出了 RKE 目镜，其边缘像质要好于经典结构。

4. PL 目镜是普罗素式目镜

PL 目镜又称为对称目镜。由完全相同的两组双胶合消色差透镜组成，具有更大的出瞳距离和视场，造价更低，而且适用于所有的放大倍率，是目前应用最为广泛的目镜，曾派生出多种改进型。

四、目镜的选用

上述目镜的一些性质对光学产品的功能非常重要，需要比较以决定最适合需求的目镜。

除了按上面介绍的结构选用目镜外，还要按观测需要选择目镜的焦距。

焦距 4 ~ 12 毫米的称之为高倍目镜，适合观测月面细部坑洞、行星表面、双星等。

焦距 12 ~ 25 毫米的称之为中倍目镜，适合观测月面、行星、双星及明亮星云内部。

焦距 40 毫米以上的称之为低倍目镜，适合观测星云、星团、彗星等微光、暗淡天体。

值得注意的一点是，小孩子玩的望远镜配套的目镜接头的直径多为 24.5 毫米，学校和天文台使用的目镜接头的直径多为 31.7 毫米，较大的还有 36.4 毫米、50.8 毫米直径的，直径变大使目镜玻璃也变大，观看起来就像看大屏幕的电视一样。

第八节　望远镜的机械装置及其发展

望远镜的机械结构主要分为地平式装置和赤道式装置。

（一）地平式机械装置

1. 地平式机械装置的发明

英国工程师詹姆斯·内史密斯同时也是一个天文爱好者。他于 1839 年制成了一架口径 51 厘米的反射望远镜，这架望远镜的最大优点就在于它的运转灵巧自如，观测者只需坐在目镜后面，就可以转动手轮使望远镜指向天空中任何地方。这为望远镜的机械装置的发展奠定了基础。这些装置在今天看来都属于地平式，就是靠调整地平方位和高度角来达到瞄准天体目的的装置。

2. 地平式装置简介

它有两根互相垂直的旋转轴，一根轴垂直于地平，上面一般做成叉式，用来支撑水平轴，望远镜筒就安装在水平轴上，如图 3 - 12 所示。这种装置的设计和制造都比较方便，其机械结构对于地球重力是对称的，基架变形不会因望远镜的指向改变而改变，这就大大提高了它的承重能力。其缺点是跟踪作周日运动的天体时两根轴都要转动，且不匀速；在跟踪时视场绕望远镜的光轴作不匀速的转动，在长时间曝光过程中感光片必须作精度很高的补偿转动，在普及型望远镜中若要有照相装置，都不采用这种装置；难以观测和跟踪天顶上的天体。

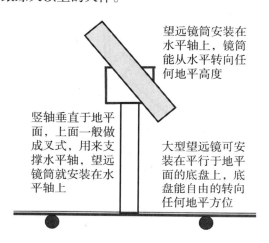

望远镜筒安装在水平轴上，镜筒能从水平转向任何地平高度

竖轴垂直于地平面，上面一般做成叉式，用来支撑水平轴，望远镜筒就安装在水平轴上

大型望远镜可安装在平行于地平面的底盘上，底盘能自由的转向任何地平方位

图 3 - 12　地平式装置

最简单的望远镜和口径非常大的专业望远镜都采用这种装置。最简单的望远镜采用这种装置是因为它制造简单；口径特别大的望远镜采用它是因为它的承重能力强，至于天体摄影视场旋转、跟踪困难则可以由计算机来解决。

（二）赤道式机械装置

1. 赤道式机械装置的发明

天文学家拉塞尔首创赤道式装置的反射望远镜，1846 年，他制成了口径 61 厘米的赤道式装置的反射望远镜，同时还为它配置了跟踪天体周日运动的机械装置。同年，他利用这台望远镜发现了海卫一；1851 年发现了天卫一和天卫二。

1861 年，他又研制成一台口径 122 厘米的赤道式装置反射望远镜。

2. 赤道式装置简介

赤道式装置也有两根互相垂直的旋转轴，实际上，只要把地平式装置的地平盘支撑起来，使安装在它中央的旋转轴指向北极（此时，中央的旋转轴与地平面成一与所在地纬度相同的角度），就构成了赤道式装置（见图 3 - 13）。此时，原来的地平盘成为赤经盘且与赤道面平行，原来的中央的旋转轴成了赤经轴也就是极轴平行于地球自转轴，在观测时以与周日运动方向和速度相同的状态匀速（23 时 56 分 04 秒/360°）旋转，可以长时间以较高精度跟踪天体，进行观测和照相；镜筒安放在赤经轴上，并可绕其旋转，可以瞄准处于任何赤纬上的天体；两根轴的配合使得赤道式望远镜没有盲区。这些都是赤道式装置的优点，因此能装配照相机的普及型望远镜都采用这种装置。其主要缺点是受力条件差，不宜装置口径太大的望远镜。

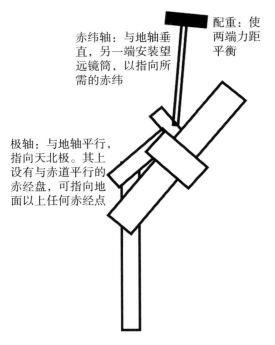

赤纬轴：与地轴垂直，另一端安装望远镜筒，以指向所需的赤纬

配重：使两端力距平衡

极轴：与地轴平行，指向天北极。其上设有与赤道平行的赤经盘，可指向地面以上任何赤经点

图 3 – 13　赤道式装置

（三）望远镜机械装置的发展

现代天文望远镜不仅在光学系统的设计和制造上有了飞跃，在机械结构上也有了许多改进。

根据结构的不同可以分为英国式、轭式、马蹄式、叉式。

英国式的赤纬轴装在极轴当中，镜筒和平衡锤位于两侧，宜用于纬度较低的地方；轭式或摇篮式的优点在于两轴在负荷下的变形不影响指向精度，但不能观测天极附近的天区；马蹄式的优点是承重力强，常用于大型望远镜；叉式常用于镜筒短的望远镜和赤纬变化小的太阳望远镜。

第四章　射电望远镜和射电天文学

🪐　第一节　射电望远镜

一、来自宇宙的无线电波

射电望远镜是完全不同于光学望远镜的一种天文观测仪器。它的发明正说明了现代科学各学科之间的相互渗透性。

1865 年，英国物理学家麦克斯韦建立了电磁理论，他证明电磁波有极宽广的波谱，可见光只是其中很小的一部分。1888 年，德国物理学家赫兹发现了波长比可见光长得多的无线电波。

通过许多杰出的科学家的努力，我们现在已经知道，宇宙中的天体只要不是处于绝对零度的状态，都会释放出电磁波，我们肉眼感知的可见光就是波长在 0.4～0.76 微米之间的一部分，我们就说我们见到了这个天体，其实宇宙间的天体释放出的电磁波谱是非常宽广的，从波长最短的 γ 射线起，依次有 X 射线、紫外线、可见光、红外线、直到无线电长波，都可以在宇宙中发现。

在赫兹发现无线电波以后，大名鼎鼎的发明家爱迪生天才的脑袋就想到了，既然肉眼能看到太阳上的黑子，而可见光和无线电波都是电磁波，那么在无线电波段也有可能观测到与此类似的不同事物。他曾设计过一个实验，1890 年，他在一个极大的磁铁矿石上绕了许多匝线圈，以为来自太阳的电磁场的变化会在磁铁矿石中产生感应，从而在线圈中产生感生电流。以当时对无线电波的了解，他并不知道他准备捕捉的无线电波属长波波段，其波长对于穿透电离层嫌长，在磁铁矿中产生相应的电磁感应却又嫌太短。况且当时他这个天才的设想，以今天的无线电技术水平来看，实在是再原始不过，因而未能取得预期的结果。

英国物理学家洛奇也按自己的思路设计了一个实验，他将不透光的黑板用来排除可见光的干扰，在黑板后放上无线电波探测器，用来探测来自太阳的无线电波，因探测器过于简陋而未获成功。

到 1901 年，法国人诺德曼也做了同样的尝试，为了减少大气对无线电波的削弱作用，同时避免无线电噪声的干扰，他携带仪器登上高山地区，尝试测量来自太阳的无线电波。由于高山顶上气温太低，他只做了一天的观测，那一年又正好是太阳活动极小年，没有得到什么结果。同样在 1901 年，意大利电气工程师马可尼首次实现了穿越大西洋的无线电通信，大家的注意力一下子被这新兴的事物吸引过去了。无线电波在缩短了人类之间距离的同时，使两个学科之间的差距又显得十分遥远：无线电工程师虽然已发现短波（＜30 米）的无线电波可以穿过电离层，却认为这对通信没有什么作用；天文学家认为自己研究的是天空，地面上的无线电通信与己无关。

完全是在偶然的必然中发现了来自宇宙的无线电波。

二、央斯基的发现——"无用"的干扰源

美国的无线电工程师央斯基于 1928 年在威斯康星大学毕业后，来到贝尔实验室工作。他的主要任务是从事短波通信干扰源的研究工作。央斯基把他的研究范围放在波长 1.5～15 米的波段上，他建造了该波段的接收系统，这个系统有一个放在旋转导轨上的天线阵，这个长 30.5 米、高 3.66 米的天线阵以 20 分钟一周的速度旋转搜索，能够确定信号源的方位，但不能准确测定信号的地平高度。1931—1932 年，他发现了三种天电干扰：一是近处雷雨形成的噪声；二是来自于大气中的闪电和远处雷雨引起的噪声。这两种噪声的发现从他专业角度看，已达到设立这个研究项目的初衷。但第三种天电干扰却是大致在太阳同一方向上的一种不明来历的"杂波"，这种"杂波"并未对短波通信造成明显干扰。既然与工作的关系不大，当然可以不理睬它，但央斯基却反复观测，而且做了详细的记录。1932 年，他在《无线电工程师研究会报》上宣布了这一发现，认为这个"杂波"很可能来自于太阳。

问题没有那么简单，在经过对这干扰源的长期跟踪观测，并经过认真的分析后，发现它每天都要提前 4 分钟，渐渐地与太阳分开。真是扑朔迷离，令人百思不得其解。

这次是必然中的偶然使得这项工作有了突破性的进展。央斯基有一位既是贝尔实验室的同事又是好朋友的斯盖莱特，这位朋友当时还在附近的普林斯顿大学攻读天文学博士学位，央斯基在同他的交往中学到了一些天文学知识，特别重要的是知道了恒星日要比太阳日短那么 4 分钟这么一个中学生都知道的规律，央斯基由此而顿悟：这种干扰源来自于星空中某一固定点。他坚持监测了一年，最后确定了这个干扰源在天球上的坐标。1933 年，他再次在《无线电工程师研究会报》上发表论文，认为这种干扰源很可能位于银河系中心；1935 年，他第三次在《无线电工程师研究会报》上发表论文《星际干扰源》，正式提出当天线指向银河系中心时有最大响应，认为这些辐射

源位于恒星自身或位于遍布银河各处的星际物质之中。

人类第一次捕捉到并确认了来自太空的无线电波，央斯基为人类打开了另一扇探测宇宙空间的大门。

早期的射电天文学给出的图像是杂乱无章的，像天书。而且探测的射电波波长太长，对于像恒星那么小的点状天体，实际上无法确定到底是哪一颗给我们发来的"天书"。只能大致判断射电方向，对于天文学家来说，好像没有什么了不起的价值，因而没有引起足够的重视。

三、第一架射电望远镜

又一个接力跑在这里开始了，美国电信工程师雷伯接过了这个难题。还在 1932 年，央斯基宣布了这项重要发现时，雷伯就开始试制射电望远镜。经过长期努力，雷伯终于在 1937 年成功建造了世界上第一台射电望远镜。这台射电望远镜有一个口径 9.45 米的抛物面天线（抛物面天线由金属板拼接而成，在其焦点处放置了接收器）和相应的接收仪器组成，其工作波长为 1.87 米。雷伯想到当波长更短时，其分辨率应该更好。他日复一日地搜索天空，终于在 1939 年 4 月，从人马座方向发现了波长不到 2 米的电波，但银河系其他方向也有强度不同的射电波！1940 年，雷伯以他的发现为基本论点写了一篇论文给《天体物理学杂志》，杂志主编因找不到人审稿而亲自拜访了雷伯，在看了他的射电望远镜、了解他的工作情况后，才在杂志上发表了这射电天文学的第一篇论文。

由于央斯基和雷伯的卓越工作，射电天文学正式诞生了。

四、射电天文望远镜的发展

发展到现代，射电望远镜家族已是"人丁兴旺"。

1. 抛物面射电望远镜

1946 年，英国曼彻斯特大学开始建造直径 66.5 米的固定抛物面射电望远镜，1955 年建成当时世界上最大的 76 米直径的可转抛物面射电望远镜。与此同时，澳大利亚、美国、苏联、法国、荷兰等国也竞相建造大小不同和形式各异的早期射电望远镜。出现了一些直径 20～30 米的抛物面望远镜，发展了早期的射电干涉仪和综合孔径射电望远镜。20 世纪 60 年代以来，相继建成的有美国国立射电天文台的 42.7 米、加拿大的 45.8 米、澳大利亚的 64 米全可转抛物面、美国的直径 305 米固定球面，工作于厘米和分米波段的射电望远镜（见固定球面射电望远镜）以及一批直径 10 米左右的毫米波射电望远镜。因为可转抛物面天线造价昂贵，固定或半固定孔径形状（包括抛物面、球面、抛物柱面、抛物面截带）的天线的技术得到发展，从而建成了更多的干涉仪和十字阵（米尔斯十字）。

2．综合孔径射电望远镜

1960 年，英国剑桥大学卡文迪许实验室的马丁·赖尔（Ryle）利用干涉的原理，发明了综合孔径射电望远镜，大大提高了射电望远镜的分辨率。其基本原理是：用相隔两地的两架射电望远镜接收同一天体的无线电波，两束波进行干涉，其等效分辨率最高可以等同于一架口径相当于两地之间距离的单口径射电望远镜。赖尔因为此项发明获得 1974 年诺贝尔物理学奖。

3．甚长基线干涉仪

射电天文技术最初的起步和发展得益于第二次世界大战后大批退役雷达的"军转民用"。射电望远镜和雷达的工作方式不同，雷达是先发射无线电波再接收物体反射的回波，射电望远镜只是被动地接收天体发射的无线电波。20 世纪 50—70 年代，随着射电技术的发展和提高，人们研究成功了射电干涉仪、甚长基线干涉仪、综合孔径望远镜等新型的射电望远镜。射电干涉技术使人们能更有效地从噪音中提取有用的信号；甚长基线干涉仪通常是相距几千千米的。几台射电望远镜作干涉仪方式的观测，极大地提高了分辨率。

另一方面还在计算技术基础上改进了经典射电望远镜天线的设计，建成直径 100 米的大型精密可跟踪抛物面射电望远镜，安装在德国马克斯·普朗克射电天文学研究中心，致力于太阳系、银河系和外空间射电源的研究。

20 世纪 80 年代以来，欧洲的 VLBI（甚长基线干涉测量）网、美国的 VLBA（超长基线）阵、日本的空间 VLBI 相继投入使用，这是新一代射电望远镜的代表，它们在灵敏度、分辨率和观测波段上都大大超过了以往的望远镜。其中，美国的 VLBA 阵列由 10 个抛物天线组成，横跨从夏威夷到圣科洛伊克斯 8 000 千米的距离，其精度是哈勃太空望远镜的 500 倍，是人眼的 60 万倍。它所达到的分辨率相当于让一个人站在上海看清乌鲁木齐的报纸。

21 世纪后，射电的分辨率高于其他波段几千倍，能更清晰地揭示射电天体的内核；综合孔径技术的研制成功使射电望远镜具备了方便的成像能力，综合孔径射电望远镜相当于工作在射电波段的照相机。为了更加清晰的接收到宇宙的信号，科学家们建议把射电望远镜搬到太空。

2015 年 2 月 10 日，科学家从地球向宇宙发射信息，希望主动与太阳系其他生命取得联系，获取它们的信号。天文学家将通过射电望远镜把信号发射到数百个遥远的星系，希望获得开创性发现。

第二节　射电天文学

一、军事技术转用于天文

第二次世界大战期间，虽然雷伯的工作没有引起足够的重视，但战争却使射电天文学的发展获得了意外的突破。

第二次世界大战中，英国为了防止纳粹德国的狂轰滥炸，发明了雷达。1942年2月，英国的防空部队发现所有波长4~6米的雷达都受到强烈干扰，战争中新武器的出现也不是新鲜事，开始大家以为这是德国人用某种方法对雷达进行干扰，这可是生死攸关的大事。英国政府因此指定了一个调查小组来查清此事。经过多次研究，这个小组发现，每当各个雷达对准太阳时，就会产生这种干扰。尤其是太阳上出现黑子与耀斑时，干扰就会格外强烈。调查小组的负责人海伊经研究后指出，这种干扰来自于太阳射电，而且干扰强度与太阳活动强度有关。

真是"踏破铁鞋无觅处，得来全不费功夫"，由于军事的目的，海伊最先发现了太阳射电。此外，美国物理学家索斯沃斯也利用雷达设备发现了太阳射电，虽然由于战争的原因，他们的发现当时没有公布，太阳射电天文学却由此而诞生。

1943年，雷伯用他那台射电望远镜也发现了太阳射电，他的工作与军事无关，他的发现得以在1944年的一篇论文中发表。

第二次世界大战结束后，雷达这个新生事物也在各个方面有了新的用途。雷达技术也大规模地移植到射电天文学的研究工作上来，射电天文学有了一个飞速发展的时期。

二、中国射电天文学的发展

1. 上海佘山65米口径可转动射电天文望远镜

建立在上海佘山天文台的65米口径可转动射电天文望远镜于2012年10月28日启动。这是亚洲最大的该类型射电望远镜。

这台65米的射电天文望远镜如同一只灵敏的耳朵，能仔细辨别来自宇宙的射电信号。它覆盖了从最长21厘米到最短7毫米的8个接收波段，涵盖了开展射电天文观测的厘米波波段和毫米波波段，是中国目前口径最大、波段最全的一台全方位可转动的高性能的射电望远镜，总体性能仅次于美国的110米射电望远镜、德国的100米射电望远镜和意大利的64米射电望远镜。

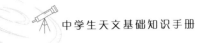

2. 国际合作

甚长基线干涉测量（VLBI）是国际天文学界使用的一项高分辨率、高测量精度的观测技术，用于天体的精确定位和精细结构研究。一个完整的 VLBI 观测系统通常由两个以上射电望远镜观测站和一个数据处理中心组成。中科院 VLBI 观测系统由上海 25 米直径、北京 50 米直径、昆明 40 米直径和乌鲁木齐 25 米直径 4 台射电天文望远镜，以及上海数据处理中心组成。

中国天文学家与日本、韩国同行合作，共同构建了世界最大射电望远镜阵，用于探测银河系结构、超大质量黑洞等深空奥秘。

三国天文学界在各自独立开发的射电天体探测网基础上，整合了东亚地区直径约 6 000 千米范围内 19 台射电天文望远镜，覆盖了从日本小笠原、北海道至中国乌鲁木齐、昆明的广阔地域，成为世界上最庞大的射电天文观测网络。如果配合日本"月亮女神"绕月卫星上搭载的观天设备，这个望远镜阵的直径将会扩展到 2.4 万千米。

各观测站同时跟踪观测同一目标，并将观测数据记录或实时传送到数据处理中心，计算机依靠这些观测值计算得出目标天体的精确位置。

3. 我国超级天眼——500 米口径球面射电望远镜（FAST）

FAST 是全球最大的射电望远镜，500 米口径球面突破了射电望远镜的百米极限，是中国自主创新的世界上最大的天文望远镜。FAST 主动反射面由 4 450 块反射面板单元组成，面积约 25 万平方米，近 30 个标准足球场大小，用于反射无线电波。比德国波恩 100 米望远镜和美国阿雷西博望远镜综合性能提高约 10 倍。它将使中国的天文观测能力延伸到宇宙边缘，可以观测暗物质和暗能量，寻找第一代天体；能用一年时间发现数千颗脉冲星，研究极端状态下的物质结构与物理规律；无须依赖模型即可精确测定黑洞质量；有希望发现奇异星和夸克星物质；还可能发现高红移的巨脉泽星系，实现银河系外第一个甲醇超脉泽的观测突破；并将在未来 20 年至 30 年内保持世界领先地位。

FAST 落户在贵州省平塘县大窝凼，大窝凼是喀斯特地貌所特有的一大片漏斗天坑群，天然的洼地可以架设这个特大望远镜，天坑漏斗可以保障雨水向地下渗透，而不在表面淤积，以致腐蚀和损坏望远镜。另外，大射电望远镜的观测虽然不受天气阴晴影响，但在选址中对无线电环境要求很高。调频电台、电视、手机以及其他无线电数据的传输都会对射电望远镜的观测造成干扰，就好像在交头接耳的会议上无法听清发言者讲话一样。大射电望远镜项目要求：台址半径 5 千米之内必须保持宁静，电磁环境不受干扰。大窝凼附近没有集镇和工厂，在 5 千米半径之内没有一个乡镇，25 千米半径之内只有一个县城，是最为理想的选址。

FAST 旨在实现大天区面积、高精度的天文观测，其科学目标包括巡视宇宙中的中性氢、观测脉冲星、探测星际分子、搜索可能的星际通信信号等，其应用目标是在日地环境研究、搜寻地外文明、国防建设和国家安全等国家重大需求方面发挥作用。

FAST 还将把中国空间测控能力由地球同步轨道延伸至太阳系外缘，将深空通信数据下行速率提高 100 倍。

同时，可以进行高分辨率微波巡视，以 1 Hz 的分辨率诊断识别微弱的空间信号，作为被动战略雷达为国家安全服务。还可跟踪探测日冕物质抛射事件，服务于太空天气预报。

FAST 研究涉及了众多高科技领域，如天线制造、高精度定位与测量、高品质无线电接收机、传感器网络及智能信息处理、超宽带信息传输、海量数据存储与处理等，带动了中国制造技术的发展。

第五章 地图、航海和天文

第一节 地图的发展简史

早期的地图涵盖的范围都很小，把地面看作是平面是不会影响地图的绘制的。象形绘图也没有什么不方便，而且很直观。

在巴比伦和埃及发现了 4 000 多年前刻画在陶片上的地图，这是目前我们知道的最早的地图。我国历史记载中，距今约 2 500 年以前，有铸在钟、鼎上的《山海图》，用以指引狩猎的人们辨识方向。

我国在春秋战国时期地图就得到广泛的应用，其时地图已有象征国家主权、土地和人口的意义了。在实用中，那时的地图常用来表示山脉、河流、道路和居民点的相对位置和疆域的大小轮廓。

1973 年在长沙马王堆三号墓发现的 2 100 多年前的三幅古地图中，有一幅地形图，是世界上现存最早的以实测为基础的古地图。

1978 年发现于河北平山的"中山国兆域图"，以铜板为底，金丝镶嵌出数字、符号和线条来表示地形和建筑物，说明战国时代的地图测绘技术，已经发展到很高的水平。

在哥伦布发现"新大陆"之前，跨度最大的地图涵盖的就是亚欧大陆和非洲。

✦ 第二节　地图的绘制

一、绘制精确的地图需要确定方向和控制点

有了 GPS 系统和我国精度非常高的北斗系统，如今确定地球上任何一个地点的经纬度只是举手之劳，但人类为了这两个平面控制点的测定可是经历了漫长的摸索，这两项要素的取得都要通过天文观测来实现。

1. 方向的确定

人类最初是从地形地物的相对位置为自己的家园定位的，这在活动范围不是很大的情况下，是非常有效且可靠的方法。但在陌生的地方，在森林里和海洋上，没有熟悉的或根本没有可以参照的地物，这种定位方法就毫无用处。

人类最早准确判断方向的天文依据是太阳的东升西落。取一直竿，垂直立在地平面上，日影最短时的方向即为正北。另一种确定方向之法更精确，以竿为中心画一圆，取上、下午长度相同的两根竿影的平分线为子午线。

2. 控制点的确定

南北方向的控制点可以通过测定天北极的高度来取得，精度可以得到保证，偏差也容易得到校正。在人类能精确测定经度之前，东西向的控制点就需要用人工大地测量来实现，这是一个需要巨大人力、财力投入的工程。

二、球形的地球和平面地图之间的整合

1. 把地球表面展开的地图

当地图涵括的范围不是很大时，可以不考虑球面和平面的对应，但小比例尺的全球地图的绘制就不得不考虑球面和平面的整合了。

首先是地球的形状，早在公元前 6 世纪，毕达哥拉斯就已谈过这个问题。但真正提出证据说明地球是球形的科学家是亚里士多德，大约在公元前 350 年，他在《论天》一书中就提出地球必定是球形的，因为在月食时，月面上的地影轮廓呈圆弧形。他还提出一个证据：旅行者往北走去，北方的一些星星的地平高度越来越大，而南方的一些星星地平高度越来越小直至消失在地平线下。这个天才的结论，在麦哲伦于 1519 年开始的环球航行成功后得到了有力的证明。

知道地球是球体之后的问题就是它的大小。公元前 240 年，古希腊天文学家埃拉托色尼也对地球的大小做过估算。夏至日，位于北回归线上的塞恩（今阿斯旺），可以从一口深井看到太阳像，也就是说，太阳高度为 90°；在同一天，处正北方距塞恩

约 80 千米的亚历山大的太阳高度为 89°15′；将每度折合里程乘上 360°，就可以估算出地球的大小。我国唐代的天文学家僧一行，于公元 724 年起用同样的方法进行了大规模的天文大地测量并估计出地球的大小。

2．天文学和地图学的结合

将天文学和地图学结合在一起的是伟大的希腊天文学家托勒密（90—168 年），他写成了《天文大成》和《地理学指南》，在《地理学指南》中，包括了 8 000 多个地中海一带的城市的经度和纬度位置，他还创立了地图投影学，提出了把经纬线绘成扇形和球形两种变球面为平面的绘图方法。作为《地理学指南》的附图，他还编制了一本世界地图，在这本地图上，划出了经度和纬度，采用了圆锥投影。这种地图的绘制，使人类在地球表面定位时，不必依赖陆地上的某些显著目标，而是靠测定经度和纬度来确定位置。

第三节　纬度和经度的测量及确定

一、纬度的早期测量

地球上某地的纬度，是该地到地心的连线与赤道面的线面角。这只是从理论上来叙述，实践中却难以测量这个线面角。你不妨想象一下，从你欲测定纬度的地点挖一条直达地心的竖洞是多么艰难的工作，即使是聪明一点即用丈量和赤道之间距离来换算出纬度的方法也是不大可能的。真正的测定，却要从"天上"得来。

欧洲人在沿欧洲和非洲西海岸之间的航海中，最早靠测定北极星的地平高度的方法来确定处于从南到北的哪个位置上。从图 5 - 1 不难看出，天北极的地平高度就是所在地的纬度。但是，北极星不是正好位于天北极。目前，北极星距北天极不到 1°。由于岁差的原因，在 15 世纪后期，北极星离天北极有 3.5°，若以当时的北极星当天北极，就可能产生相当于海面上 400 千米的误差，即使是粗略地定位，这个误差也好像是大了一些。

北极星每天绕天北极转一周，因此它的高度有

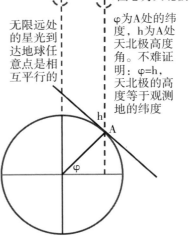

图 5 - 1　天北极、北极星和纬度之间的几何关系示意图

周期性变化，有时比天北极高，有时又比天北极低，也有两次与天北极等高。测定北极星高度并进一步确定纬度，必须了解此时天空的星象——利用小熊星座和大熊星座的相对位置推出天北极的高度并不难。在 15 世纪的后半期，已经建立了一套简单的规则来确定北极星的位置；到了 16 世纪，有一种简单的仪器，将仪器当中的一个小孔对准北极星，将一个指针转到与小熊星座中的某一颗星成一直线，这根指针就在标尺上指出从北极星到天北极的角距离和方向，也就不难算出所在地的纬度了。早期的航海者，躺在甲板上，顺着桅杆垂直向上观察星星，从星图上查看正对桅杆尖的星星的赤纬，就是船只所在的纬度。这种方法需要比较精密的星图。

测量正午太阳高度角也可以得出纬度，但必须知道当时太阳的赤纬，这就需要太阳位置表，这种表直到 15 世纪末才编制出来。

15 世纪是葡萄牙人探险旅行的盛期，航海活动频繁。到 1474 年，葡萄牙人编出了一本南至赤道的纬度表，精度达 1/2 度，基本上能满足航海的需要。

这些早期的纬度测定都是以对北极星的观测为基准的。随着船队不断南下，越是靠近赤道，北极星的高度越来越小，过了赤道以后，北极星落到了地平线以下。在没有熟悉南天的星空以前，他们只好用测正午太阳高度角的方法来确定纬度。这种方法必须知道太阳的精确位置，也就需要精确到半度的太阳赤纬表。为了满足这个要求，葡萄牙国王组织了一个委员会，以西班牙天文学家扎古托的理论为基础，编出了一本太阳每日方位简表，解决了这个问题。

没过多久，葡萄牙人就学会利用南十字星座来确定纬度了。在 1505 年，他们的方法是挂一根铅垂线，当南十字的"头和足"都在这条线上时，南十字座 α 星便在正南天极之上 30°。这是当时在南半球测定纬度的一个简便方法。

至此，人们已掌握了在南北半球测定纬度的方法，随着测量工具精度的不断提高，用这些测量方法的精度可以达到 1/10 度，这相当于地面上约 10 千米的距离，完全可以满足沿着非洲西海岸航行的需要。葡萄牙人根据他们测定的纬度和对所到地的了解，画出了非洲地图，这幅地图在南北方向上，长度比例非常精确，这是因为有纬度控制。由于没有有效的控制点，在东西方向上有些失调，如果能测经度，地图岂不是就能画得更精确了吗？

二、提高经度测量精度的漫长过程

1."新大陆"的发现

仅沿大致上是南北方向的非洲西海岸航行，能测定纬度就可以了。航海者离开港口以后，可以一直向南或是向北航行，当船只所在的纬度与目的地一致时，就调转船头向东靠岸，不难找到目的地。

15 世纪时，人们对地球的形状和实际大小没有一个正确的认识，再加上对于经度的测定没有一个行之有效的方法，向西航行穿过大洋，对于航海者来说，是非常危险的事。一个低估了地球大小或是把亚欧大陆看得太大从而认为大西洋比实际小的错误观念，导致了人类历史上一次伟大的成功的越洋航行。意大利航海家哥伦布（1451—1506 年）游说葡萄牙国王继而西班牙国王，请他们资助向西进行越洋航行。为了寻找通往东方的印度和中国的贸易新航路，西班牙统治者支持他进行越洋航行。

正是出于错误的估计，哥伦布认为横渡大西洋大约要20天左右的时间。他于1492年8月3日，率领三艘航船、近90名水手，在东北信风的推动下，一直向西走了20多天，还没有看到一块像样的陆地。长期航行于海洋上常有的问题出现了，坏血病和饮用水不够，船员们烦躁不安，威胁说，再过几天再见不到陆地，就要杀死哥伦布。在不见陆地的茫茫大海上航行了33天之后，正当哥伦布陷于绝望、头颅即将被挂在桅杆上，他跪在甲板上向圣父、圣子和圣灵祈祷时，他们看到了一群小岛，虽然不是大陆，但哥伦布因此得救，并为这群小岛命名为特立尼达，意为"圣父、圣子、圣灵三位一体"。还有一说认为哥伦布是到达巴哈马群岛的华特林岛，哥伦布将其命名为"圣萨尔瓦多"，意为"救世主"，是日为1492年10月12日。

如果说，哥伦布对大西洋宽度的错误估计导致他进行了人类历史上一次伟大的航行是因错得福，那么又一次的错不但使他失去了以他的名字为这个大陆命名的殊荣，也导致他于1506年5月20日死于贫病之中。

他一直以为他所到之处就是传说中的印度，便把这些群岛命名为"印度群岛"，并把当地人称为"印第安人"。直到1498年他到达南美洲大陆北岸时，他都还以为这是亚洲。1497—1503 年，另一位意大利航海家亚美利加沿南美洲北岸航行，经过考察，他发现这并非亚洲大陆，而是欧洲人不知道的一个大陆，也就是所谓的"新大陆"。后来，这个大陆就以他的名字命名为"亚美利加洲"。而这里的"印度群岛"却已经被欧洲人叫惯了，却又要与真正的印度群岛相区别，只好叫"西印度群岛"了。

2. 为分配利益需要测量经度

新大陆的发现，使当时的两个海上霸主西班牙和葡萄牙之间对新土地和贸易权利的争夺加剧。仁慈的罗马教皇并未将"新大陆"上的原有居民当作是创造所有人类的上帝的子民，取消了这些"印第安人"对他们故居的所有权，把"凡已找到或将被找到，已发现或将被发现的西方或南方的陆地及岛屿"一股脑地分给了这两个国家。但当时并无法测定经度，他只好按距离亚速尔群岛西端的里数来确定分界线。在教皇的主持下，葡西两国于1494年达成了最后协议，把分界线定在佛得角以西约1 776千米的南北线上，此线以西属西班牙，以东属葡萄牙。可惜大地并非摊开的桌布，而是一个圆球，只剪一刀并不能把世界瓜分为两段，另一边的界线又引起了争论。最要命的是能够提供大量香料从而获得巨额利润的香料群岛（印度尼西亚东北部的岛群，即马鲁古群岛，古代盛产丁香、豆蔻、胡椒等香料，故名之），到底属于谁？

因为是以到某地的距离来分界，这就关系到地球有多大的问题了。西班牙人援引托勒密的地球大小数值，葡萄牙人则采用埃拉托斯特尼的地球大小数值，各执己见，说香料群岛属于自己。由于不好用尺子量量地球，没有科学的依据，只好经过讨价还价，确定西班牙控制菲律宾，而香料群岛属于葡萄牙。

到了 16 世纪，与这些被欧洲人认识不久的地区之间的贸易已经成为欧洲经济的一个重要组成部分。香料等货物越来越贵，对海上航行的安全性的要求也就越来越高，经度测定的重要性也就越来越高。在 1598 年，西班牙的菲利普三世设立了一笔相当可观的奖金，重赏征求测定经度的方法。

3. 测定经度的方法

测定经度远没有测定纬度简单。首先是没有一个固定的参照点，其次是怎样度量其他点与这个基本点的关系。正像一个光滑无标记的皮球，在它胡乱旋转以后，你能确定刚才正对你的那一点现在哪里？你当然可以在球上随意画一个点作为标准，但其他的点与这个点的关系又怎样确定？对于一个你可以一览无遗的皮球，我相信你能找出不只一种方法来解决这个问题。但地球并非皮球，大得比"不识庐山真面目，只缘身在此山中"还要不识其面目。人类解决经度测定这个问题，可是花了很长一段时间。

（1）经度起点的确定及经度的测定。

对于测定纬度来说，地球自转所确定下来的赤道可以作为纬度的起点，而地球的运动没有提供这样一个起点。航海强国多以自己确定的某一地点作为经度的起点，如法国就以巴黎为经度的起点。各行其是不利于航海秩序，直到 1884 年 10 月 13 日，来自 25 个国家共 41 位代表投票确定，将这个起点定在通过英国格林尼治天文台艾里子午仪中心点的子午线上，也就确定了本初子午线。最简单的测定经度的方法，莫过于测出某地子午圈通过某颗恒星的时刻与格林尼治所在的子午圈（即本初子午圈）通过这颗恒星的时刻之差。根据这时刻之差，就可以算出某地的经度，每差 1 小时，两地的经度就相差 $15°$，每 4 分钟 $1°$，每 4 秒钟 $1'$。在赤道上，每一经度折合地面距离约 111 千米。当时的航海，定位精度要求误差不大于 $±0.5°$，如果在海上航行一个月，则计时器的精度每天误差不能大于 4 秒。直到 18 世纪，摆钟的日误差仍为 $±4$ 秒，且不能在晃动的船只上使用。既然没有能够带到海上去的计时工具，就只好想其他的方法了。

（2）用日月食来确定经度。

在 18 世纪以前，曾有很多不同测定经度的方法。最早的就是采用陆地上为绘制世界地图而测定经度的方法，就是测定两处见到同一次日月食的时刻之差，时刻之差很容易换算成经度之差。日食带较窄，可见日食的地域就太小，只要发生月食，位于夜半球的地方都可以见到，故测定经度多用观测月食来实现。但月食也不是经常发生，你不可能给日、月、地打一个电话："喂！我要测经度了，月食吧！"。况且海上航行不像陆地上可以等了一次又一次，这个在陆地上可行的方法在海上航行中并不适用。

（3）用月星距法测定经度。

著名的德国天文学家雷乔蒙塔努斯于 1475 年就已经提出用月距法测定经度。这种方法是从测定月亮与某颗恒星之间的角距离，或月亮与太阳之间的角距离；地方时可以在测定地点很容易得出；利用天文年历，可以推算出格林尼治与该角距离对应的时

刻；从地方时与格林尼治时刻之差就可以推算出所在地的经度。方法很巧妙，却无法实现：一是没有能在船上以足够的精度测定月星角距的仪器；二是天文学家当时还不能够预报出足够精度的月星角距。

（4）用木星及其卫星掩食的方法定经度。

这种方法是伽利略提出来的：测定木星的几颗卫星与木星掩食的地方时刻，再从天文年历中找出格林尼治同一掩食的时刻，两时刻之差就是两地经度之差。木星与其卫星的掩食时刻当时就可以预报得很准，携带一张木卫掩食表就可以查到。但这种方法需要在航船的甲板上安装一架望远镜，且不说过于笨重，它的维护和稳定就是一个很麻烦的事。况且不是经常可以观测木星的，木卫掩食的时刻由于种种原因不大容易测得准。这个方法在陆地上可以用高质量望远镜测出精度较高的经度，在海上却行不通。

（5）测定经度方法的工具。

这些方法的应用虽然都有些困难，但航海者确实太需要测定经度了。哥伦布曾试用过观测日月食的方法来确定经度；亚美利哥在 1499 年曾观测月亮与火星的会合，借助天文年历对他所在地的经度做出了合理的估计；1612 年，英国探险家威廉·巴芬在格陵兰岛上工作时，用测定太阳和月亮的角距离，借助天文年历的方法确定经度。种种尝试的精度都不能令人满意，但在航海的迫切需要下，人们发明了很多天文测量仪器，如十字尺、象限仪和星盘，并且不断改进和完善这些仪器。

4. 测量经度的需要

在整个 16 世纪直到 17 世纪，人们都在为更准确地测定经度而努力。但从未有突破性的进展。1675 年，"为着测定出一些地方的经度，以使航海术和天文学更臻完善"，英国创办了格林尼治天文台。有人建议成立一个测定经度的研究机构，同时大家还注意到，当时关于太阳、月亮、行星、恒星位置的基本天文数据，对于航海来说，精度都不够。这进一步促进了对天文观测精度的追求。

（1）为准确测定经度悬赏。

1707 年，一支英国海军舰队从直布罗陀返回英国时，在锡利群岛一带触礁，包括领队的海军副将在内的 2 000 多名海军士兵丧生。经过仔细研究，发现当时掌握的所有的测定经度的方法都无法避免这场灾难。事件本身令人痛心，但这个事件却使包括国王在内的各方面人士都开始关心经度的测定问题了。到 1714 年，英国议会悬赏征求测定准确经度的方法，如测定的经度能达到误差不大于 0.5°，也就是相当于 30 海里的距离误差时，即可获得 2 万英镑的奖金，这在当时是一个不小的数目。

（2）月距法和哈德雷象限仪测定经度。

当时能达到这种精度的方法，最有希望的还是月距法，但并不是没有困难。经度误差不超过 0.5°，则测定两地时间差不能超过 2 分钟。因为在 2 分钟里，月亮相对于背景的恒星移动了 1 弧分。要想求出在异地测定经度时的格林尼治的时刻，则预报月亮和恒星的角距离的误差不得超过 1 弧分，除了预报准确以外，在海上测定月亮和恒星的角距误差也不得超过 1 弧分。在当时，还没有一台在船只上使用的仪器能达到这一精度。

到 1931 年，一位英国皇家学会会员约翰·哈德雷发明了以他的名字命名的哈德雷象限仪，这种仪器于 1932 年经过实用试验，结果证明它在船舶甲板上测定角度能达到 1 弧分的精度。

（3）测定天体高度所需的修正。

第一是测定者的眼睛在海面上的高度对天体地平高度测定的影响。因为地球是一个圆球，当你在较高的地方测定一个天体的地平高度时，要比你在海平面测定这个天体的地平高度大，这个修正值的大小就关系到地球有多大的问题。

第二是大气折射对天体高度测定的影响。光线在均匀介质界面上折射后仍是一条直线，且它的方向改变是可以计算的。但大气在近地面附近密度最大，随着高度的增加，大气密度迅速减小，所以光线在大气中的折射是一条不规则的曲线；同时，这根光线向下的弯曲还会因天体高度不同而有改变。天文学家为这个问题已经伤了近 2 000 年的脑筋了，虽然费马大定理从理论上阐述了这个问题，人类直到现在却还没有在实践中找到一种理想的解决方法。在当时，经过天文学家的努力，列出了天体不同视高度的修正表，其精度已经超过实际需要。

第三是视差的问题。离我们远近不同的天体的相对位置，会因我们观测地的改变而有改变，离我们近的天体比离我们远的天体的位置改变得大，也就是说，你在不同的位置观测同一天体，它在空间的位置会有改变，这就是视差。若要准确地计算月亮在星空中的视差，就必须知道月地距离与地球大小的比值。在哈德雷象限仪发明之前，天文学家已经解决了这个问题，大概在文艺复兴时期，天文学家就已经知道月地距离和地球大小的比值了。

（4）月亮在天空上位置的测定。

虽然人类在月亮运动规律上花了很多时间，但直到 17 世纪后半叶，人类对月亮在空中位置的预报仍有 10 弧分的误差，而航海对月亮在空中位置的预报精度要求是误差不超过 1 弧分。

预报难以精确的主要原因是月亮的运动太复杂了。在牛顿于 1687 年发表万有引力的理论之前，人类对月亮运动的不规则性已经有充分了解，并且做了详细的记录，但不能做出解释。即使是牛顿，虽已指出太阳引力是月亮运动不规则的主要原因，但他对月亮运动的预报也没有达到航海所要求的精度。为了准确预报月亮的运动，就连欧拉、拉格朗日、拉普拉斯这些数学家也投入到研究之中，但这些数学家投入到这个问题的讨论中并非是为了解决航海中测定经度的问题，而是为了探讨牛顿的万有引力理论是否能够说明天体运行，目的是要知道牛顿是否真的掌握了天空中的秘密，这无论是为了打破中世纪的黑暗还是在科学角度看都是很有必要的。前后大概花了 200 多年，才基本解决了这个曾令牛顿头痛的问题。

开普勒发现的行星运行定律，描述了一个天体绕另外一个天体运转的规律，并未指出其他天体对这运动的影响，将其应用于月球绕地球运转虽然也是成立的，但对太阳对月球的影响却无能为力。

月球运动理论由开普勒、牛顿这些天文学家和达朗伯特、欧拉这些天才的数学家不断完善，预报月球位置的准确度终于能达到航海的要求。一个从未见过海的地图学家，托彼阿斯·梅耶尔为了绘制更为精确的地图，使用大数学家欧拉创立的方法，于1753年推算出第一个精度达到1弧分的月亮表。他低估了自己的工作成绩，认为他的月亮表精确度可以达到2弧分，但在后来与格林尼治天文台的观测结果比较，证明他的月亮表的精度可达1弧分。

测定月星角距的另一方面是测定恒星的位置。现在我们知道，所谓恒星并不是真的没有运动，而是有自行。但在当时的技术条件下，对自行是没有办法测出的。

影响恒星在空间视位置发生变化的原因很多。公元前2世纪，古希腊天文学家喜帕恰斯最早发现春分点沿黄道不断西移——也叫进动，并推算出春分点每100年西移1°；公元4世纪，我国晋代天文学家虞喜在对冬至日恒星的中天观测中，独立地发现了岁差。牛顿早在1687年就解释了产生岁差的原因是太阳和月球对地球赤道隆起部分的吸引。并且预言，地轴因此而绕黄道轴旋转画出的轨迹不会是纯粹的圆周，但他并没有对这种现象进行定量观测。英国天文学家詹姆斯·布拉德雷于1727年发现恒星的赤纬还有一种不能说明的微小变化，正是牛顿所预言的那种小波动。他于1732年提出，这是由于月球对地球隆起部分在不同方向的吸引，使地球自转轴产生摆动所致。经过长期的观测，在取得可靠的数据的基础上，他于1747年发表论文，说明月球轨道与黄道的升交点每18.6年沿黄道向西绕行一周，所以对地球的引力作用也有相同周期的变化，会使恒星在空间的视位置有9弧秒的波动。他把这种现象叫章动。

此外布拉德雷还于1725年用带有目镜测微器的天文望远镜观测研究恒星的视差位移时，发现了天龙座γ在天球上的移动与视差位移不符，经过认真的研究和分析，直到1728年，他才得出结论，认为这是星光速度和地球运动速度的合成而致，他把这种变化叫作光行差。引起这种现象的主要原因是光线的速度并非是无限大，而是以每秒约30万千米的速度行进；其次是地球有时正对有时正背着恒星运动，此时恒星的视方向和真正方向没有什么不同，但地球的大部分运动是与恒星光线运动的方向成一夹角。因此，地球在绕日公转时，恒星在天空中的视位置会有以年为周期的变化，变化幅度可达20弧秒。

对光行差做出定量分析需要知道光速和地球公转速度的大小。第一次测定光速是在1676年，奥勒·罗默通过观测木卫一被木星掩食的时间差发现，当地球向木星行进时，掩食的时间会变短，反之则变长，通过计算得出了光速约为210 000 km/s，此值虽然偏小，但也给出一个参照量；对地球在轨道上的公转速度的测定最早的是卡西尼，1672年，他在巴黎组织了一次对火星距离的测定，根据开普勒定律，就可以知道地球轨道的大小，进而就可以推算出地球的公转速度。正是由于有了这两方面的结果，布拉德雷才能对光行差做出定量说明。光行差的发现不仅是方位天文学的重大发现，同时还是地球绕日公转的第一次证明。

有了对恒星视位置的各项修正，到梅耶尔的月亮表出版时，确定恒星位置的精度已达 5 弧秒。在海上利用测量月星角距的方法定经度在理论上完全可以满足航海的需要了。从理论到实际应用还有一段路要走。海上航行的迫切需要使英国皇家学会、英国海军部和格林尼治天文台走到了一起，他们认为应把梅耶尔的月亮表与布拉德雷对月亮的观测做比较，于是就让马斯克林在海上做一次实际应用，以对月距法做一次全面的考验。

1763 年，马斯克林通过实用证明，用梅耶尔的月亮表和哈德雷的象限仪在海上测定经度，完全可以使精确度超过 1°。他同时也发现复杂的计算会影响到月距法在航海中的有效应用，并设法尽量地予以简化。当他任皇家天文学家时，组织人力计算月距表，在月距表中列出了全年任何一天每隔 3 小时的月亮与九颗亮星和太阳的角距。月距表于 1766 年在第一本《航海历》上发表，使航海者能在海上方便地测定经度。

（5）月距法终于获得了成功。

月距法在航海上取得了成功。英国船长詹姆斯·库克于 1768 年 8 月 25 日出发，向西进发，越过大西洋，经合恩角到了太平洋，于 1769 年 4 月 13 日到达塔希提岛（地处 149°W—150°W，17°S—18°S），按时完成了观测金星凌日天象的任务。随后，他还对新西兰和澳大利亚一带做了精密的测量，越过太平洋经好望角回到英国。这一次环球航行就好像是按部就班地旅行一样，一路上，他带着马斯克林的《航海历》和哈德雷的象限仪，用月距法做了几百次经度测定，使他对自己身在何处一直处于非常清醒的状态，因而他的航程没有什么周折。看起来月距法可以得到广泛应用了，但人类却在此时又回到了定经度的最简易的方法上。

5. 测量经度最好的方法——航海钟与经度

如前所述，用精确的时钟保持格林尼治时刻，利用天文年历查看过上中天的某颗恒星在格林尼治过上中天的时刻，两时刻之差就是两地经度之差。看起来简单的事却难以实现，关键在于难以制造出可以放在船上的精密时钟。从 1714 年为在海洋上测定经度能准确到 0.5° 的方法悬赏 2 万英镑起，过了近 50 年，才由哈里森制造出计时精度能满足要求的航海钟来。他制作的一台钟 H4，于 1761 年，经过 81 天的海上航行，到达牙买加，与当地几年前由观测水星凌日测定的经度相比，只是慢了 5 秒钟。如果牙买加的经度的准确度是可以信任的话，这个精度就太令人满意了。由于各方面的意见，也由于对一种新生事物的必要考验以期放心地使用这种方法，于 1764 年在大西洋两岸的英格兰和南美洲小安的列斯群岛的巴巴多斯两地进行了一次更科学的试验。马斯克林与格林两位天文学家被分派到两地利用观测木卫一的交食来测定经度。而 H4 则由哈里森的儿子威廉带上皇家军舰，穿过大西洋，经过 42 天的航程，在到达巴巴多斯时，发现 H4 快了 40 秒，相当于 10 弧分的经度误差。测定经度研究委员会也不得不承认这具航海钟基本满足了为经度悬赏的技术条件。另一个条件是这具钟必须能够重复制作，第一个复制品 K1 花了 450 英镑的成本，这在当时可不是一个小价钱。第二个复制品为了降低成本而做了简化，只花了 200 英镑；技术越来越成熟，第三个复制品仅花了 100 英镑，但仍是船上最昂贵的设备，并不是所有的船只都能使用的。

18 世纪末，性能优良、结构坚固的航海表只售 1 260 先令。19 世纪初，英国皇家船只开始正式使用这种航海表，使航海表的制造技术不断提高，成本不断下降，促使了航海表更大规模地使用。

航海表不仅可以在船上使用，也可以使陆地上的经度测定变得更为简易更为准确。人们尽可能精确地测定各天文台之间或各个城市之间的经度差，到 19 世纪中叶，经度测定的误差不大于 0.6 角秒，即使在赤道上，也不过是相当于 20 米的距离。从这时起，星空、计时和地面某地的经纬度测定紧密地结合在一起了。

现在，由于航天技术的发展，以及通信的便利，在北斗系统之下，确定地理位置已经精确到 2 ~ 3 米，这还得依赖于时间的精确计量。

第六章 时间单位及对时间计量准确的追求

第一节 时间单位

在我们日常生产生活、科学研究中经常用到时间，但却少有人过问这"时间"从哪里来的。人类在文明发展过程中，对时间本质的认识有一个漫长的历程。

印度人尤其是印度教徒，认为时间是死亡和再生无尽的轮回，参与轮回的灵魂才是本质的和值得珍惜的，而时间可以周而复始，不必珍惜。

基督教把时间看作是一个贯彻上帝意志的舞台，上帝在这个舞台上逐步实现从创世纪到世界末日的计划，这个节目结束后，就是没有时间的永恒的天堂和地狱。古代的哲学家或思想家对"时间到底是什么？"这样的问题大多是采取回避，或者用无法理解的字句或方式来作答。

一、时间的定义

现代科学对时间的定义：时间，是一个物体连续不断地作均匀的运动过程，是已经测量或可以测量的延续量，是可以用钟表、日历来指示或决定的一个确定的时刻、小时、日或年。

在对时间本质的认识过程中，对时间的计量方法也进行了不懈的努力。人类以"日"为时间的基本单位，依靠天文观测建立了"月"和"年"的概念，但时间单位不但有"日"的累积，还有日的分割，人类文明和科学水平越是发展，对这种分割的要求就越高。人类把一天分成不同的时段，并设法用各种物体运动的等时性来度量它。

二、时辰与小时

中国古代分昼夜为十二时：子，又称夜半，相当于今时 23 时至次日 1 时；丑，鸡

鸣，1—3时；寅，平旦，3—5时；卯，日出，5—7时；辰，食时，7—9时；巳，隅中，9—11时；午，日中，11—13时；未，日昳，13—15时；申，哺时，15—17时；酉，日入，17—19时；戌，黄昏，19—21时；亥，人定，21—23时。从十二时辰的别名就可以看出昼的时辰多以太阳的运行方位为准，而夜的时辰又多以人的活动和自然现象为准。最开始使用的时辰是日出和日入，取两者圭影所成之夹角之角平分线正指北方，即得日中，每当日移影动圭影与此线重合之时，即为正午，这也是测定日影长短的时刻，把日出到日入两圭影之夹角六等分，即为相应的时刻前后各一个小时为相应的时辰。正因为今时为古时之一半，才称之为小时。又因为是以十二时辰计时，故称之为时辰。我国古代分一天为一百刻，每刻约合今时 14 分 24 秒，忽略这个差别，现在所称的一刻钟是 15 分钟。

三、真太阳时与平太阳时

现代天文学有几种不同的时间系统，与我们日常生活最密切的一种就是平太阳时。日心与地球上某一经线圈连续两次在同一平面上的时间间隔称为真太阳日。真太阳日因地球绕太阳公转速度不均匀而有长短变化，最大相差 51 秒，这样逐日分割的时分秒也会参差不齐，因此人们取（1 回归年/365.242 2）为 1 平太阳日，1 平太阳日等分为 24 平太阳时，1 平太阳时平分为 60 平太阳分，1 平太阳分平分为 60 平太阳秒。日常钟表的指示以此为基准，因为时分秒前总带"平太阳"三个字不大方便，通常都省去，直接称时分秒。科技工作中有很长一段时间也使用这一套时间单位，这是因为地球的公转比较稳定，在很长的一段时期，可以为科学技术提供足够稳定的时间单位。

人们为了把由观测太阳时得到的时间延伸到夜晚和阴雨天并确定时刻，想了很多方法。大自然从丰富的物种中送给人类一个礼物——公鸡，自丑时（别称鸡鸣）到日出之前，公鸡总要啼上几次，对于农人和旅客，这就足够了，但公鸡的啼叫会受一些外界因素的影响，"半夜鸡叫"很能说明这个问题，此时鸡鸣就不足以作为报晓的依据了。

第二节　时间的计量和计时仪器

一、早期计时仪器—日晷

在人类对计量时间方法的追求过程中，都是自觉或不自觉地用一些物体运动的等值性来度量时间。

最早用来度量时间的就是以太阳东升西落的周日运动来计算日数。

各民族各地区都有大同小异的方法来进一步细分白昼，凭目测就可以确定日出、正午和日落之时。共同的方法就是利用太阳的影子在不同方位上的位置。

从已有的文字记录来看，人类最开始时并没有把黑夜看作是一"日"的一个部分，而是黑白分明的另外一种东西。在欧洲，一直到14世纪都是这样，在英语中就没有一个能表达"白昼加黑夜"的单词。一日就是白昼，在对白昼这个"日"进行分割时，就会在冬季和夏季得出不同长度的单位时间来。这是因为，人类应用得最早的计时工具是日晷。

最早的日晷，是立于地面上的木柱或石柱，人们观察太阳影子的位置来确定时间，这种日晷的影子长短随季节而有变化。中国的日晷于何时开始使用，没有可靠的证据来断定，但中国用日晷测定日影长短的记录历史悠久，早在周代以前就开始应用。在西方，这样的日晷有各种各样的形式来满足日常需要，一直沿用了很久。但这种日晷指示的时间会因季节和纬度而有长短的变化，是不等长的时间单位，纬度越高，一年当中昼夜长短的变化幅度越大。由于这个原因，早期的时间单位的长短有很大的季节变化，这在今人看来有点不可思议。这种分割方法给影钟刻度的设置带来很大的麻烦，但也有点好处：在人工照明还不发达的时代，一件事常常需要在白昼完成，这种钟点会提醒你白昼还有多少时间。但这种分割方法，对于组织越来越严密、文明程度越来越高的社会显然是不合适的。在欧洲，大概到15世纪时就已废除不等长的钟点；在日本，直到1873年才被废除；在中国，却早在公元前2世纪时就已经废除了这种不等长计时制。

中国人很早就发明了并且使用了一种能指示等长时间的日晷，这种日晷的指针不是垂直于地面，而是与地轴平行。日晷指针与地面的夹角等于所在地的纬度，只有在南北极它才垂直于地面。在地球自转时，日影移动的角度在各个单位时间里都是相等的，在一个平行于地球赤道的晷面上刻上时间刻度，就构成了"赤道钟面式日晷"。这种日晷的发明，为废除不等长的时间系统建立等长时间系统提供了有力的支持。

元代天文学家郭守敬发明了仰仪，它有一个绘了坐标网的半圆的"锅"，锅口上留有水槽，可注水校正水平，边上刻有时辰名，对应着地平圈；球心上设有璇玑板，中心有一小孔；太阳通过小孔成像于坐标网上，据此可以读出太阳的去极度和时角。它除了可以计时外，还可以从它所定出的太阳去极度推算出季节，还可以在不经减光的条件下观察日食。应该说仰仪是球面日晷的原型，仰仪传到朝鲜和日本后，用晷针取代了璇玑板，简化成为球面日晷了。

用日影来计量时间还有一个问题：在阴天和后来被人当作是"日"的一部分的夜晚，就无法用影钟来度量时间了。为了把用日影得来的时间延续到夜晚和阴天，人们想尽了各种方法，这促使了计时工具的发展。

二、千奇百怪的计时工具

僧侣很重视祷告，尤其是晨祷，寺院的钟声常被周围的居民当作时间标准。在没有时钟之前，曾一度用诵经来计时，从日落起一直读到某页某句，就去敲晨钟，做这样的敲钟和尚实在不大舒服。聪明人在蜡烛上刻上记号，看燃点程度来计时，边读书边守时，可谓一举两得；又有"沙漏"计时，在两个容器间设一小孔道，灌上细沙，来回倒置即可计时；中国古代曾用线香计时，取粗细均匀的线香，放在有刻度的架子上，香烧到何处即是何时，还利用线香烧断悬挂小球的棉线，小球掉在响器上，叮当作响，可谓火闹钟。

这些方法都存在着一些问题：敲钟和尚可能会睡觉，读书速度有快有慢；蜡烛有粗有细，气温高时燃烧快，气温低时燃烧慢；沙漏计时时段太短，何况沙子通道会因磨蚀而扩大；线香燃点晴天快、阴天慢。如此等等都使这些方法的实施受到限制，同时这些方法若长期连续实施，不仅耗费巨大，而且误差也很大。从时间系统来看，只能说是度量时段，而不能确定时刻。比如"过了一炷香的时间"可以表达过了多久，但不能表明到底是子时还是丑时。

三、用星星来计时

和其他的恒星一样，太阳也是一颗恒星，既然用它的空间位置可以用来确定时间，不难想象，用其他恒星的空间位置也可以确定时间。事实上在中世纪，欧洲就曾使用过一种叫"夜规"的仪器，这种仪器有一个钟面，将其中心对准北极星，转动时针使它指向某一颗在仪器设计时规定好的恒星，时针就会指出当时的时刻。这样测出来的时刻是恒星时，早期这样的仪器很简单，测出的时刻还很粗略。

地球每年绕太阳以近圆轨道自西向东公转一周，太阳在天球上的投影同时在天空自西向东也转了一周，也就是说，太阳相对于星空的空间位置在生活于地球上的人来看，是时时变化的。离太阳最近的恒星是半人马座的南门二丙星，距离我们约4.2光年（1光年＝946 073 047 2580 800 米），折算成我们较为熟悉的单位就是近40万亿千米，我们居住的地球在公转轨道上相距最远的两个点也不过3亿多千米，两者之比小于1/10万，你不妨在纸上画一毫米长的线段，再从100米外的一个点向这个线段的两个端点引两条直线，你就会明白，从遥远的恒星到地球在公转轨道上的任何一点的光线是可以看作大概互相平行的。

地球绕太阳公转一周需时365.242 2个太阳日，为了简化计算，把地球的公转轨道当作正圆，则每天地球在公转轨道上前进约59′，这就是地球在一个太阳日的自转中比恒星日多转的角度，需时3分56秒，所以一个恒星日比太阳日要短3分56秒。恒星时只与地球自转有关，和地球的公转及其在公转轨道上的位置没有什么关系；恒星时的日、时、分、秒全年等长；恒星日比太阳日短，365.242 2个太阳日等于366.242 2个恒星日。用恒星时来计时没有不同季节、纬度的单位时间长短变化的麻烦，而且它是地球真正的自转运动的表现，所以恒星时对于从事航海、天文、测绘以及对地球自转测定的工作人员非常重要。实际上，恒星日是以子午圈通过春分点的时刻（亦即恒星日的正午）作为起点的，而太阳日始于太阳日的子夜。春分时，太阳钟和恒星钟指示的时刻相差 12 小时，到秋分时，指示的时刻才相同。人类从一开始就以太阳时作为起居、劳作活动的安排依据，不习惯于本来是正午的时刻过了半年之后成了子夜。恒星日不与太阳同步，与人们的生活习惯不合拍，逐渐退出了日常生活的舞台。

四、中国的发明——用漏壶计时

我国早在周朝就已采用了一种称之为"漏壶"的计时仪器（见图 6 – 1），到了春秋战国时代，漏壶的使用已经非常普遍。开始只用一壶，通过考古发掘的最古老的漏壶是西汉时代的单只泄水型漏壶，单只漏壶的漏水速度会随壶内水面下降水压减小而减慢，影响计时精度。为了保持泄水速度的稳定，人们用另一把漏水壶为主漏水壶补水，以保持主壶泄水稳定，再用另一壶接受主壶的泄水，观测受水壶的水量，就可以获得较为准确的时刻，这样的系统叫受水型漏壶。东汉天文学家张衡大约在公元 120 年左右曾使用过有一把补给壶、一把泄水壶、一把受水壶的计时系统；晋代出现了有两把补给壶的三级漏壶；唐初有三把补给壶的四级漏壶；北宋的燕肃发明了莲花漏，采用了溢流原理，有意使上一级补水壶下泄的水稍多于中间壶的泄水量，中间壶设有一孔，多余的水从此孔中漏出，保持了水位的恒定，使受水壶接受的水量恒定，大大提高了莲花漏的计时精度。时间计量远较"火钟""沙钟"的精度高。沈括所制恒定水位型的漏壶，日误差不超过今时的 1 分半钟，他利用这一仪器，发现了真太阳日长度的季节变化，这在 11 世纪时是很了不起的。每逢晴天利用圭表校对漏壶"水钟"，基本上就能解决阴雨天白天不见太阳，晚上不见星星而不知此时是何时的问题了。

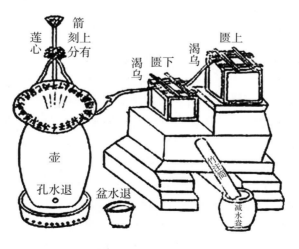

图 6 – 1 漏壶示意图

五、机械时钟的发明和发展

17世纪初，伽利略发现了摆的等时性，并试图将其应用到计时仪器上，可惜美妙的设想只是停留在精致的图样和详细的说明上。荷兰人惠更斯按他的图样和说明制成了第一座完整的摆钟。自此以后，摆钟迅速发展起来（见图6-2）。到18世纪初，一具摆钟每日的误差不超过几秒钟，但人们并不因此而满足。

开始，摆钟的动力是由挂在链条上的悬锤的重力能来提供的，后来改进成由发条来提供动力；进而解决了上发条时钟停走的问题；擒纵机构也由杠杆式改进为叉式；利用一些特殊材料补偿了摆长随气温的变化，使摆钟的走时准确度达到了很高的精度。1889年出现的里弗列尔钟，每日误差不超过1/10秒；1921年问世的雪特钟，日误差不超过1/100秒。这些钟表比起"水钟""火钟""沙钟"要准确得多，但也因为温度的变化而使摆轮游丝和摆杆伸长或缩短，从而使其走时偏慢或偏快，即使

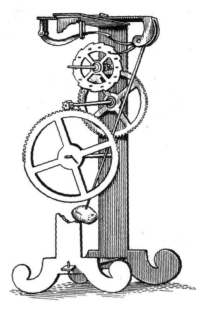

图6-2 摆钟示意图

加上了温度补偿装置，放在地下室继而恒温室里的最好摆钟，每日误差仍有1/1 000秒左右。直到此时，人类掌握的计时工具的校对仍要依靠精密的天文观测，依靠地球运动的等时性来确定各种时间系统，但这已不能满足现代科技所要求的精度。

六、现代计时仪器的发展

电子学的发展使人类需要非常精确的频率标准，频率的测定方法多种多样，但都是测量在一定时间间隔里物质的振动次数。所以，精确的频率标准也就是精确的时间标准。有了这个动力，物理学家和工程师们着了魔似的研制出精度不断提高但总也不能使自己满足的计时仪器。

1. 石英钟

20世纪20年代，科学家发现按一定角度切割下来的石英晶体的振荡频率很稳定，把它应用到计时仪器上，可达到两天只差万分之一秒的水平。1942年，格林尼治天文台启用了第一台石英钟，每天守时精度可达1/1 000秒（1毫秒），几经改进，石英钟的精度达到了1/10毫秒继而接近1微秒的水平。

石英钟把摆钟的精度提高了1 000倍以上，虽然石英晶体的振荡频率仍然会受温度变化的影响，但其准确度放在生活中仍然足够了。但在需要更为精准时间的领域则

注定它是个短命的，到 1967 年，这个令电子工程师自豪不已的宠儿被自己的创造者用更好的替代品——原子钟彻底扼杀了。

2. 原子钟和原子时

20 世纪 50 年代，科学家又利用原子内电子跃迁辐射频率极其稳定的特点，做成了一天只差百万分之一秒（1 微秒）的原子钟，也就是说要 2 700 多年才会误差 1 秒。而且这个精度仍在不断提高，目前时间计量已进入纳秒（1 纳秒 = 10^{-9} 秒）时代，正在向皮秒（1 皮秒 = 10^{-12} 秒）进发。

原子钟有个最大的优点：所有相同的原子的振荡频率完全相同，只要具备了相应的技术条件，世界上任何地方都可以复制出同样计时标准的钟来，而不需要有一个自身都不能保证不出问题的标准钟。在这个基础上，科学家建立了原子时的时间系统，它的基本单位"秒"于 1967 年第十三届国际度量衡大会被规定为铯原子跃迁频率 9 192 631 776 Hz 所经历的时间长度，并规定以 1958 年 1 月 1 日 0 时作为起点。因为原子时的秒长度与现行平太阳时秒长相差 3/100 000 000，数目虽微，积累起来，每年约差 1 秒。为解决这个问题，科学家又设置了"闰秒"，规定现行世界时与原子时两系统之间相差不得超过 0.9 秒，这样建立的时间系统就是"协调时"。

有了这种计时仪器，物理学家向天文学家提出了一个新问题：应不应该取消地球运动作为人类时间计量标准的地位？这就牵涉到地球运动是否稳定的问题了。

3. 原子钟监测地球的运动

1695 年，著名天文学家哈雷发现月球在公转轨道上每世纪往前多跑了 10 弧秒，这个量非常小，以当时的观测手段不可能觉察出来。哈雷是根据当时对月球的观测，反过来推算古代日月食发生的时刻，并将结果与古代日月食实际记录对照，从而发现这个效应的。这个几乎可以忽略不计的量，向牛顿的经典力学提出了挑战：当时的天文学家不能用他们认为可以解释太阳系里一切运动的牛顿的力学体系来解释这个让人既是兴奋又是困惑的问题。就像欧拉和拉格朗日这样伟大的数学家也束手无策。直到 1787 年，大数学家拉普拉斯根据万有引力理论对月球公转的加速做出了解释。他证明其他行星的引力会缓慢地改变地球绕日公转的轨道，太阳对月球的引力减小，月球的公转速度因而加速。问题已经解决，似乎可以松一口气了，但是，成功地预报海王星的那个亚当斯证明，拉普拉斯的理论只能说明月球加速的一半，月球加速运动的另一半来自何方？

天文学家通过观察和思考，提出了一个似乎是较为接近真理的假设。天文学家认为月球加速运动的另一半是由于地球自转减慢造成的。地球自西向东自转，受日月吸引形成的潮峰相对地自东向西运动，在与海底尤其是浅滩和大陆的东岸碰撞摩擦中消耗了能量，有的科学家认为，大概有 3/4 的能量消耗在东白令海，但又有人认为这个值被估计得过高了。甚至还可以考虑上地球的固体潮和地球磁场的作用使地球自转速度减慢，使我们在地球上看去，月球好像在加速。真可谓众说纷纭，莫衷一是。

解释的方式多种多样，客观存在是地球的自转正在减慢，大概是每过 100 年每天增长 1 毫秒，也就是说，地球这个在很长时期中被我们当作时间标准的"钟"，与真正匀速的钟相比，每世纪要慢 20 秒。

此外，还要考虑的是：地球的自转不仅在减慢，而且这个变化不均匀。1870 年，天文学家纽康通过分析近 200 年的月球观测资料，证明月球的视运动并不规则，此外，水星、金星和太阳的视运动也有类似的不规则现象。"如果你看所有的人都犯了错，很可能是自己出了错"。与其说这些天体的视运动不规则，倒不如说这些不规则运动来自于地球的自转。在那时，人类还没有制造出一个比地球自转更为可靠的时钟，正如哈雷所做的那样，把整个太阳系看作是更为准确的"钟"，但谁又能说太阳系这个钟也是很理想的呢？

当人类制造出石英钟尤其是原子钟后。人类就摆脱了地球运动对人类计时的控制，反过来可以更好地监测地球的运动状况了。在精密的计时器出现以后，它的用途扩展到很多领域：无线电通信、测量、导航、卫星定位、导弹发射等，无不要有精确的时间，这大概是古代天文学家所没有想到的吧！

从闰月、闰年到闰秒，其间有一个漫长的历史过程。空间无边无际，时间无始无终，人类认识客观世界也是不断深入的过程，在古人用日晷测时之际，根本不会想到将来会有原子钟；设置闰月继而闰年之时，也没有想到还会闰秒！在即将来临的下世纪，在人类文明发展的漫长岁月里，还有更为精密的仪器等待我们去发明、创造。

提高计时精度的努力促使了计时器的发展以及对天体尤其是月星之间的角距的测定，这种努力直到原子钟和无线电导航系统的建立才告一段落。

第七章 天上的王国——恒星世界

　　每当在晴朗的夜晚，你举目凝望苍穹，在深邃的天幕上，闪烁着无数的星星。有的闪烁银光，有的却闪着金光。它们之间好像存在着看不见的联系，但又可任凭人们的想象，将它们组成不同的图形……这一切都给我们带来无限的遐想，但你可曾想过，这满天的繁星姓什么？叫什么？它们究竟能为地球上的人类做些什么呢？

　　星空灿烂，繁星万点，其间除了肉眼可见的五大行星、流星和彗星外，绝大多数是银河系里的恒星。恒星是质量足够维持核聚变、由引力凝聚成的球形发光等离子体。太阳就是离地球最近的一颗恒星。

　　恒星在星空上的位置看上去亘古不变，古来就称之为恒星。我国古代与太阳相应，称恒星为少阳；与太阴（月亮）相应称五大行星为少阴。

🪐 第一节 星座

　　我国古代将星座称之为星官。早在周朝以前就将全天分为三垣二十八宿，将地上的一套从皇帝到官府的体系搬到了天上。还给天上最亮的恒星取了名字，如天狼星、织女星、河鼓二（牛郎）、南门二、天津四、参宿四、参宿七等。公元前 3000 年左右，巴比伦人就将一些亮星组合起来并冠以特殊的名称，可以说是星座。古希腊人和古罗马人将一些亮星按想象分群，以神话中的人、动物、器物来命名，到公元 2 世纪北天球 48 个星座已大体确定。南天球的星座多在麦哲伦环球航行后逐渐确定下来，星座名称多与航海有关。

　　2 000 多年前希腊的天文学家希巴克斯（公元前 190—公元前 120 年）为标示太阳在黄道上运行的位置，就将黄道带分成十二个区段，以春分点为 0°，自春分点（即黄道零度）算起，每隔 30°为一宫，并以当时各宫内所包含的主要星座来命名，依次为白羊、金牛、双子、巨蟹、狮子、处女、天秤、天蝎、射手、摩羯、水瓶、双鱼等宫，称之为黄道十二宫。古希腊人和古罗马人将人的生日与其相连，当太阳在某一宫运行时出生的人就属于这一宫，长大后则有若干相似的特征，包括行为特质、性格特征等，这就使这些星群人性具体化，渲染上神话的色彩，成为希腊和罗马文化的重要部分。

以此决定一个人的品质当然是无稽之谈，但以自己所属星宫熟悉四周星座，也不失是个方法。

仲夏的天穹上，由北向南延伸着一条乳白色的光带，天文学上称它为银河，在银河的两岸有两颗十分明亮的恒星，我们称它们为牛郎、织女星，在牛郎星的左右还伴有两颗较暗的星星。我国民间传说牛郎和织女曾是一对相亲相爱的夫妻，织女原是天上王母娘娘玉宫中的七位美丽的仙女之一。在一次下凡到人间游玩时，与牛郎相识而结为夫妇，后生有一儿一女，此事触犯了天规，王母娘娘一气之下，用她的玉簪划了一条天河将织女与牛郎和两个孩子相隔，只在每年农历七月初七，让喜鹊飞到天河上搭成鹊桥，织女才得以与牛郎和两个孩子相会。这一美好的故事相传历史悠长，在我国流传甚广。

在秋季晴朗的夜空中，向北天看去，一个挨着一个的是仙王（刻甫斯）星座、仙后（卡西奥佩娅）星座、仙女（安德罗美达）星座，英仙（珀修斯）星座；在英仙和仙女座的南面，还有鲸鱼星座和飞马星座。这一群星座被称为王室星座。

相传古东非国埃塞俄比亚，曾有个名叫刻甫斯的国王，王后叫卡西奥佩娅，他们的独生女安德罗美达公主貌美如花。公主长大后，在埃塞俄比亚再没有比她更美丽的女子了。王后因此而骄傲，得意忘形地夸耀女儿的美貌可与女神相媲美。

天神发怒了，让可怕的灾难降临到埃塞俄比亚：每当夜幕来临，狂风怒吼、雷电轰鸣、暴雨倾泻，海面上波涛翻滚，不时出现吓人的海怪——巨鲸，威胁着要毁灭这个国家。为了平息鲸鱼的暴怒，每天要喂给它一个年青的少女。时间一长，这个贫穷的国家就没有少女了，只剩下了安德罗美达公主。同时还让埃塞俄比亚大旱十年（直到现在，这个国家仍然多旱灾）。

国王向天神祈祷，恳求天神免除对他国家恐怖的惩罚。

"你的请求可以答应"，天神回答说，"但你要将自己钟爱的女儿作为供物喂给鲸鱼。"

国王伤心至极，王后痛哭不已，但他们不得不同女儿诀别。公主被链子锁在海边峭壁上，等待鲸鱼的出现。

辽阔的海水翻起了巨浪，黑色的漩涡在海中升起，从漩涡中出现了可怕的鲸鱼。它张开血盆大口，朝着海边的安德罗美达公主游去。

正在这时，在白色的云海中，无敌英雄珀修斯登着平底飞靴飞奔而来。他刚与蛇发女怪米杜萨进行了一场恶战，她的头上没有头发，只有一圈圈卷曲着的丑恶巨蛇，她的目光能把一切敢于用眼睛看她的人变成石头。在珀修斯与米杜萨的厮杀中，珀修斯不看米杜萨，而是看自己磨得铮亮的盾牌上米杜萨的影像。就这样，珀修斯用智慧战胜了恐怖的蛇发女怪，并砍下了她的头，飞溅起来的米杜萨的血，变成了一匹飞马。

正当珀修斯带着砍下来的米杜萨的头，满怀胜利喜悦，骑着飞马欢快地奔驰时，他忽然看见，在下面，在海边峭壁上，用链条锁着一位美丽的少女，一头可怕的怪物正向少女扑去。

珀修斯立即冲上去，把米杜萨的目光对着鲸鱼的目光。顿时，鲸鱼石化了，变成了一座岩石小岛，任凭海水冲刷。珀修斯解开了安德罗美达，把她送回皇宫。国王惊喜若狂，立即将安德罗美达许配给珀修斯为妻。这件事感动了上天诸神。他们就把前前后后参与这件事的人与物都安置到天上（用于星座名）。

当然，这些都是神话传说。早在远古时代，人们就把恒星划分成各个群，每一个群称它为星座，以后对原有的星座系统加以整理和补充。这些星座多用古代神话中的神名和物品来称呼。尽管这些称呼没有任何科学意义，但有了它们，就可以帮助我们去识别恒星，去了解星空，所以一直保留了下来。

1928 年国际天文联合会议上，决定将全天的恒星划分为 88 个星座。星座之间的界线按赤经赤纬线划分，仍保留古希腊以来的星座名称，用拉丁文字表示，如小熊星座的拉丁文名称为 Ursa Minor，简写为 UMi，这可说是恒星的姓。每个星座中的每一颗星，都有它自己的名字，通常依它的亮度大小用希腊字母、拉丁字母或数字的顺序来表示。某些亮星还有其特有的名称，如我们常说的北极星，它姓小熊，名 α（希腊字母中第一字母）记为 αUMi，我们民间所称呼的织女星是天琴座 α 星，记为 αLyr；牛郎星是天鹰座 α 星，记为 αAql。88 个星座的名称见表 7 - 1，在星图中多用简称名。

表 7 - 1   星座表

简称	拉丁名	中文名	略号	拉丁名	中文名
And	Andromeda	仙女	Lac	Lacerta	蝎虎
Ant	Antlia	唧筒	Leo	Leo	狮子
Aps	Apus	天燕	LMi	LeoMinor	小狮
Aqr	Aquariur	宝瓶	Lep	Lepus	天兔
Aql	Aquila	天鹰	Lib	Libra	天秤
Ara	Ara	天坛	Lup	Lupus	豺狼
Ari	Aries	白羊	Lyn	Lynx	天猫
Aur	Auriga	御夫	Lyr	Lyra	天琴
Boo	Bobtes	牧夫	Men	Mensa	山案
Cae	Caelum	雕具	Mic	Microscopium	显微镜
Cam	Camclopardalis	鹿豹	Mon	Monoceros	麒麟

中学生天文基础知识手册

续上表

简称	拉丁名	中文名	略号	拉丁名	中文名
Cnc	Cancer	巨蟹	Mus	Musca	苍蝇
CVn	Canes Venatici	猎犬	Nor	Norma	矩尺
CMa	Canis Major	大犬	Oct	Octans	南极
CMi	Canis Minor	小犬	Oph	Ophiuchus	蛇夫
Cap	Capticornus	摩羯	Ori	Orion	猎户
Car	Carina	船底	Pav	Pavo	孔雀
Cas	CaS siopeia	仙后	Peg	Pegasus	飞马
Cen	Centaurus	半人马	Per	Perseus	英仙
Cep	Cepheus	仙王	Phe	Phoenix	凤凰
Cet	Cetus	鲸鱼	Pic	Pictor	绘架
Cha	Chamaeleon	蝘蜓	Psc	Pisces	双鱼
Cir	Circinus	圆规	PsA	Piscis Australis	南鱼
Col	Columba	天鸽	Pup	Puppis	船尾
Com	Coma Bereinces	后发	Pyx	Pyxis	罗盘
CrA	Corona ustralis	南冕	Ret	Reticulum	网罟
CrB	Corona Borealis	北冕	Sge	Sagitta	天箭
Crv	Corvus	乌鸦	Sgr	Sagittarius	人马
Crt	Crater	巨爵	Sco	Scorpius	天蝎
Cru	Crux	南十字	Scl	Sciulptor	玉夫
Cyg	Cygnus	天鹅	Sct	Scutum	盾牌
Del	Delphinus	海豚	Ser	Serpens	巨蛇
Dor	Dorado	剑鱼	Sex	Sextans	六分仪
Dra	Draco	天龙	Tau	Taurus	金牛
Equ	Equuleus	小马	Tel	Telescopium	望远镜
Eri	Eridanus	波江	Tri	Triangulum	三角
For	Fornax	天炉	TrA	Triangulum Australe	南三角
Gem	Gemini	双子	Tuc	Tucana	杜鹃

续上表

简称	拉丁名	中文名	略号	拉丁名	中文名
Gru	Grus	天鹤	UMa	Ursa Major	大熊
Her	Hercules	武仙	UMi	Ursa Minor	小熊
Hor	Horologium	时钟	Vel	Vela	船帆
Hya	Hydra	长蛇	Vir	Virgo	室女
Hyi	Hydrus	水蛇	Vol	Volans	飞鱼
Ind	Indus	印第安	Vul	Vulpecula	狐狸

全天肉眼可见的星星大约有五六千颗。它们就像熠熠发光的钻石一样，镶嵌在黑色天鹅绒似的球形天幕上，从我们的头顶，一直洒落到四周的地平线上。通过星座来寻找星星，虽然具有趣味而且易于掌握，但对需要给全天肉眼可见的星乃至肉眼不可见的星星进行精确定位，就很不方便了，这就需要引进天球坐标系统来解决。

第二节　恒星的亮度和光度

一、恒星的亮度

恒星的温度、亮度与我们的远近距离各不相同，有亮有暗。最容易受人注意且易分辨的是亮度。

早在公元前 2 世纪，古希腊天文学家喜帕恰斯编制有 1 022 颗恒星的星表时，曾按亮度把恒星分为 6 个等级，他把最亮的 20 颗恒星定为 1 等星，星等数越大，表示星的亮度越暗，如一等星比二等星亮。在晴朗无月的夜晚且没有灯光影响下，通常肉眼能看到最暗的星等为 6 等星。

1603 年，德国天文学家贝耶耳出版了一本星表，他用 24 个希腊字母标明星座中各个恒星的亮度，星座中最亮的星定名为 α 星，第二亮的星为 β 星，依次按亮度依次以 γ、δ、ε……名之，字母用完后则以数字编号，如猎户座 81 星、飞马座 105 星等。

早先星等的这种划分比较粗略。天文学家规定并明确：肉眼所见的为视亮度，它与恒星自身的发光本领以及离我们的远近有关，是地球上的受光强度（规范地说是照度）或恒星的明暗程度。近现代有了光度计后，我们就能够对星等的划分有了定量的依据了。天文学家发现，1 等星是 6 等星亮度的 100 倍，以 E_1 和 E_6 分别表示 1 等星和 6 等星的照度，则有：

$$E_1/E_6 = 100 = \rho^{6-1}$$

由上式可求得 $\rho = 100^{-5} = 2.512$，也就是说，星等相差一等，其亮度之比为 2.512，天文学家根据上述关系建立了星等（以 m 表示）和亮度（以 E 表示）之间的关系：

$$E_1/E_2 = (2.512)\ m_2 - m_1 \quad 即\ m_1 - m_2 = -2.5\ lg\ (E_1/E_2)$$

此式为普森公式，它表示任意两颗恒星亮度与星等之间的换算关系。后来利用望远镜和照相术更精确地确定星等，开始用小数和负数来表示星等，亮于 1 等星的向 0 等以致负数方向扩展。如牛郎星（αAql）的视星等为 0.9 等，全天最亮的天狼星（αCMa）的视星等为 -1.46 等，满月的视星等约为 -12.7 等，而太阳的视星等是 -26.78 等。天狼星与太阳相比，视星等相差约 25 等，相当于太阳比天狼星亮 100 亿倍。人们肉眼所能看到的星星，只有 6 000 多颗，而目前世界上强大的天文望远镜，用照相的方法，可以发现暗到 23 等的星，观测到的恒星总数已经在 100 亿颗以上。

二、恒星的光度（绝对亮度）

恒星的光度表示恒星本身的发光强度，用标准距离（10 秒差距）下的恒星的亮度表示。对应的星等称绝对星等。恒星亮度（视星等 m）、光度与距离（d）的关系：

$$M（绝对星等）= m + 5 - 5\ lg d$$

光亮和亮度是两个不同的概念。由于距离上的巨大差别，光度很大的恒星，未必很亮；看上去很亮的星，未必光度很大。织女星看起来是一颗亮星，其亮度只有太阳的五百亿分之一，然而它的光度，却是太阳的 48 倍。天狼星是夜空最亮的星，它的亮度是织女星的 4.5 倍，而它的光度只是织女星的一半。原因很简单，天狼星距地球近，只有 8.7 光年，织女星却有 27 光年。太阳的绝对星等是 4.83 等，这就是说，把太阳放到距地球 10 秒差距的地方，它就是一个不起眼的星点了。恒星世界中，光度差别是极其巨大的，有的大到太阳的几十万倍，有的则小到太阳的几十万分之一。恒星光度的大小，同它们的体积有关。天文学上把光度小的恒星叫矮星，光度大的叫巨星，光度特大的叫超巨星。

全天最亮的 21 颗恒星，详见表 7-2。

表 7-2　全天最亮的 21 颗恒星

序号	中文名	国际星名	国际俗称	所在星座	目视视星等	目视绝对星等	光谱型
1	天狼	αCMa	Sirius	大犬座	-1.46	1.41	A1
2	老人	αCar	Canopus	船底座	-0.73	0.16	FO
3	南门二	αCen	Rigil	半人马座	-0.27	4.3	G2
4	大角	αBoo	Arcturus	牧夫座	-0.06	-0.2	K3

续上表

序号	中文名	国际星名	国际俗称	所在星座	目视视星等	目视绝对星等	光谱型
5	织女一	αLyr	Vega	天琴座	0.04	0.5	A0
6	五车二	αAur	Capella	御夫座	0.08	−0.6	G8
7	参宿七	βOri	Rigel	猎户座	0.11	−7.0	B8
8	南河三	αCMi	Procyon	小犬座	0.35	2.65	F5
9	水委一	αEri	Achernar	波江座	0.48	−2.2	B5
10	马腹一	βCen	Agena	半人马座	0.6	−5.0	B1
11	河鼓二	αAgl	Altair	天鹰座	0.77	2.3	A7
12	参宿四	αOri	Betelgeuse	猎户座	0.80	−6.0	M2
13	毕宿五	αTau	Aldebaran	金牛座	0.85	−0.7	K5
14	十字架二	αCru	Acrux	南十字座	0.9	−3.5	B2
15	角宿一	αVir	Spica	室女座	0.96	−3.4	B1
16	心宿二	αSco	Antares	天蝎座	1.08	−4.7	M1
17	北河三	αGem	Pollux	双子座	1.15	0.95	K0
18	北落师门	αPsA	Formalhaut	南鱼座	1.16	0.08	A3
19	十字架三	βCru	Mimosa	南十字座	1.24	−4.7	B0
20	天津四	αCrg	Deneb	天鹅座	1.25	−7.3	A2
21	轩辕十四	αLeo	Reglus	狮子座	1.35	−0.6	B7

三、恒星的光谱光度分类

依据光谱和光度的不同对恒星进行二元分类。

根据维恩定律，恒星温度越高，峰值波长越短。可见光的波长范围为0.4微米到0.75微米，光谱依次为紫靛蓝绿黄橙红，颜色其实就是温度的表现。

目前所用的恒星分类系统是根据恒星光谱的差异，以不同的单一字母来表示类型，O型是温度最高的，到了M型，温度已经低至分子可能存在于恒星的大气层内（详见表7-3）。依据温度由高至低，主要的光谱类型为：O、B、A、F、G、K和M。

各种各样罕见的光谱类型还有特殊的分类。最常见的特殊类型是L和T，是温度最低的低质量恒星和棕矮星。每个字母还以数字从0至9，以温度递减再分为10个细分类。极端高温的恒星极其少见。

表 7 - 3　光谱类型对应的表面温度及颜色

光谱类型	表面温度/K	颜色
O	60 000 ~ 30 000	蓝
B	30 000 ~ 10 000	蓝白
A	10 000 ~ 7 500	白
F	7 500 ~ 6 000	黄白
G	6 000 ~ 5 000	黄
K	5 000 ~ 3 500	橙黄
M	3 500 ~ 2 000	红

　　另一方面，也可以根据光度再分类，这对应到它们在空间的大小和表面的重力。它们的范围从 0（超巨星）经过 III（巨星）到 V（主序带矮星）和 VII（白矮星）。大部分的恒星都处于主序带阶段，这是在绝对星等和光谱图（赫罗图）的对角线上窄而长的范围，包含在其中的都是进行氢燃烧的恒星。我们的太阳是主序带上分类为 G2V 的黄色矮星，是一般平常的大小和温度中等的恒星。太阳被作为恒星的典型样本，并非因为它很特别，只因它是离我们最近的恒星，我们研究得比较多而已。我们常以太阳作为一个单位来描述其他恒星的特征以利于比较。

　　附加于光谱类型之后的小写字母可以显示出光谱的特殊性质。例如，"e"表示有发射谱线，"m"代表金属的强度异常，"var"意味着光谱的类型会改变。白矮星有自己专属的分类，均以字母 D 为首，再依据光谱中最明显的谱线特征细分为 DA、DB、DC、DO、DZ、和 DQ，还可以附随一个依据温度索引的数值。

第三节　恒星的距离、大小、质量和密度

一、恒星的距离

　　太阳与地球的距离约为 1.496 亿千米，这是距离地球最近的恒星了。除太阳外，半人马座 α（中文名南门二，由三颗恒星组成）中的丙星离我们最近，距离太阳约为 4.24 光年。

　　最早用来测定恒星距离的方法：伸出一只手，竖起大拇指，闭上一只眼睛，再闭上另一只眼睛，你会发现大拇指相对于背景的位置会不同，这就是视差，用几何的方

法可以计算出手指与眼睛的距离。在地球上相隔半年的两个位置距离约为 3 亿千米，在这两个位置测定同一颗恒星，可得此恒星的视差。

如图，天文学家以日地平均距离 a 为基线，将角 π 定为恒星的周年视差，图中 r 即为恒星距离。不难看出，周年视差 π 与 r 的关系为 $\sin\pi = a/r$，除太阳外，其他恒星的 π 都小于 1 角秒，故可用其弧度数代替正弦，即 $r = a/\pi$（弧度）。如周年视差 π 以角秒表示，通常记为 π''，$\pi'' = 206\ 265 \times a/r$，因为 1 弧度 = 206 265 角秒，如以天文单位（日地平均距离，记作 AU）作为长度单位，则恒星距离可表示为：$r = 206\ 265/\pi''$ 天文单位。

实际上，度量恒星距离多以光年为单位，在恒星距离较大时，多用秒差距来度量。天文学家将周年视差 $\pi'' = 1''$ 时所对应的距离称为一个秒差距。

1 秒差距 = 3.26 163 光年 = 206 265 天文单位。

恒星距离以秒差距为单位，则有：$r = 1/\pi''$ 秒差距。

若以光年为单位，则有：$r = 3.261\ 63/\pi''$ 光年，即 1 秒差距 = 3.261 63 光年。

天文史上首次测定恒星周年视差的是俄国的斯特鲁维和德国的贝塞尔等。至今，天文学家在地球上已测定了近万颗恒星的周年视差，对于 100 秒差距以上的恒星距离，就要用其他方法测定了，如通过变星的周光关系来测算。

二、恒星的大小、质量和密度

1. 恒星的大小

恒星的大小多用角直径来度量，但由于恒星距离我们非常遥远，在天文望远镜中只是一个亮点，不可能用测量角直径的方法来确定恒星的大小，这也正是区分恒星和行星、卫星、小行星以及彗星的一种方法。

1920 年，美国物理学家迈克尔逊用双光束干涉原理，设计了一架恒星干涉仪，用来测定恒星角直径和双星角距离。美国威尔逊天文台在 20 世纪 50 年代首先用干涉法测得几颗恒星的角直径。对于体积较小距离遥远的恒星，天文学家将恒星视作绝对黑体，根据斯忒潘—波尔兹曼定律，可得光度公式：

$$L = 4\pi R^2 \sigma T^4$$

式中 σ 为玻尔兹曼常数。通过测定恒星的光度 L 和温度 T，可间接地得到恒星的半径 R。

恒星的角直径非常小，最大的也不过 $0.05''$。观测结果表明，恒星的大小差别很大，例如参宿四的半径是太阳的 900 倍，心宿二的半径在太阳的 680 ~ 800 倍之间变化。

2. 恒星的质量和密度

测定恒星质量非常困难。除太阳外，目前只能对某些恒星的质量进行测量。通过测量它们的运动周期和轨道半长径，应用开普勒第三定律求出它们的质量。通过大量

恒星质量的测定，天文学家发现了一个重要的规律：恒星质量越大，其光度越强。这就是质光关系，据此可近似确定单个恒星的质量，这个方法只适用于主星系的恒星，对变星不适用。以 $M_\odot$ 为太阳质量，绝大多数恒星的质量在 $0.08 \sim 65\ M_\odot$ 之间。一般认为，小于 $0.07\ M_\odot$ 的不能发生核聚变反应，不能成为恒星，大于 $65\ M_\odot$ 的则不稳定，核聚变反应剧烈，会经常爆发抛出大量质量，直到稳定为止。

恒星的密度可通过已知的体积和质量推算出来。恒星的平均质量差别很大，在恒星中处中等地位的太阳，平均密度只有 1.4；白矮星如天狼伴星的平均密度为 1.75；红超巨星如参宿四的平均密度只有 0.000 1；红巨星心宿二的平均密度只有太阳的百万分之一；而中子星的密度却高达 10^{15}。

🪐 第四节　恒星的运动与演化

一、恒星的运动

恒星并不"恒"，相对于太阳也有运动。

1718 年，英国天文学家哈雷将他所测定的一些恒星位置与 1 000 多年前的喜帕恰斯和托勒密的星图位置做比较，发现这些恒星的位置有明显的变化。恒星在天球上的运动，叫恒星的自行，单位为角秒/年。迄今为止，天文学家已经测定了约 30 万颗恒星的自行。通过这种大规模的测定，天文学家发现，太阳正带着它的"一家人"大约以 19.7 km/s 的速度向武仙座一个点（向点：赤经 $\alpha = 270°$，赤纬 $\delta = +30°$）运动，因为以这个点为中心，四周的恒星呈辐散状。

恒星也有自转，不同类型的恒星自转速度也有不同。

恒星是个炽热的气体球，自转的时候，也存在着较差自转现象：赤道处自转快些，极区要慢些。通过对太阳黑子的观测，我们知道在太阳赤道上大概 25 日自转一周，而极区大概要 37 日。

二、恒星的演化

1. 恒星的孕育—从星胎到原恒星

浩瀚的宇宙弥漫着星际气体和尘埃物质。它们的密度非常小，星际气体的温度约 $10 \sim 100$ K，密度约 $10^{-24} \sim 10^{-23}$ g/cm^3，相当于 1 cm^3 中有 $1 \sim 10$ 个氢原子。由于体积巨大，氢原子的数量非常巨大。

宇宙之中星际气体和尘埃的分布不可能是均匀的，通常是成块地出现，形成弥漫的星云。较为密集的物质团容易形成一个引力中心，会使物质不断密集。星际物质越密集，引力也就越大，物质就以更快的速度聚集，因而逐渐形成一个巨大的星云。星云里3/4质量的物质是氢，处于电中性或电离态，其余的是氦以及极少数比氦更重的元素。在星云的某些区域还存在气态化合物分子，如氢分子、一氧化碳分子等。如果星云里包含的物质足够多，那么它在动力学上就是不稳定的。在外界扰动的影响下，星云会向内收缩并分裂成许多更小的星云，小星云从周围吸引更多的气体和尘埃。经过多次的分裂和收缩，逐渐在团块中心形成致密的核。引力使这些气体和尘埃加剧收缩，温度和密度迅速升高，逐渐形成原恒星的星胎。

2. 婴儿星—原恒星

星胎形成以后并不稳定，庞大的球状体并不能支撑物质向中心收缩，此时星胎的增温能量主要来自于引力能，当温度升高到2 000 K时，一部分氢分子分解成氢原子，导致中心核不稳定，再次发生塌缩，形成一个新核，这就是原恒星。

在原恒星中并无热核反应，外部物质向原恒星中心继续收缩，反应逐渐加剧，中心温度迅速升高，开始闪烁发光。此时还未发生热核反应，它向外辐射的能量是外部物质下落释放的引力能转变成的，能量的转移靠对流传递，其内部尚未达到流体静力学平衡，内表面也要承受外部物质下落造成的压力。

天文学家用红外方法观测到猎户座星云的星际气体和尘埃物质中有大量密集的蓝色高光度的年轻恒星，在那里发现了一个直径约为太阳1 500倍的发出强红外辐射的"婴儿星"——原恒星，并发现在人马座星云后面隐藏的一片厚尘星云中有新生的恒星刚刚诞生，这些刚刚诞生、开始闪烁发光的星星就是原恒星。

3. 少年星—主序前星

主序前星内部温度较低，约为3 000～5 000 K，在此温度下尚不能发生热核反应。恒星的能源主要是靠引力能的释放，一部分用以维持向外的辐射，另一部分用以增加内部的热能，使内部的温度不断升高，物质处于完全对流状态。恒星由此逐步演化到零龄主星序。

不同质量的主序前星演化成零龄主星序所需的时间也不同，详见表7-4。

表7-4 不同质量的主序前星演化成零龄主星序所需的时间

恒星质量/太阳质量	光谱型	到达零龄主星序的年龄/万年
30	O6	3
10	B3	30
4	B8	100
2	A4	800
1	G2	3 000
0.5	K8	10 000
0.2	M5	100 000

4. 青、壮年星—主序星

当主序前星内部的温度升高到 1 500 万 K 时，氢聚变为氦的热核反应开始全面发生，自此恒星进入青年时期。当恒星内部的辐射压力和气体压力增高到足以与引力相抗衡时，恒星不再收缩，成了青壮年的主序星。这是恒星一生中最辉煌、活力最充沛的时期。我们观测到的恒星中，90%以上是主序星。在恒星的一生中，停留在主星序阶段时间的长短取决于它的质量（详见表 7 - 5）。质量越大的恒星内部压力与温度越高，热核反应越剧烈，燃料消耗得越快，青壮年期也就越短。

表 7 - 5　恒星停留在主星序阶段时间

恒星质量/太阳质量	表面温度 K	光度/太阳光度	在主星序的寿命/百万年
25	35 000	80 000	3
15	30 000	10 000	15
3	11 000	60	500
1.5	7 000	5	3 000
1.0	6 000	1	10 000
0.75	5 000	0.5	15 000
0.5	4 000	0.03	200 000

5. 老年星—红巨星

随着氢逐步消耗，反应区向外推移，恒星开始走下坡路，直至中心区的氢几乎燃烧耗尽，变成一个氦核，热核反应停止。此时，恒星的辐射压力与气体压力减小直至消失，外层的物质在引力的作用下向核心挤压，压力增大，温度升高，核心区外的壳层温度达到 10^7 K 时，壳层的氢被点燃，推动外层受热膨胀，使恒星的体积很快增大上千倍以上，表面温度下降。此时恒星离开了主星序，演化为主序后星。

此后，壳层的氢继续燃烧，核心区继续收缩，温度也随之增高，当温度达到 10^8 K 时，核心的氦开始点燃，开始了氦聚变为碳的核反应。核心的氦和壳层的氢的燃烧使包层继续膨胀，体积继续增大，表面温度降到 3 000 ~ 4 000 K。离开主星序约 5 亿年后，由于恒星的体积增大，恒星的光度也随之增加，大约增加 1 000 倍，有效温度约为 3 000 K，半径可达太阳半径的数百倍，从而形成体积庞大的红巨星。一般红巨星的光度是太阳的几十倍、几百倍甚至几十万倍。

一颗恒星变成红巨星，标志着它已进入暮年时期，成为老年星。红巨星得到充分演化时，氦原子核又会进一步聚变成碳原子核，然后依次聚变成氧、硅，直至最稳定的元素为止。在铁核形成以前，各级聚变释放出能量虽不及氢聚变成氦那样大，却足以维持恒星发光发热。然而从铁核中就不可能再获得能量了，至此恒星的一生就走到尽头了。如果恒星的质量较小，其核心的聚变就不可能生成铁。图 7 - 1 为聚变过程。

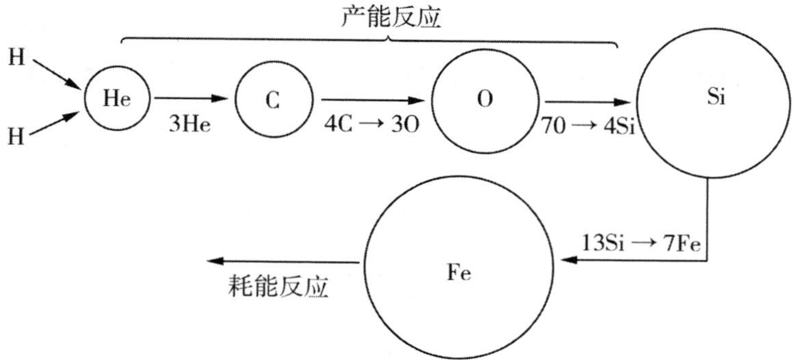

图 7 - 1　聚变过程

以上的聚变越到后面聚变能越少，但都是放能聚变。铁也可继续聚变，但属于吸能聚变。宇宙中比铁重的元素应该是从产生大量能量如大爆炸的过程中产生的。

6. 更年期恒星——脉动变星

一些质量较大的恒星，氦核温度升高到聚变点时，会发生"氦闪"现象，因而成为不稳定的星。当红巨星的内部变得太热，向外的辐射压力大于自身的引力时，星体就会膨胀，同时星体也就变冷，向外的辐射压力和大气压力逐渐减小，膨胀减慢；当膨胀停止时，温度已变得太低，向外的辐射压力和大气压力小于自身的引力时，又会出现收缩。恒星如此周而复始地膨胀又收缩，出现脉动，科学家所观测到的脉动变星，质量越大，脉动周期越长。对于距离遥远的恒星，用视差法也难以测定距离，可根据这种质量—脉动周期的关系，大致判断恒星的质量，再从质光关系判定其光度，再从亮度判断其距离。

7. 走向死亡，归宿不同

恒星在演化过程中，都要损失一部分质量，然后走向不同的归宿。观察事实和理论计算都证明，剩余质量大于 8 倍太阳质量的恒星，在结束生命时会产生大爆发，其星体会发生灾难性的大塌缩，外壳物质被抛向四面八方，核心形成致密星。质量较小的恒星虽不能发生大爆炸，但也会在后期脉动过程中，外层与核心分开并逐渐扩散成行星状星云，在中心区也会形成致密星。

恒星在引力塌缩后形成何种致密星取决于剩余质量的大小。详见表 7 - 6。

表 7 - 6　恒星在引力塌缩后的演化情况

恒星质量	0. 1~8 M$_\odot$	8~25 M$_\odot$	≥25 M$_\odot$
演化第一阶段	主序星	主序星	主序星
演化第二阶段	红巨星	红巨星	红巨星

续上表

恒星质量	0.1~8 M⊙	8~25 M⊙	≥25 M⊙
演化第三阶段	行星状星云	超新星	超新星
演化第四阶段	白矮星	中子星	黑洞
演化第五阶段	新星	—	—
演化最终阶段	黑矮星	—	—
剩余质量	≤1.4 M⊙	1.4 M⊙~2.5 M⊙	≥2.5 M⊙

第五节　赫罗图提示的恒星演化规律

　　赫罗图（Hertzsprung-Russel diagram，简写为 H-R diagram）是丹麦天文学家赫茨普龙及美国天文学家罗素分别于 1911 年和 1913 年各自独立提出的，故以两位天文学家的名字来命名。赫罗图（见图 7-2）是恒星的光谱类型与光度之关系图，赫罗图的纵轴是光度与绝对星等，由下向上递增；而横轴则是光谱类型及恒星的表面温度，从左向右递减。赫罗图不仅能给各类型恒星以特定的位置，而且能显示出它们各自的演化过程，是研究恒星必不可少的重要手段之一。

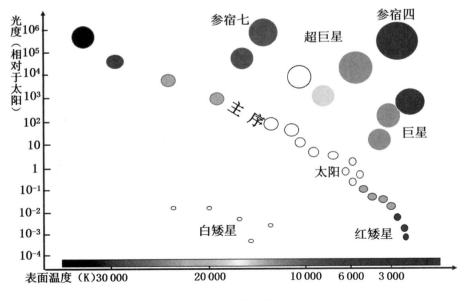

图 7-2　赫罗图

赫罗图可显示恒星的演化过程，大约90%的恒星位于赫罗图左上角至右下角的带状上，这条线称为主星序带。位于主星序带上的恒星称为主序星。形成恒星的分子云是位于图中极右的区域，但随着分子云开始收缩，其温度开始上升，会慢慢移向主星序带（从星胎到原恒星）。恒星临终时会离开主星序带，恒星会往右上方移动，这里是红巨星及红超巨星的区域，都是表面温度低而光度高的恒星。经过红巨星但未发生超新星爆炸的恒星会越过主序带移向左下方，这里是表面温度高而光度低的区域，是白矮星的所在区域，接着会因为能量的损失，渐渐变暗成为黑矮星（走向死亡，归宿不同）。

在通俗的简化的分类中，前者可由恒星的颜色区分，后者则大致分为"巨星"和"矮星"，比如太阳是一颗"黄矮星"，常见的名称还有"蓝巨星"和"红巨星"等。

所以天文学家可以由恒星的光谱得知恒星的性质。恒星通常是在星际气体中诞生的。在宇宙中，当星际气体的密度增加到一定程度时，由于其内部引力的增长大于气体压力的增长，这团气体云就开始收缩。这样的倾向一开始，其自身引力使巨量物质的密度普遍增大。巨大质量的星际物质开始变得不稳定。这些巨量的星际气体与尘埃坍缩进行得越来越迅猛，开始分裂形成较小的云团，密度也增大了许多。这些较小的云团最终将各自成为一颗恒星。由于星际物质的质量非常巨大，通常在太阳的一万倍以上，所以恒星总是一下子一大批地降生。

如果有一团星际气体超过通常的星际物质（每立方厘米1个氢原子）的密度，达到每立方厘米60 000个氢原子，开始时这团气体是透光的，发出的光热辐射不受周围物质的牵制，畅行无阻地传到外面。物质以自由落体的形式落到中心，在中心区积聚起来。本来质量均匀分布的一团物质，变成了越往里密度越大的气体球。随着密度的增大，中心附近的重力加速度越来越大，内部区域物质的运动速度的增长表现得最为突出。开始几乎所有的氢以分子的形式存在，气体的温度也很低，总不见升高，这是因为它仍然过于稀薄，一切辐射都能往外穿透，溃缩着的气体球受到的加热作用并不显著。经历几十万年后，中心区的密度逐渐变大，在那里，气体对于辐射来说变得不透明了。这时核心便开始升温，随着温度的上升，压力开始变大，坍缩逐渐停止。这个特密中心区的半径通常和木星轨道半径相近，而它所含的质量只及整个坍缩过程中涉及的全部物质的5%。物质不断落到内部的小核上，它带来的能量在物质撞击到核心上时又成为辐射而放出。与此同时，核心在不断缩小，并变得越来越热。

温度达到2 000 K左右时，氢分子开始分解成为原子。核心开始再度收缩，收缩时释放出的能量将把所有氢分子都分解为原子。这个新生的核心比今天的太阳稍大一些，不断向中心落下的外围物质最终都要落到这个核心上，一颗质量和太阳一样的恒星就要诞生了。

人们将这样的天体称为"原恒星"，它的辐射消耗主要由下落到它上面的物质的能量来补充。由于密度和温度在升高，原子渐渐地丢失了它们的外层电子。落下的气体和尘埃形成了厚厚的外壳，使光无法穿透。直至越来越多的下落物质和核心连成一体时，外壳才透光，发光的星体突然露出来。其余的云团物质还在不断向它落下，密度还在不断增大，内部温度也在上升。直至中心温度达到 1 000 万度发生聚变。一颗原始的恒星诞生了。

恒星的一生是这样的：首先，在一片巨大的星云中，一些气体由于万有引力的作用开始聚集在一起，这些气体越聚越大，最后这些气体内部的压力与温度如此之热，以至于开始进行核聚变反应，放出大量的能量，这时恒心内部核聚变能量不断向外扩张，万有引力又使得恒心要继续收缩，当核聚变的能量向外扩张的力与万有引力的向内收缩的力达到平衡时，恒星就进入了稳定期，太阳就处在这个期内。然后，过了几十亿年后，恒星的热核燃料逐渐用光，这时万有引力就战胜了核聚变的扩张力，使得恒星继续收缩，进而使内部的温度与压力再次升高，当升高到一定值后，使得氢元素在核聚变后的产生物（主要是氦元素、碳元素、氧元素）也开始进行核聚变，这时放出的能量要比氢元素核聚变放出的能量大得多，使得核聚变的扩张力一下子大于万有引力，这时恒星便会一下子膨胀上百万倍，变成一颗红巨星。最后，又过了十几亿年，氦元素、碳元素、氧元素也没了，恒星就在万有引力的作用下开始收缩，如果这时该恒星质量≥2.5 M$_\odot$的话，该恒星就会在引力的作用下无限向内坍缩，形成一个体积无限小，密度质量无限大的奇点①，奇点的时空曲率无限大，使得光也不能跑出该奇点，这就使得该奇点无法被我们看到，这就形成了黑洞。

大质量恒星的死亡经过一系列核反应后，形成重元素在内、轻元素在外的洋葱状结构，其核心主要由铁核构成。此后的核反应无法提供恒星的能源，铁核开始向内坍塌，而外层星体则被炸裂向外抛射。爆发时光度可能突增到太阳光度的上百亿倍，甚至达到整个银河系的总光度，这种爆发叫作超新星爆发。超新星爆发后，恒星的外层解体为向外膨胀的星云，中心遗留一颗高密天体。金牛座里著名的蟹状星云就是公元1054 年超新星爆发的遗迹。超新星爆发的时间虽短不及 1 秒，瞬时温度却高达万亿 K，其影响更是巨大。超新星爆发对于星际物质的化学成分有关键影响，这些物质又是建造下一代恒星的原材料。超新星爆发时，爆发与坍塌同时进行，坍塌作用使核心处的物质压缩得更为密实。理论分析证明，电子简并态不足以抗住大坍塌和大爆炸的异常高压，处在这么巨大压力下的物质，电子都被挤压到与质子结合成为中子简并态，密度达到 10 亿吨/立方厘米。由这种物质构成的天体叫作中子星。一颗与太阳质量相同的中子星半径只有大约 10 千米。从理论上推算，中子星也有质量上限，最大不能超过大约 3 倍太阳质量。如果在超新星爆发后核心剩余物质还超过大约 3 倍太阳质量，中子简并态也抗不住所受的压力，只能继续坍缩下去。最后这团物质收缩到很小的时候，在它附近的引力就大到足以使运动最快的光子也无法摆脱它的束缚。因为光速是现知任何物质运动速度的极限，连光子都无法摆脱的天体必然能束缚住任何物质，所以这

---

① 无限小且不实际存在的"点"。

个天体不可能向外界发出任何信息，而且外界对它探测所用的任何媒介包括光子在内，一贴近它就不可避免地被它吸进去。它本身不发光并吞下包括辐射在内的一切物质，就像一个漆黑的无底洞，所以这种特殊的天体就被称为黑洞。黑洞有很多奇特的性质，对黑洞的研究在当代天文学及物理学中有重大的意义。科学家发现，在木星和土星的表面散放出来的能量比它们所吸收的能量要多，这就意味着木星和土星也可以发光，只是它们发出的是远红外线而不是可见光而已。

第八章　太阳系

太阳系是地球的家，太阳（国际通用符号☉）的质量约占太阳系总质量的99.86%，太阳是太阳系的中心天体。除此之外，还有八大行星：水星、金星、地球、火星、木星、土星、天王星、海王星，以及它们携带的卫星；以阋神星（太阳系里个头排第十七）、冥王星（太阳系里个头排第十八）、谷神星、鸟神星、妊神星为主的矮行星；外海王星天体；主要栖身于柯伊伯带内的小行星；主要来自于奥尔特云的彗星；流星体和行星际物质，它们都围绕着太阳公转，而太阳则围绕着银河系的中心公转。

第一节　太阳

对于人类来说，光辉的太阳无疑是宇宙中最重要的天体。万物生长靠太阳，没有太阳，地球上就不可能有姿态万千的生命现象，当然也不会孕育出作为智能生物的人类。太阳给人们以光明和温暖，它带来了日夜和季节的轮回，左右着地球冷暖的变化，为地球生命提供了各种形式的能源。

清晨，当太阳把万丈金光洒向大地时，一种蓬勃向上的激情，就会油然而生。看到这个充满生机的世界，人们不能不热爱和赞美赐予我们生命和力量的万物主宰——太阳。

在人类历史上，太阳一直是许多人顶礼膜拜的对象。中华民族的先民把自己的祖先炎帝尊为太阳神。而在绚丽多彩的古希腊神话中，太阳神则是宙斯（万神之王）的儿子阿波罗。他右手握着七弦琴，左手托着象征太阳的金球，让光明普照大地，把温暖送到人间，是万民景仰的神灵。在天文学中，太阳的符号"☉"和我们的象形字"日"十分相似，它象征着宇宙之卵。

在银河系内一千多亿颗恒星中，太阳只是普通的一员，在广袤浩瀚的繁星世界里，太阳的亮度、大小和物质密度都处于中等水平，是一颗黄色 G2 型矮星。只是因为它离地球最近，所以看上去是天空中最大最亮的天体。其他恒星离我们都非常遥远，即使是最近的恒星，也比太阳远 27 万倍，看上去只是一个闪烁的光点。

太阳的年龄约为 46 亿年，它还可以继续燃烧约 50 亿年。在其存在的最后阶段，太阳中的氢将转变成重元素（理论上太阳最后核聚变反应产生的物质是铁和铜等金属），太阳的体积也将开始不断膨胀，直至将地球吞没。再经过 1 亿年的红巨星阶段后，太阳将突然坍缩成一颗白矮星—所有恒星存在的最后阶段。再经历几万亿年，它将最终完全冷却。

一、太阳外观

太阳是一个炽热的气体（严格说是等离子体）球。天文学家根据开普勒行星运动第三定律，利用地球的质量和它环绕太阳运转的轨道半径及周期，可以推算出太阳的质量约为 1.989 1×30 千克，这个质量约是地球的 33 万倍。但是，即使这样一个庞然大物，在茫茫宇宙之中，却也不过只是一颗质量中等的普通恒星而已。

太阳半径为 696 295 千米（约为地球的 109 倍），体积大约是地球的 130 万倍；由太阳的体积和质量，可以计算出太阳平均密度：1.409 克/每立方厘米，但这一平均密度隐含着很宽的密度范围，从超高密的核心到稀薄的外层。采用核聚变的方式向太空释放光和热，总辐射功率（光度）：3.83×10^{26} 焦耳/秒，表面温度：5 800 K，核心温度 1 560 万℃；视星等：-26.74 等，绝对星等为 4.83 等，热星等：-26.82 等，绝对热星等：4.75 等。

太阳表面的重力加速度约为地球表面重力加速度的 28 倍，如果一个人站在太阳表面，那么他的体重将会是在地球上的 28 倍。太阳表面的逃逸速度约 617.7 千米/秒，任何一个中性粒子的速度必须大于这个值，才能脱离太阳的吸引力而跑到宇宙空间中去。

太阳圆面在天空的平均角直径为 32 角分，与从地球所见的月球的角直径很接近，是一个奇妙的巧合（太阳直径约为月球的 400 倍而离我们的距离恰是地月距离的 400 倍），使日食看起来特别壮观。

二、物质结构

其从化学组成来看，现在太阳质量中不同物质的比例为：71% 的氢、26% 的氦、包括氧、碳、氖、铁在内的其他元素质量少于2%，以及少量重元素。

三、宇宙位置

太阳位于银河系的对称平面附近，距离银河系中心约 26 000 光年，在银道面以北约 26 光年，它一方面绕着银心以每秒 250 千米的速度旋转，另一方面又相对于周围恒星以每秒 19.7 千米的速度朝着织女星附近方向运动。在距离地球 17 光年的距离内有 50 颗最邻近的恒星系（与太阳距离最近的恒星是称作比邻星的红矮星，相距大约 4.2 光年），太阳的质量在这些恒星中排在第四。

在南门二（比邻星所在的三合星系统）的位置观看太阳时，太阳则会成为仙后座中一颗视星等为 0.5 等的恒星。大体来说，仙后座的外形将会从"W"变成"NV"，太阳将会处在仙后座 ε 星的尾端。

四、太阳在银河系的运动

1. 自行

由于银河系在宇宙微波背景辐射（CMB）中以 550 千米/秒的速度朝向长蛇座的方向运动，这两个速度合成之后，太阳相对于 CMB 的速度是 370 千米/秒，朝向巨爵座或狮子座的方向运动。

2. 公转

银河系中心可能有巨大黑洞，但它周围布满了恒星，所以看上去像"银盘"。这些恒星都绕"银核"公转。与地球公转不同，这些恒星公转每绕一周离"银核"会更近。

太阳带着太阳系的成员在距离银河中心 24 000 至 26 000 光年的距离上绕着银河公转，从银河北极鸟瞰，太阳沿顺时针轨道运行，周期大约 $(2.25 \sim 2.50) \times 10^8$ 年。

3. 自转

太阳围绕自己的自转轴自西向东自转。但观测和研究表明，气体球存在较差自转，太阳表面不同的纬度处，自转速度不一样。在赤道处，太阳自转一周需要 25.4 天，而在纬度 40° 处需要 27.2 天，到了两极地区，自转一周则需要 35 天左右。

太阳因自转而呈轻微扁平状，与完美球形相差 0.001%，相当于赤道半径与极半径相差 6 千米（地球这一差值为 21 千米，月球为 9 千米，木星为 9 000 千米，土星为 5 500 千米）。

五、太阳结构

根据太阳活动的相对强弱，太阳可分为宁静太阳和活动太阳两大类。宁静太阳是一个理论上假定宁静的球对称热气体球，其性质只随半径而变，而且在任一球层中都是均匀的，其目的在于研究太阳的总体结构和一般性质。

1. 内部结构

太阳从中心向外可分为核反应区、辐射区和对流区。

（1）核反应区。

从中心到 0.25 太阳半径是太阳发射巨大能量的真正源头，也称为核反应区。在这里，太阳核心处温度高达 1 500 万摄氏度，压力相当于 3 000 亿个大气压，随时都在进行着 4 个氢核聚变成 1 个氦核的热核反应。

从地球大气上界单位面积每秒钟所获能量，可以推知以 1.496 亿千米为半径的球面所获总能量，这也是太阳释放的总能量。我们可以简单地推算出维持太阳释放能量需要多少氢参与聚变。根据原子核物理学和爱因斯坦的质能转换关系式 $E = mc^2$，可知释放这个能量需要多少质量转换；氢的原子量为 1.007 94，氦的原子量为 4.002 602，4 个氢原子聚变成 1 个氦原子，则：

损失的质量 = 1.007 94 × 4 − 4.002 602 = 4.031 76 − 4.002 602 = 0.002 915 8，损失的质量占总质量的比例 = 0.002 915 8/4.031 76 = 0.007 232 08，也就是 0.723 208%。由此不难得知太阳每秒钟约有质量为 6 亿吨的氢经过热核聚变反应为 5.96 亿吨的氦，并释放出相当于 400 万吨质量转换成的能量。正是这巨大的能量带给了我们光和热，但这损失的质量与太阳的总质量相比，却是不值一提的。根据对太阳内部氢含量的估计，太阳至少还有 50 亿年的正常寿命。

（2）辐射区。

0.25 太阳半径 ~ 0.86 太阳半径是太阳辐射区，它包含了各种电磁辐射和粒子流。辐射从内部向外部传递过程是多次被物质吸收而又再次发射的过程。从核反应区到太阳表面的行程中，能量依次以 X 射线、远紫外线、紫外线，最后是可见光的形式向外辐射。太阳是一个取之难尽，用之不竭的能量源泉。

（3）对流层。

对流层是辐射区的外侧区域，其厚度约有十几万千米，由于这里的温度、压力和密度梯度都很大，太阳气体呈对流的不稳定状态。

核心区域的能量先是以辐射的形式通过辐射层传递到对流层底，使物质的径向对流运动强烈，热的物质向外运动，冷的物质沉入内部。再以对流的形式通过对流层传递到光球的底部，并通过光球向外辐射出去。

从对流层的表面向下大约 200 000 千米（或是 70% 的太阳半径），太阳的等离子体已经不够稠密或不够热，不能再经由传导作用有效地将内部的热向外传送；换言之，它已经不够透明了。结果是，当热柱携带热物质前往表面（光球）时产生了热对流。一旦这些物质在表面变冷，它会向下切入对流层的底部，再从辐射带的顶部获得更多的热量。

在可见的太阳表面，温度已经降至 5 700 K，而且密度也只有 0.2 克/每立方米。

2．外部大气层

太阳的大气层，像地球的大气层一样，可按不同的高度和不同的性质分成各个圈层，即光球、色球和日冕三层。太阳光球以上的部分统称为太阳大气层，跨过整个电磁频谱，从无线电、可见光到伽马射线，都可以观察它们分为 5 个主要的部分：温度极小区、色球、过渡区、日冕和太阳圈，太阳圈可能是太阳大气层最稀薄的外缘并且延伸到冥王星轨道之外与星际物质交界，交界处称为日鞘，并且在那儿形成剪切的激波前缘。色球、过渡区和日冕的温度都比太阳表面高，原因还没有获得证实，但证据指向阿尔文波可能携带了足够的能量将日冕加热。

（1）光球。

对流层上面的太阳大气，称为太阳光球。光球成分（质量）：氢 73.46%，氦 24.85%，氧 0.77%，碳 0.29%，铁 0.16%，氖 0.12%，氮 0.09%，硅 0.07%，镁 0.05%，硫 0.04%。

太阳光球就是我们平常所看到的太阳圆面，通常所说的太阳半径也是指光球的半径。光球是太阳大气的最底层，厚度约 500 千米。它确定了太阳非常清晰的边界，几乎所有的可见光都是从这一层发射出来的。

它是不透明的，因此我们不能直接看见太阳内部的结构。但是，天文学家根据物理理论和对太阳表面各种现象的研究，建立了太阳内部结构和物理状态的模型。这一模型也已经被对于其他恒星的研究所证实，至少在大的方面，是可信的。

光球的表面是气态的，其平均密度只有水的几亿分之一，但由于它的厚度达 500 千米，所以光球是不透明的。光球层的大气中存在着激烈的活动，用望远镜可以看到光球表面有许多密密麻麻的斑点状结构，很像一颗颗米粒，称之为米粒组织。它们极不稳定，一般持续时间仅为 5~10 分钟，其温度要比光球的平均温度高出 300~400℃。目前认为这种米粒组织是光球下面气体的剧烈对流造成的现象。

光球表面另一种著名的活动现象便是太阳黑子。黑子是光球层上的巨大气流旋涡，大多呈现近椭圆形，在明亮的光球背景反衬下显得比较暗黑，但实际上它们的温度高达 4 000℃ 左右，倘若能把黑子单独取出，一个大黑子便可以发出相当于满月的光芒。日面上黑子出现的情况不断变化，这种变化反映了太阳辐射能量的变化。太阳黑子的变化存在复杂的周期现象，以黑子数量和面积为准，其平均活动周期为约 11.2 年。

太阳辐射的峰值波长（500 纳米）介于光谱中蓝光和绿光的过渡区域。恒星的温度与其辐射中占主要地位的波长有密切关系。就太阳来说，其表面的温度大约在 6 000 K。然而，由于人的眼睛对峰值波长周围的其他颜色更敏感，所以太阳看起来呈现出黄色或是红色。

（2）色球。

紧贴光球以上的一层大气称为色球层。由于色球层发出的可见光总量不及光球的 1%，因此人们平常看不到它。只有在发生日全食时，当光球所发射的明亮光线被月影完全遮掩的短暂时间内，在日面边缘呈现出狭窄的玫瑰红色的发光圈层，这就是色球层。平时，科学家们要通过单色光（波长为 6 563 埃）色球望远镜才能观测到太阳色球层。色球层厚约 2 000 千米，它的化学组成与光球基本上相同，但色球层内的物质密度和压力要比光球低得多。日常生活中，离热源越远处温度越低，而太阳大气的情况却截然相反，光球顶部接近色球处的温度约是 4 300 摄氏度，到了色球顶部温度竟高达几万摄氏度，再往上，到了日冕区温度陡然升至上百万摄氏度。人们对这种反常增温现象感到疑惑不解，至今也没有找到确切的原因。

在色球上人们还能够看到许多腾起的火焰，这就是天文上所谓的"日珥"。日珥是迅速变化着的活动现象，一次完整的日珥过程一般为几十分钟。同时，日珥的形状也可说是千姿百态，有的如浮云烟雾，有的似飞瀑喷泉，有的好似一弯拱桥，也有的酷似团团草丛，真是不胜枚举。天文学家根据形态变化规模的大小和变化速度的快慢将日珥分成宁静日珥、活动日珥和爆发日珥三大类。最为壮观的要属爆发日珥，本来宁静或活动的日珥，有时会突然"怒火冲天"，把气体物质拼命往上抛射，然后回转着返回太阳表面，形成一个环状，所以又称环状日珥。

（3）日冕。

在日全食时的短暂瞬间，常常可以看到太阳周围除了绚丽的色球外，还有一大片白里透蓝，柔和美丽的晕光，这就是太阳大气的最外层——日冕（见图8-1）。日冕在色球之上，一直延伸到好几个太阳半径的地方。日冕里的物质更加稀薄，它还会向外膨胀运动，并使得热电离气体粒子连续地从太阳向外流出而形成太阳风。日冕由高温、低密度的等离子体所组成。亮度微弱，在白光中的总亮度比太阳圆面亮度的百分之一还低，约相当于满月的亮度，因此

图8-1　日冕

只有在日全食时才能展现其光彩，平时观测则要使用专门的日冕仪。日冕的温度高达百万摄氏度，其大小和形状与太阳活动有关，在太阳活动极大年时，日冕接近圆形；在太阳宁静年则呈椭圆形。自古以来，观测日冕的传统方法都是等待一次罕见的日全食——在黑暗的天空背景上，月面把明亮的太阳光球面遮掩住，而在日面周围呈现出青白色的光区，就是人们期待观测的太阳最外层大气——日冕。

在两极区域的冕丝如同羽毛，称之为极羽，带电荷的粒子都是顺着磁力线运动，故冕丝反映了磁力线的方向和形状。

（4）太阳圈。

太阳圈，从大约20太阳半径（0.1 AU）到太阳系的边缘，这一大片环绕着太阳的空间充满了伴随太阳风离开太阳的等离子体。它的内侧边界是太阳风成为超阿尔芬波的那层位置——流体的速度超过阿耳芬波。因为讯息只能以阿耳芬波的速度传递，所以在这个界限之外的湍流和动力学的力量不再能影响到内部的日冕形状。太阳风源源不断地进入太阳圈之中并向外吹拂，使得太阳的磁场形成螺旋的形状，直到在距离太阳超过50 AU之外撞击到日鞘为止。

2004年12月，"旅行者"1号探测器已穿越过被认为是日鞘部分的激波前缘。两艘航海家太空船在穿越边界时都侦测与记录到能量超过一般微粒的高能粒子。

（5）太阳光。

阳光是地球能量的主要来源。太阳常数是在距离太阳1 AU的位置（也就是在或接

近地球），直接暴露在阳光下的每单位面积接收到的能量，其值约相当于 1 368 W/m²。经过大气层的吸收后，抵达地球表面的阳光已经衰减——在大气清澈且太阳接近天顶的条件下也只有约 1 000 W/m²。

（6）太阳大气对地球的影响。

太阳看起来很平静，实际上无时无刻不在发生剧烈的活动。太阳表面和大气层中的活动现象，诸如太阳黑子、耀斑和日冕物质喷发等，会使太阳风大大增强，造成许多地球物理现象——例如极光增多、大气电离层和地磁的变化。太阳活动和太阳风的增强还会严重干扰地球上无线电通信及航天设备的正常工作，使卫星上的精密电子仪器遭受损害，地面电力控制网络发生混乱，甚至可能对航天飞机和空间站中宇航员的生命构成威胁。因此，监测太阳活动和太阳风的强度，适时做出"空间气象"预报，显得越来越重要。

六、太阳磁场

太阳是磁力活跃的恒星，它支撑了一个强大的且年复一年不断变化的磁场，并且大约每 11 年环绕着太阳极大期反转它的方向。

太阳磁场会影响很多太阳活动，包括在太阳表面的太阳黑子、太阳耀斑和携带着物质穿越太阳系且不断变化的太阳风。

太阳磁场朝太阳本体外更远处延伸，磁化的太阳风等离子体携带着太阳的磁场进入太空，形成所谓的行星际磁场。由于等离子体只能沿着磁场线移动，离开太阳的行星际磁场起初是沿着径向伸展的。因位于太阳赤道上方和下方离开太阳的磁场具有不同的极性，因此在太阳的赤道平面存在着一层薄薄的电流层，称为太阳圈电流片。太阳的自转使得远距离的磁场和电流片旋转成像是阿基米德螺旋结构，称为派克螺旋。行星际磁场的强度远比太阳的偶极性磁场强大。太阳 50 ~ 400 μT[①] 的磁偶极（在光球）随着距离的三次方衰减，在地球的距离上只有 0.1 nT。然而依据太空船的观测，在地球附近的行星际磁场是这个数值的 100 倍，大约是 5 nT。

七、太阳活动

（1）太阳黑子（见图 8 – 2）。

中国在 4 000 年前就有人用肉眼看到了像 3 条腿的乌鸦般的黑子。通过一般的光学望远镜观测太阳，观测到的是光球层的活动。在光球上常常可以看到很多黑色斑点，它们叫作"太阳黑子"。太阳黑子在日面上的大小、多少、位置和形态等，每天都不同。太阳黑子是光球层物质剧烈运动而形成的局部强磁场区域，也是光球层活动的重要标志。

---

① T（特斯拉）是磁场强度单位。

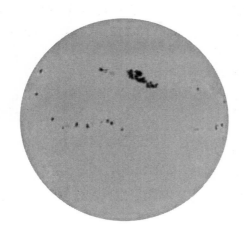

图 8 - 2　太阳黑子

　　长期观测太阳黑子就会发现，有的年份黑子多，有的年份黑子少，有时甚至几天、几十天日面上都没有黑子。天文学家们早就注意到，太阳黑子从最多或最少的年份到下一次最多或最少的年份，大约相隔 11 年。也就是说，太阳黑子有平均 11 年的活动周期，这也是整个太阳的活动周期。天文学家把太阳黑子最多的年份称之为"太阳活动峰年"，把太阳黑子最少的年份称之为"太阳活动谷年"。距离我们最近的活动谷底是 2019 年 12 月，第 25 周期开始了，预计 2025 年 7 月前后达到最大值。

　　经过数世纪的研究，人类对太阳黑子的研究已经有了一定的成果：

　　太阳黑子是太阳表面温度相对较低而显得黑的区域。

　　黑子会对地球的磁场和电离层产生干扰，使指南针不能正确指示方向、动物迷路、无线电通信受到严重影响或中断，以及直接危害飞机、轮船、人造卫星等通信系统安全。

　　太阳黑子活动的高峰期，太阳会发射大量的高能粒子流与 X 射线，引起地球磁暴现象，导致气候异常，地球上微生物因此大量繁殖，这就为流行疾病提供了温床。

　　同时，太阳黑子的活动，还会引起生物体物质出现电离现象，引起感冒病毒中遗传因子变异，或者发生突变性的遗传，产生强感染力的亚型流感病毒，形成流行性感冒，或者导致人体的生理发生其他复杂的生化反应，影响健康。

　　因此，太阳黑子量达到高峰期时，人类要及早预防流行性疾病。

　　有趣的是，一位瑞士天文学家发现，太阳黑子多的时候，气候干燥，黑子少的时候，暴雨成灾。地震工作者发现，太阳黑子数目增多的时候，地球上的地震也多。植物学家发现，植物的生长也随着太阳黑子的出现而呈现 11 年周期的变化，黑子多长得快，黑子少长得慢。

　　（2）耀斑。

　　太阳耀斑（见图 8 - 3）是一种剧烈的太阳活动，是太阳能量高度集中释放的过程。一般认为发生在色球层中，所以也叫"色球爆发"。其主要观测特征是，日面上（常在黑子群上空）突然出现迅速发展的亮斑闪耀，其寿命仅在几分钟到几十分钟之间，亮度上升迅速，下降较慢。特别是在太阳活动峰年，耀斑出现频繁且强度变强。

图 8-3　太阳耀斑

别看它只是一个亮点，一旦出现，简直是一次惊天动地的大爆发。这一增亮释放的能量相当于 10 万至 100 万次强火山爆发的总能量，或相当于上百亿枚百吨级氢弹的爆炸；而一次较大的耀斑爆发，在一二十分钟内可释放 10^{25} 次幂焦耳的巨大能量。

除了日面局部突然增亮的现象外，耀斑更主要表现在从射电波段直到 X 射线的辐射通量的突然增强；耀斑所发射的辐射种类繁多，除可见光外，还有紫外线、X 射线、伽马射线、红外线和射电辐射，以及冲击波和高能粒子流，甚至还有能量特高的宇宙射线。

耀斑对地球空间环境造成很大影响。太阳色球层中一声爆炸，地球大气层即刻出现缭绕余音。耀斑爆发时，发出的大量高能粒子到达地球轨道附近时，将会严重危及宇宙飞行器内的宇航员和仪器的安全。当耀斑辐射来到地球附近时，与大气分子发生剧烈碰撞，破坏电离层，使它失去反射无线电电波的功能。无线电通信尤其是短波通信，会受到干扰甚至中断。耀斑发射的高能带电粒子流与地球高层大气作用，产生极光，并干扰地球磁场而引起磁暴。

此外，耀斑对气象和水文等方面也有着不同程度的直接或间接影响，正因为如此，人们对耀斑爆发的探测和预报的关切程度与日俱增，正在努力揭开耀斑的奥秘。

（3）光斑。

太阳光球层上比周围更明亮的斑状组织。用天文望远镜对它观测时，常常可以发现：在光球层的表面有的明亮有的深暗。这种明暗斑点是由于温度高低不同而形成的，比较深暗的斑点叫作"太阳黑子"，比较明亮的斑点叫作"光斑"。

光斑常在太阳表面的边缘"表演"，却很少在太阳表面的中心区露面。因为太阳表面中心区的辐射来自于温度更高的核心，而边缘的光主要来自于温度较低的表层，所以，我们所看到的日面，亮度是从中心向四周降低的，这叫"临边昏暗"。光斑在亮度高的中心区域就不显眼了。光斑比太阳表面稍高些，可以算得上是光球层上的"高原"。

光斑也是太阳上一种强烈风暴，天文学家把它戏称为"高原风暴"。不过，与乌云翻滚，大雨滂沱，狂风卷地百草折的地面风暴相比，"高原风暴"的性格要温和得多。光斑不仅出现在光球层上，色球层上也有它活动的场所。当它在色球层上"表演"时，活动的位置与在光球层上露面时大致吻合。不过，出现在色球层上的不叫"光斑"，而叫"谱斑"。实际上，光斑与谱斑是同一个整体，只是因为它们的"住所"高度不同而已，这就好比是一幢楼房，光斑住在楼下，谱斑住在楼上。

（4）米粒组织。

米粒组织（见图 8-4）是太阳光球层上的一种日面结构。呈多角形小颗粒形状，得用天文望远镜才能观测到。米粒组织的温度比米粒间区域的温度约高 300℃，因此，显得比较明亮易见。虽说它们是小颗粒，实际的直径也有 1 000~2 000 千米。

明亮的米粒组织很可能是从对流层上升到光球的热气团，不随时间变化且均匀分布，且呈现激烈的起伏运动。米粒组织上升到一定的高度时很快就会变冷，并马上沿着上升热气流之间的空隙处下降；寿命

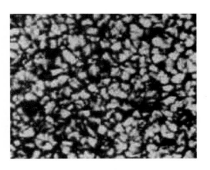

图 8-4　米粒组织

也非常短暂来去匆匆，从产生到消失，平均寿命只有几分钟，此外，发现的超米粒组织，其尺度达 3 万千米左右，寿命约为 20 小时。

（5）太阳风。

太阳风是一种连续存在，是来自太阳并以 200~800 km/s 的速度运动的等离子体流。这种物质虽然与地球上的空气不同，不是由气体的分子组成，而是由更简单的比原子还小一个层次的基本粒子——质子和电子等组成，但它们流动时所产生的效应与空气流动十分相似，所以称它为太阳风。

当然，太阳风的密度与地球上的风的密度相比，是非常稀薄而微不足道的。太阳风虽然十分稀薄，但它刮起来的猛烈劲却远远胜过地球上的风。在地球上，12 级台风的风速是约 33 m/s，而太阳风的风速，在地球附近却经常保持在 350~450 km/s，是地球风速的上万倍，最猛烈时可达 800 km/s 以上。

太阳风有两种：一种持续不断地辐射出来，速度较小，粒子含量也较少，被称为"持续太阳风"；另一种是在太阳活动时辐射出来，速度较大，粒子含量也较多，这种太阳风被称为"扰动太阳风"。扰动太阳风对地球的影响很大，当它抵达地球时，往往引起磁暴与强烈的极光，同时也产生电离层扰动。

（6）冕洞。

冕洞（见图 8-5）的分布区域可达太阳表面多数地区，尤其是在太阳的两极地区，科学家已经发现冕洞内部存在磁场线的闭合和开放，如果磁场线突然打开或者闭合，那么太阳表面就会出现较大范围的冕洞覆盖现象，其分布区域远大于两极地区，冕洞形成时可携带大量的炙热等离子体，磁场线开放的区域可以看到冕洞的一些细节上变化，比如冕洞周围出现类似浪花状的结构等。

事实上，冕洞分布在日冕物质中密度较低

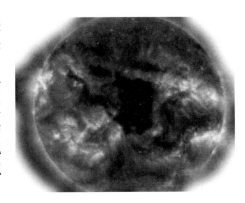

图 8-5　冕洞现象

的空间，而且温度极高，可达到数百万摄氏度。

这些太阳活动的背后都有磁场因素的介入，对太阳活动的判断似乎较为困难。科学家还发现如果冕洞发生的区域分布在太阳表面的高纬度地区，那么可形成速度较快的太阳风。

八、对太阳的探测

人类对太阳的探测活动详见表 8 - 1。

表 8 - 1　人类对太阳的探测活动

时间/年	探测器名称	国家	成就
1960—1968	"先驱者" 5～9 号	美国	绕太阳运行，研究太阳风、耀斑
1974—1976	"太阳神" 1～2 号	美德合作	近距离高速掠过太阳表面，测量太阳风与磁场
1980	太阳极大使者	美国	收集了耀斑、黑子和日珥发出的 X 射线、伽马射线、紫外辐射的资料
1990	尤利西斯	美欧合作	探测太阳极区上方的太阳风以及太阳磁场
1991	阳光	日英美合作	测量了太阳耀斑发出的 X 射线和伽马射线以及耀斑爆发前的状况
1995	SOHO	美欧合作	研究太阳内部结构和表面发生的事件
1998	TRACE	美国	了解太阳磁场与日冕加热之间的联系
2006	STEREO	美国	全方位提供太阳爆发和太阳风的星系
2010	SDO	美国	预测太阳活动对地球的影响

九、太阳的演化

目前的太阳与其他恒星相比，其质量、温度和光度都大概居中，是一颗相当典型的主序星。主序星的很多性质可以从研究太阳得出，恒星研究的某些结果也可以用来了解太阳的某些性质。

1. 主序星阶段的太阳

太阳现在的年龄为 46 亿多年，它的主序阶段已过去了约一半的时间，还要 50 亿年才会转到另一个演化阶段，在这 100 亿年的主序阶段，太阳的辐射能比较稳定，这为地球上生命的演化提供了一个稳定的条件。

2. 红巨星阶段的太阳

当太阳中心区的氢消耗殆尽形成由氦构成的核球之后，氢聚变的热核反应就无法在中心区继续。这时引力重压没有辐射压来平衡，星体中心区就要被压缩，温度会急剧上升。中心氦核球温度升高后使紧贴它的那一层氢氦混合气体受热达到引发氢聚变的温度，热核反应重新开始。如此氦球逐渐增大，氢燃烧层也跟着向外扩展，太阳外层物质受热膨胀起来开始向红巨星转化。转化期间，氢燃烧层产生的能量可能比主序星时期还要多，但星体表面温度不仅不升高反而会下降。其原因在于：外层膨胀后受到的内聚引力减小，即使温度降低，其膨胀压力仍然可抗衡或超过引力，此时星体半径和表面积增大的程度超过产能率的增长，因此总光度虽可能增长，表面温度却会下降。预计太阳在红巨星阶段将大约停留 10 亿年时间，光度将升高到目前的好几十倍。到那时候，地表的温度将升高到目前的两三倍，北温带夏季最高温度将接近 100℃，以现在的科技水平发展到那时候，人类还可以在高纬度生存，但情况非常不乐观。好在距我们太过久远，不必杞人忧天，而我们的后代也可能早就迁徙到更适合人类生存的星球上了。

🪐 第二节　八大行星

八大行星又可分为类地行星和类木行星。类地行星包括水星（符号：☿）、金星（符号：♀）、地球（符号：⊕）、火星（符号：♂），特点是体积小，以硅酸盐岩石为主要成分，无光环；类木行星包括木星（符号：♃）、土星（符号：♄）、天王星（符号：♅）和海王星（符号：♆），特点是体积大，以氢、氦、甲烷等为主要成分，有光环。

一、水星

1. 水星之名

水星（见图 8-6）是太阳系中离太阳最近的行星。距太阳的角距离总保持在 30°内，而中国古代 30°左右约为一"辰"，故称之为辰星。肉眼可见五大行星，中国古代以"五行"赋予"水"星之称。

水星的拉丁语名为 Mercurius，英语名为 Mercury，第一个字母小写就是水银之意，也许是水星光亮如水银珠般闪亮，故得其名。中文音译为墨丘利，意为古罗马神话中飞速奔跑的信使神。

图 8-6　水星

2. 肉眼观测水星

用肉眼是比较难观测到水星的。据说，伟大的天文学家哥白尼临终前曾哀叹他一生没有见过水星。

水星总是随太阳在天空中划过，在太阳的光幕中看水星是非常困难的。最佳的观测状态是当水星距离太阳最远时，清晨日出前约 50 分钟在东方或日落后 50 分钟在西方低空可以寻觅到它的踪迹，除了阳光的遮蔽外，还有低空的建筑、云彩、雾霾等干扰，每年难得有成功用肉眼观测到水星的时候。

若用望远镜观测水星，则可以选择水星在其轨道上处于太阳一侧或另一侧离太阳最远（东西大距）时并在（日落后日出前）搜寻到它。在望远镜中观测水星，可以明显地看到明亮视面，同时还可看到如同月牙般的位相，大望远镜经过减光可见细节。

在天文年历中可以查到东西大距的日子，届时挑选一个观测方向上地平线没有东西阻隔的地点。在其被太阳光淹没之前，你大概可以连续观测它 2 个星期。6 个星期之后，它又会在相对的距角处重新出现。

在中国的大部分地区，一年通常只有 2~3 次最佳的水星观测机会。每年 3 月底到 6 月初，水星是昏星时，尤其是在 5 月中下旬，有机会达到比较大的高度，可以在傍晚西方天空中寻找；9 月初到 12 月初，水星是晨星时，尤其是 10 月中下旬，有机会达到比较大的高度，可以在黎明时向东方寻找。值得注意的是，并不是说这两个时间段的水星一定会比较高，只有在此期间发生水星大距时，高度才会比较大，否则就只能静待下一年了。例如，2021 年有两次大距都非常接近最佳观测日期。分别是 2021 年 5 月 17 日的昏星和 10 月 25 日的晨星。

目前的前后 5 000 年，北半球相对于南半球，不适合观测水星，因为：第一，每当水星大距处于其远日点时，北半球观测者会发现水星的赤纬总是低于太阳赤纬，即使水星离太阳距角接近最大的 28 度，但水星几乎还是和太阳同升同落。反之水星到了近日点时，北半球观测者看到的水星却比太阳赤纬高。但近日点毕竟才 18 度的距角，所以水星还是难以观测。这种情况需要再过几千年水星近日点进动 90 度后才能改观。第二，地理纬度越高，内行星越难见，对于广东等低纬度地区，观测水星的条件要好一些。纬度高的地区，太阳的晨昏矇影时间很长，即日出前或者日落后很久，天空依然明亮，所以不利于观测水星。

在北半球，想要观测水星，只要选对日期，天气良好的情况下还是很容易做到的。一年中观测水星的最佳月份是 3 月、4 月、9 月、10 月，即春秋分前后。春秋分时黄道赤纬分值最大（黄道赤纬变化最大），太阳和水星在黄道上相同距角时，赤纬的距离也比其他黄道区域大。当水星赤纬大于太阳赤纬较多时，偏北的水星可在太阳落到地平线下很久还能被观测到。经验是：春分时节在西方的双鱼、白羊座找，秋分时节在狮子、处女座找水星。水星相当的明亮，在淡蓝色的黎明和黄昏低空中发出不断闪烁的黄色光芒。

通常通过双筒望远镜甚至直接用肉眼便可观察到水星，但它总是十分靠近太阳，在曙暮光中难以看到。

3．水星的运动

（1）公转。

水星公转轨道面与黄道面有着太阳系大行星中最大的轨道交角 7.004 87°，轨道半长轴 0.46 天文单位，离心率 0.205 630，自西向东公转，水星的公转周期为 87.968 日（地球日，下同），公转速度 47.872 5 km/s。日水平均距离 57 900 000 千米，轨道近日点 46 001 200 千米，远日点 69 816 900 千米。会合周期 115.88 日。

水星轨道的近日点每世纪比牛顿力学的预测多出 43 弧秒（角秒）的进动，牛顿力学一直解释不了这个问题，直到 20 世纪才从爱因斯坦的广义相对论中得到解释。

水星拥有太阳系八大行星中偏心率最大的轨道，通俗的说，就是它的轨道的椭圆是最"扁"的。而最新的计算机模拟显示，在未来数十亿年间，水星的这一轨道还将变得更扁，使其有 1% 的机会和太阳或者金星发生撞击。更让人担忧的是，和外侧的巨行星引力场一起，水星这样混乱的轨道运动将有可能打乱太阳系内其他行星的运行轨道，甚至导致水星、金星或火星的轨道发生变动，并最终和地球发生相撞。

（2）自转。

水星自转周期 58.646 日，赤道自转速度 3.026 m/s，公转 2.01 周的同时也自转 3 圈。

1889 年意大利天文学家夏帕里利经过多年观测认为水星自转时间和公转时间都是 88 天（同步自转）。1965 年，美国天文学家戈登、佩蒂吉尔和罗·戴斯用安装在波多黎各阿雷西博天文台的射电望远镜测定了水星的自转周期，结果并不是 88 天，而是 58.646 天，正好是水星公转周期的 2/3。因为水星的 3∶2 的轨速比率，一个恒星日（自转的周期）大约是 58.646 个日，水星上的一个太阳日（太阳两次穿越水星同一子午线之间的时间）大约是 176 日。

由于水星在近日点时总以同一经度朝着太阳，在远日点时以相差 90° 的经度朝着太阳，所以水星随着经度不同而出现季节变化。

在一些特殊的时候，在水星的表面上的一些地方，在同一个水星日里，当一个观测者（在太阳升起时）观测，可以看见太阳先上升，然后倒退最后落下，然后再一次的上升。这是因为大约四天的近日点周期，水星轨道速度完全等于它的自转速度，以至于太阳的视运动停止，在近日点时，水星的轨道速度超过自转速度；因此，太阳看起来会逆行性运动，在近日点后的 4 天，太阳恢复正常的视运动。水星相关参数详见表 8－2 与表 8－3。

表 8－2　水星轨道参数

名称	数值	单位	数值	单位
轨道半长径	0.387 098 93	天文单位	57 909 100	km
近日点距离	0.307 499	天文单位	46 001 200	km
远日点距离	0.466 697	天文单位	69 816 900	km
升交点黄经	48.331	度	0.843 535 080 781	弧度
近日点黄经	77.455	度	1.351 844 772 132	弧度

续上表

名称	数值	单位	数值	单位
轨道偏心率	0.205 630 69	e	0.122 258 045 174	弧度
倾角（对黄道）	7.004 87	度	—	—
公转周期	87.969 1	地球日	2 111.258 4	h
自转周期	58.646 2	地球日	1407.508 8	h
平均轨道速度	47.89	km/s	478 90	m/s

表 8 – 3 水星物理参数

名称	数量	单位
质量	3.302×10^{23}	kg
平均半径	$2\,440 \pm 1$	km
平均密度	5.427	g/cm³
表面重力加速度	3.701	m/s²
逃逸速度	4.435	km/s
卫星	0	个
平均地表温度	452.15	K
最高地表温度	700.15	K
大气压	2×10^{-9}	HP
最低地表温度	100.15	K

4. 对水星的探测

在地面上观测水星，几乎看不到它的细节。人类渴望对水星进行探测。1973 年 11 月 3 日，美国发射的"水手"10 号发射升空。在 1974 年 2 月 5 日，"水手"10 号从距金星 5 760 千米的地方飞过，拍摄了几千张金星云层的照片之后，继续朝水星前进。

1974 年 3 月 29 日，"水手"10 号从离水星表面 720 千米的地方飞过，然后进入周期为 176 天的公转轨道，环绕太阳运行，其周期正好是两个水星年，这使它每次回到水星时都是在以前的同一地，便于它重复观察；1974 年 9 月 21 日，"水手"10 号第二次经过水星；1975 年 3 月 6 日，它第三次从水星上空 330 千米处经过。通过这 3 次近距离观测，拍摄到了超过 1 万张图片，涵盖了水星表面积的 57%。1975 年 3 月 13 日第四次做紧贴水星表面飞行的美国"水手"10 号探测器，用 1 个星期的时间，从外层空间向地球发回了几百张有价值的水星照片和资料。此后共向地面发回 5 000 多张照片，这些照片和测得的资料，为我们了解水星提供了珍贵的信息。从照片上我们看出，水星的外貌酷似月球，有许多大小不一的环形山，还有辐射纹、大平原、裂谷和断崖、盆地等地形（见图8-7）。

1976 年，国际天文学联合会开始为水星上的环形山命名。水星表面上环形山的名字都是以文学艺术家的名字来命名的，没有科学家，这是因为月面环形山大都用科学家的名字命名了。水星表面被命名的环形山直径都在 20 千米以上，而且都位于水星的西半球，这些名人的大名将永远与日月争辉，纪念他们为人类做出的卓越贡献。

在国际天文学联合会已命名的 310 多个环形山的名称中，其中有 15 个环形山是以我们中华民族的人物的名字命名的。有春秋时代的音乐家伯牙；东汉末女诗人蔡琰；唐代大诗人李白、白居易；五代十国南唐画家董源；南宋女词人李清照；南宋音乐家姜夔；南宋画家梁

图 8 - 7　水星局部外貌

楷；元代戏曲家关汉卿、马致远；元代书画家赵孟頫；元末画家王蒙；清初画家朱耷；清代文学家曹霑（即曹雪芹）；中国近代文学家鲁迅。

2004 年 8 月 3 日，美国宇航局发射了信使号水星探测器，经过 6 年半时间，长达 79 亿千米的旅程，至 2011 年进入水星的轨道。它装备有 2 块太阳能板以提供自身能量、一块遮光板以避免强烈阳光烧灼，信使号每 12 个小时就围绕水星旋转一周，其间它将研究这颗行星的地质历史和磁极分布。

截至 2015 年，信使号探测器已经围绕水星运行了近 4 年，2015 年 3 月，《新科学家》杂志报道称该探测器燃料将耗尽，探测器将距离水星非常近，可能导致其结构中的部分焊接材料熔化。在 2015 年 4 月 30 日结束了任务，撞毁于水星表面。

人类对水星的研究一直没有停止。

5. 水星的地质构造

水星是太阳系内与地球相似的 4 颗类地行星之一，有着与地球一样的岩石个体。它是太阳系中最小的行星，其赤道的半径是 2 439.7 千米。水星甚至比一些巨大的天然卫星，比如甘尼米德（木卫三）和泰坦（土卫六）体积还要小（虽然因密度高而质量较大）。水星由大约 70% 的金属和 30% 的硅酸盐材料组成，水星的密度是 5.427 g/cm^3，在太阳系中是第二高的，仅次于地球的 5.515 g/cm^3。地球的高密度，特别是核心的高密度是由重力压缩所导致的。如果不考虑重力压缩对物质密度的影响，水星物质的密

度将是最高的——未经重力压缩的水星物质密度是 5.3 g/cm^3，相较之下的地球物质只有 4.4 g/cm^3。

从水星的密度可以推测其内部结构的详细资料。水星是如此的小，因此它的内部不会被强力的挤压。据此，科学家们估计水星内部必定存在一个超大的内核，其内核质量甚至可以占到其总质量的 2/3，而相比之下，地球的内核质量只占地球总质量的 1/3。美国华盛顿卡内基研究院地磁学系主任，美国信使号水星探测器项目首席科学家西恩·所罗门（Sean Solomon）教授表示：科学界的观点是认为在太阳系早期的狂暴撞击时代，水星曾遭遇严重撞击，导致其失去了密度较低的一部分外壳，因此留下了密度相对较大的部分。而信使号探测器的任务中有一项便是通过对水星进行全地表化学成分分析来检验这个理论。

水星含铁的百分率超过任何其他已知星系的行星。这里有数个理论被提出来说明水星的高金属性：

一个理论说本来水星有一个和普通球粒状陨石相似的金属—硅酸盐比率。那时它的质量大约是我们现在观测到质量的 2.25 倍，但在早期太阳系的历史中的某个时间，一个星子或者说是微星体撞掉了水星的 1/6，使水星失去了地壳和地幔；另一个理论是一个类似于解释地球、月亮的形成的理论，认为水星的外壳层是被太阳风长期侵蚀掉了的；还有一种理论说，水星可能在所谓太阳星云早期的造型阶段，在太阳爆发出它的能量之前已经稳定。在这个理论中那时水星质量大约是我们目前观测到的两倍；但因为原恒星收缩，水星的温度到达了大约 2 500~3 500 K 之间；甚至高达 10 000 K。许多水星表面的岩石在这种温度下蒸发，形成"岩石蒸汽"，随后，"岩石蒸汽"被星际风暴带走。

现在我们知道：水星外貌如月，内部却很像地球，也分为壳、幔、核三层（见图 8-8）。18 个水星合并起来才抵得上一个地球的大小。在八大行星中，除地球外，水星的密度最大。由此天文学家推测水星由大约 70% 的金属和 30% 的硅酸盐组成，其壳层厚度 100~300 km，中心有个比月球大得多的铁质内核，占据了 42% 的行星容积（地核只占 17%）；围绕核心的外壳是由硅酸盐构成的地幔，这个核球的主要成分是铁、镍和硅酸盐。根据这样的结构，水星应含铁两万亿亿吨，按世界钢的年产量（约 8 亿吨）计算，可以开采 2 400 亿年。

图 8-8 水星的壳层结构

6. 水星的自然环境

（1）气温和大气状况。

水星是一颗类地行星，由于其非常靠近太阳，在强烈的太阳风的吹拂下，几乎没有大气和水分。其自转一周近 60 日，也就是说在强烈的阳光下和背阳的黑夜均近 30

日之久，地表昼夜温差极大：白昼地表温度最高可达452℃、夜晚地表温度则可低至－173℃，是太阳系中温差最大的行星。水星表面的日照比地球强8.9倍，总辐照度有9 126.6 W/m²。温度差异形成的物理风化极强，对水星表面地形地貌的形成有着深远的影响。太阳辐射中的高能射线直射表面，且缺少大气和水分，是不大可能有生命能够进化或者延续下去的。

（2）地形地貌。

水星的地形最突出的特点是类似于月球。由于没有大气层的保护，水星表面受到无数次的陨石直接撞击，到处坑洼，有100多个具有放射条纹的坑穴。当水星受到巨大的撞击后，就会有盆地形成，周围则由山脉围绕，据统计，水星上的环形山有上千个，这些环形山比月亮上的环形山的坡度平缓些。

最显著的是一个直径达到1 360千米的冲击性环形山：卡洛里（Caloris）盆地（见图8－9），是水星上温度最高的地区。如同月球的盆地，Caloris盆地很有可能形成于太阳系早期的大碰撞中，那次碰撞大概同时造成了星球另一面正对盆地处奇特的地形。

在盆地之外是撞击喷出的物质，以及平坦的熔岩洪流平原。此外，水星在几十亿年的演变过程中，表面还形成许多褶皱、山脊和裂缝，彼此相互交错。

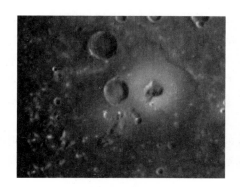

图8－9　卡洛里盆地　　　　　　　　图8－10　水星表面

水星的表面（见图8－10）表现出巨大的急斜面，有些达到几百千米长，三千米高。有些横处于环形山的外环处，而另一些急斜面的面貌表明它们是受压缩而形成的。据估计，水星表面收缩了大约0.1%（或在星球半径上递减了大约1千米）。

水星地形多起伏，原因是几十亿年前水星的核心冷却收缩引起的外壳起皱。大多数的水星表面包括两个不同的年龄层；比较年轻的比较平，或许是因为熔岩浸入了较早地形的结果。除此之外，水星有"显著性"的"周期性膨胀"。

水星有两种地质显著不同的平原：

在坑穴之间，有起伏平缓、多丘陵的平原，是水星表面可见最古老的地区，早于猛烈的火山口地形。这些埋藏着陨石坑的平原似乎已湮灭许多较早的陨石坑，并且缺乏直径30千米以下，以及更小的陨石坑。还不清楚它们是起源于火山还是撞击，这些埋藏着陨石坑的平原大致是均匀地分布在整个行星的表面。

平坦的平原是广泛的平坦区域，布满了各种大大小小的凹陷，和月球的海非常相似。值得注意的是，它们广泛地环绕在卡洛里盆地的周围。不同于月海，水星平坦的平原和埋藏着陨石坑的古老平原有着相同的反照率。尽管缺乏明确的火山特征，但一些平台和圆角、分裂的形状都强烈的支持这些平原起源于火山。值得注意的是所有水星平坦平原的形成都比卡洛里盆地晚，比较在卡洛里喷发覆盖物上可察觉的小陨石坑密度可见一斑。卡洛里盆地的地表充满了独特的平原物质、破碎的山脊和粗略的多边形碎裂。目前还不清楚是撞击诱导火山熔岩，还是撞击造成大片的融化。

水星表面还有一个不寻常的特征是众多的压缩皱褶或峭壁，在平原表面交错着。随着行星内部的冷却，它可能会略为收缩，并且表面开始变形，造成了这些特征。水星的表面也会被太阳的引潮力所扭曲，因太阳对水星的引潮力比月球对地球的引潮力强17倍。

（3）水星磁场。

在太阳系的八大行星中，火星、金星、地球、木星、土星都有磁场，但只有水星是太阳系类地行星中除了地球之外唯一拥有显著磁场的行星。水星的偶极磁场与地球的很相像，极性也相同，即水星磁场的北极在水星的北半球，其南极在南半球。水星磁场强度只有地球的1%，磁力线的分布图形简直就是地球磁场按比例的缩影。水星磁场的发现，表示水星内部可能是一个高温液态的金属核。

对于一颗行星来说，磁场的有无绝非小事，就拿地球磁场来说，它构成了地球上生命的保护伞，它将高能粒子引导到两极地带上空，阻挡其直接到达地表，从而造就了生命的乐园。所罗门博士将地球磁场称作"我们的辐射保护伞"，如果没有地球磁场，地球上的生命将很难出现和演化。

研究人员相信水星的磁场产生机制和地球的相同，那就是其外核部位导电熔浆的流动形成的"电机"模式。信使号探测器精确测量了水星磁场的分布，从而帮助科学家们检验这一理论是否正确。

美国的"水手"10号探测器的考察任务中，有一项就是探测水星究竟有没有磁场。

"水手"10号第一次飞越水星时，探测器上的照相机在拍摄布满环形山的水星地貌的同时磁强计意外地探测到水星似乎存在一个很弱的磁场，而且可能是跟地球磁场那样有着两个磁极的偶极磁场。水星表面环形山和磁场的发现使科学家很感兴趣，因为这些都是前所未知的。

"水手"10号第二次飞越水星时，对水星磁场没有发现什么新的情况。为了取得包括磁场在内的更加精确的观测资料，科学家们对探测器的轨道做了校准，使它第三次飞越水星时，离表面只有330千米，而且更接近水星北极。观测结果是十分令人鼓舞的：水星确实有一个偶极磁场。从最初发现到完全证实刚好是一年时间。

（4）水星大气。

水星上有极稀薄的大气，大气压小于 20^{-9} 百帕，大气中含有氦（42%）、钠（气态42%）、氧（15%）、氢、碳、氩、氖、氙等元素。实际上水星大气中的气体分子与水星表面相撞的频密程度比它们之间互相相撞要高。

在太阳辐射的强烈袭击下，水星大气被向后压缩延伸出去，在背阳处形成一个类似于彗星的"尾巴"。组成水星大气的原子不断地被遗失到太空之中，就是较重的钾或钠原子在一个水星日内也大约只有 3 小时的平均"寿命"。因此，正如所罗门博士指出的那样："水星需要不断地进行补充方能维持大气层的存在。"科学家们认为水星的补充方式是捕获太阳辐射的粒子，以及被微型陨石撞击后溅起的尘埃颗粒。散失的大气不断地被一些机制所替换，如被行星引力场俘获的火山蒸汽以及两极的冰冠的除气作用。

1991 年科学家在水星的北极发现了一个不同寻常的亮点，造成这个亮点的可能是在地表或地下的冰。在 1992 年所进行的雷达观察显示，水星北极的确有冰存在。由于水星的轨道比较特殊，在它的北极，太阳始终只在地平线上徘徊。这些冰在阳光永无法照射到的环形山底部，由于彗星的撞击或行星内部的气体冒出表面积累而成。由于没有大气传输热量，这些地方的温度一直维持在 -173℃ 左右，或积存从太空来的冰。

7. 行星之最

在太阳系的八大行星中，水星获得了几个"最"的纪录：

（1）离太阳距离最近。

水星和太阳的平均距离为 5 790 万千米，约为日地距离的 0.387 倍（0.387 天文单位），比其他太阳系的行星近。

（2）太阳系八大行星中最小的行星。

水星是太阳系八大行星最内侧也是最小的一颗行星，半径只有 2 440 千米。

（3）轨道速度最快。

因为距离最近，所以受到太阳的引力也最大，因此在它的轨道上比任何行星都跑得快，轨道速度为每秒 48 千米，比地球的轨道速度每秒快 18 千米。这么快的速度，只用 15 分钟就能环绕地球一周。

（4）表面温差最大。

因为没有大气的调节，距离太阳又非常近，因此夺得行星表面温差最大的冠军。

（5）卫星最少（金星同冠）。

太阳系中发现了越来越多的卫星，总数超过 60 个，但水星和金星都没有卫星。

（6）时间最快。

水星年：地球每一年（365.242 2 日）绕太阳公转一圈，而"水星年"是太阳系中最短的年，它绕太阳公转一周只用 88 日（以地球日为单位，下同），还不到地球上的 3 个月。这是因为水星围绕太阳高速飞奔的缘故。

水星日：在太阳系的行星中，"水星年"时间最短，但水星"日"却比别的行星更长，水星公转一周是 88 日，而水星自转一周是 58.646 2 日，地球每自转一周就是一昼夜，而水星自转三周才是它的一昼夜。水星上一昼夜的时间，相当于地球上的 176 天。与此同时，水星也正好公转了两周。因此人们说水星上的一天等于两年，如果地球人到了水星上不会太习惯。

8. 凌日现象

内行星（水星和金星）都有凌日现象。当水星走到太阳和地球之间时，我们在太阳圆面上会看到一个小黑点穿过，这种现象称为水星凌日。水星凌日每 100 年平均发生 13 次。上一次凌日是在 1999 年 11 月 16 日 5 时 42 分。

在人类历史上，第一次预告水星凌日的是"行星运动三大定律"的发现者德国天文学家开普勒（1571—1630 年）。他在 1629 年预言：1631 年 11 月 7 日将发生稀奇天象——水星凌日。当日，法国天文学家加桑迪在巴黎亲眼看到有个小黑点（水星）在日面上由东向西徐徐移动。

水星凌日的原理和日食类似，不同的是水星比月亮离地球远，水星挡住太阳的面积太小了，视直径仅为太阳的 190 万分之一，不足以使太阳亮度减弱，所以，直接用肉眼是看不到水星凌日的，用巴德膜减光可以看到，通过望远镜进行投影或减光观测，进行拍照就可以留下珍贵的资料。

水星轨道与黄道面之间是存在倾角的，这个倾角大约为 7 度。这就造成了水星轨道与地球黄道面会有两个交点。即升交点和降交点。水星过升交点即为从地球黄道面下方向黄道面上方运动，降交点反之。只有水星和地球两者的轨道处于同一个平面上，而日水地三者又恰好排成一条直线时，才会发生水星凌日。

在目前及以后的十几个世纪内，水星凌日只可能发生在 5 月或 11 月。发生在 5 月的为降交点水星凌日，发生在 11 月的为升交点水星凌日。发生在 5 月的水星凌日较为稀罕，水星距离地球也更近。水星凌日发生的周期同样遵循如日月食那样的沙罗周期。在同一组沙罗周期内的水星凌日的发生周期为 46 年零 1 天又 6.5 小时左右。但是这个 46 年的周期中如果有 12 个闰年。周期即为 46 年零 6.5 小时左右。这里所说的时间差值是同一沙罗周期相邻两次水星凌日中凌甚的时间差值。因为同一沙罗周期相邻两次水星凌日发生的时长是不同的。

二、金星

1. 金星之名

金星（见图 8 – 11），太阳系中八大行星之一。按离太阳由近及远的次序，是第二颗。

金星，肉眼看上去呈金黄色，中国古代以五行之"金"名之。晨见称之为启明，昏见称之为长庚，后来知道这是同一颗行星在太阳不同侧，就称为太白或太白金星。

古希腊神话中称金星为阿佛洛狄忒（Aphrodite），古罗马人称作维纳斯（Venus），是希腊神话和罗马神话中爱与美的女神，同时又是执掌生育与航海的女神。所以金星的天文符号就是女性的标志：♀，生物学引用这个符号表示雌性。也有人形象地将这个符号比喻为"维纳斯的梳妆镜"。在圣经里，金星象征黎明代表路西法。

图 8 - 11　金星

金星和水星一样，是太阳系中仅有的两个没有天然卫星的行星。因此金星上的夜空中没有"月亮"，最亮的"星星"是地球。由于离太阳比较近，所以在金星上看太阳，太阳的大小比地球上看到的大 1.5 倍。

2. 肉眼观测金星

除太阳、月亮之外，金星是全天中最亮的星星，亮度为 -3.3 ～ -4.4 等，比著名的天狼星（除太阳外全天最亮的恒星）还要亮 14 倍，犹如一颗耀眼的钻石，在日出稍前或日落稍后达到最大亮度。

因为金星的轨道处于地球轨道的内侧。以地球为三角形的顶点之一，分别联结金星和太阳，就会发现这个角度非常小，东大距和西大距时最大，也只有 48.5°，因此金星会紧紧追随太阳，不会整夜出现在夜空中。所以，当我们看到金星的时候，不是在清晨便是在傍晚，并且分别处于天空的东方和西方低空。

金星同月球一样，也具有周期性的圆缺变化（位相变化），但是由于金星距离地球太远，肉眼是无法看出来的。伽利略发明天文望远镜后首先观测的天体中就有金星，他注意到金星的相位变化，并将其作为证明哥白尼的日心说的有力证据。

基于一种我们不知道的原因，玛雅人同时采用两套历法系统，而其中一套历法系统就是基于金星的周期运转而制成。

3. 金星的运动

（1）自转。

如果从太阳的北极上空鸟瞰太阳系，除金星和天王星外，其他的行星都是以逆时针方向也就是自西向东自转，但是金星却是顺时针也就是自东向西自转，它们的自转与公转逆行。

如何解释金星自转的缓慢和逆行，是科学家的一个难题。当它从太阳星云中形成时，金星的速度应该比现在更快，并且是与其他行星做同方向的自转。但计算显示在数十亿年的岁月中，作用在它浓厚的大气层上的潮汐效应会减缓它原来的转动速度，演变成今天的状况。金星逆向自转现象有可能是很久以前金星与其他小行星相撞而造成的，除了这种不寻常的逆行自转以外，金星还有一点不寻常，那就是金星的自转周期和轨道是同步的，这么一来，当两颗行星距离最近时，金星总是以同一个面来面对地球（每 5.001 个金星日发生一次）。这可能是潮汐锁定作用的结果——当两颗行星靠得足够近时，潮汐力就会影响金星自转。当然，也有可能仅仅是一种巧合。

金星的自转周期为243日，金星在赤道的转速约为1.8 m/s（而地球在赤道的转速大约是465 m/s），是主要行星中自转最慢的。按照地球标准，以一次日出到下一次日出算一天的话则金星上的一年要远远小于243日。

因为金星逆向自转的缘故，在金星上看日出是在西方，日落在东方；一个日出到下一个日出的昼夜交替是地球上的116.75天。

（2）公转。

在太阳系八大行星中，金星绕太阳公转的轨道，是一个很接近正圆的椭圆形，偏心率最小，仅为0.006 811，且与黄道面接近重合。其公转速度约为每秒35千米，公转周期约为224.71天。

金星是太阳系中唯一一颗没有磁场的行星。距离太阳0.725天文单位。

金星与太阳的平均距离为1.08×10^8千米。当金星的位置介于地球和太阳之间时，称为下合，平均每584天发生一次。此时会比任何一颗行星更接近地球，这时金星与地球的平均距离是4.1×10^7千米，由于地球轨道和金星轨道的离心率都在减小，因此这两颗行星最接近的距离会逐渐增加。而在离心率较大的期间，金星与地球的距离可以接近至3.82×10^7千米。令人好奇的是金星与地球平均584天的会合周期，几乎正好是5个金星的太阳日，这是偶然出现的关系，还是与地球潮汐锁定的结果，还无从得知。

4．对金星的探测

金星毗邻地球，其直径比地球小约4%，质量轻20%，密度低10%。理论上金星有一个半径约3 100千米的铁镍核，中间为幔，外面为壳。由于它在大小、密度、质量、外表各方面很像地球，所以它有地球的"孪生姊妹"之美称。

人类对太阳系行星的空间探测首先是从金星开始的，苏联和美国从20世纪60年代起，就对揭开金星的秘密倾注了极大的热情和探测竞争。迄今为止，发往金星或路过金星的各种探测器已经超过40个，获得了大量的有关金星的科学资料。

苏联首先开始探测金星，于1961年1月24日发射"巨人"号金星探测器，在空间启动时因运载火箭故障而坠毁。

1970年8月17日，"金星"7号发射升空，同年12月15日到达金星。该飞船的着陆舱能承受180个大气压，它穿过金星浓云密雾，冒着高温炽热，成功地到达了金星表面，成为第一个到达金星实地考察的人类使者。传回的数据表明，金星表面温度高达470摄氏度。大气压力强至少为地球的90倍，大气成分主要是二氧化碳，还有少量的氧、氮等气体。至此，人类揭开了金星神秘的面纱。

1978年9月9日和9月14日，苏联发射了"金星"11号和"金星"12号，两者均在金星成功实现软着陆，分别工作了110分钟。特别是"金星"12号于12月21日向金星下降的过程中，探测到金星上空闪电频繁、雷声隆隆，仅在距离金星表面11千米下降到5千米的这段时间就记录到1 000次闪电，有一次闪电竟然持续了15分钟。

1981年10月30日和11月4日先后上天的"金星"13号和"金星"14号，其着陆舱携带的自动钻探装置深入到金星地表，采集了岩石标本。研究表明，金星上的地质构造仍然很活跃，金星的岩浆里含有水分。从二者发回的照片知道，金星的天空及地表的物体都是橙黄色的。"金星"13号着陆区的温度是457℃，"金星"14号的着陆地点比较平坦，是一片棕红色的高原，地面覆盖着褐色的沙砾，岩石层比较坚硬，各层轮廓分明。"金星"13号下降着陆区的气压是89个大气压；"金星"14号下降着陆区为94个大气压，这样大的压力相当于地球海洋900米深处所具有的压力。在距离地面30~45千米的地方有一层像雾一样的硫酸气体，这种硫酸雾厚度大约25千米，具有很强的腐蚀性。探测表明，金星赤道带有从东到西的急流，最大风速达每秒110米。金星大气有97%是二氧化碳，还有少量的氮、氩及一氧化碳和水蒸气。主要由二氧化碳组成的金星大气，好似温室的保护罩一样，它只让太阳光的热量进来，不让其热量跑出去，因此形成金星表面的高温和高压环境。

1983年6月2日和6月7日，"金星"15号和"金星"16号相继发射成功，二者分别于10月10日和14日到达金星附近，成为其人造卫星，它们每24小时环绕金星一周，探测了金星表面以及大气层的情况。探测器上的雷达高度计在围绕金星的轨道上对金星表面进行扫描观测，雷达的表面分辨率达1~2千米，可看清金星表面的地形结构，成功绘制了北纬30度以北约25%金星表面地形图。1984年12月苏联发射了"金星—哈雷"探测器，1985年6月9日和13日与金星相会，向金星释放了浮升探测器—充氦气球和登陆舱，它们携带的电视摄像机对金星云层进行了探测，发现金星大气层顶有与自转同向的大气环流，速度高达320 km/h，登陆设备还钻探和分析了金星土壤。"金星—哈雷"探测器在完成任务后利用金星引力变轨，飞向哈雷彗星。综观苏联金星探测的特点在于，主要是投放降落装置考察，以特殊的工艺战胜金星上高温高压，取得了金星表面宝贵的第一手资料。

苏联航天技术的辉煌成就，极大地刺激了美国人。20世纪60年代初，美国宇航局根据肯尼迪总统提出的登月计划，全力开展探月活动；但又看到苏联对金星的探测活动，格外着急。美国当局立即决定分兵两路，在实施登月的同时，拿出一部分力量来探测金星。美国于1961年7月22日发射"水手"1号金星探测器，升空不久因偏离航向，只好自行引爆。1962年8月27日发射"水手"2号金星探测器，飞行2.8亿千米后，于1962年12月14日从距离金星3 500千米处飞过，星载微波辐射计首次测量了大气深处的温度，红外辐射计测量了云层顶部的温度。磁强计的测量结果表明金星磁场很弱，在它的周围不存在辐射带。还拍摄了金星全景照片，但由于设计上的缺陷，在探测过程中，光学跟踪仪、太阳能电池板、蓄电池组和遥控系统都先后出了故障，未能圆满执行计划。1967年6月14日发射"水手"5号金星探测器，同年10月19日从距离金星3 970千米处通过，做了大气测量。1973年11月3日发射"水手"10号水星探测器，1974年2月5日路过金星，从距离金星5 760千米处通过，对金星大气做了电视摄影，发回上千张金星照片。

从1978年起，美国把行星探测活动的重点转移到金星。1978年5月20日和8月

8 日，分别发射了"先驱者—金星"1 号和 2 号。其中 1 号在同年 12 月 4 日顺利到达金星轨道，并成为其人造卫星，对金星大气进行了 244 天的观测，考察了金星的云层、大气和电离层，研究了金星表面的磁场，探测了金星大气和太阳风之间的相互作用；还使用船载雷达测绘了金星表面地形图。

"先驱者—金星"2 号带有 4 个着陆舱一起进入金星大气层，其中一个着陆舱着陆后连续工作了 67 分钟，发回了一些图片和数据。在金星的云层中不同层次具有明显的物理和化学特征，金星上降雨时，落下的是硫酸而不是水，探测还表明，金星上有极其频繁的闪电；金星地形和地球相类似，也有山脉一样的地势和辽阔的平原；存在着火山和一个巨大的峡谷，其深约 6 千米、宽 200 多千米、长达 1 000 千米；金星表面有一个巨大的直径达 120 千米的凹坑，其四周陡峭，深达 3 千米。

为了在探测金星方面取得更大的成就，美国宇航局决定要利用其在雷达探测技术方面的先进设备，透过金星浓密的云层，详细勘察金星的全貌和地质构造。1989 年 5 月 4 日，亚特兰蒂斯号航天飞机将"麦哲伦"号金星探测器带上太空，并于第二天把它送入金星的航程。"麦哲伦"号的中心任务是对金星做地质学和地球物理学探测研究，通过先进的雷达探测技术，研究金星是否具有河床和海洋构造，因苏联有科学家推测，大约 40 亿年前金星上有过汪洋大海。

"麦哲伦"号拍摄到金星上一个 40 千米×80 千米大的熔岩平原，雷达的测绘图像非常清晰，可以清楚地辨认出火山熔岩流、火山口、高山、活火山、地壳断层、峡谷和岩石坑。金星火山数以千计，火山周围常有因陨石撞击而形成的沉积物，像白色花朵。"麦哲伦"号发现金星上的尘土细微而轻盈，较易于被吹动，探测表明金星表面确实是有风的，很可能像"季风"那样，时刮时停，有时还会发生大风暴。金星表面温度高达 280℃～540℃。它没有天然卫星，没有水滴，其磁场强度也很小，大气主要以二氧化碳为主，一句话，它不适宜生命存活。它的表面 70% 左右是极为古老的玄武岩平原，20% 是低洼地，高原大约占了金星表面的 10%，金星上最高的山是麦克斯韦火山，高达 12 000 米。在金星赤道附近面积达 2.5 万平方千米的平原上，有 3 个直径为 37～48 千米的火山口。金星上环绕山极不规则，总共约 900 个，而且痕迹都非常年轻。

"麦哲伦"号拍摄了金星绝大部分地区的雷达图像，它的许多图像与苏联"金星"15 号和"金星"16 号探测器所摄雷达照片经常可以重合拼接起来，使判读专家得以相互印证，从而使得人们对金星有进一步的了解。虽说金星空间探测硕果累累，但仍然有许多待解之谜。譬如说，金星上确曾有过海吗？金星上的温室效应是在什么时候、怎样发生的？金星表面是经过大规模的火山活动而重新形成的吗？金星大气的精确化学成分是什么？等等。

5. 金星的地质构造

关于金星的内部结构，还没有直接的资料，从理论推算得出，金星的内部结构和地球相似，有一个半径约 3 100 千米的铁—镍核，中间一层是主要由硅、氧、铁、镁等的化合物组成的"幔"，而外面一层是主要由硅化合物组成的很薄的"壳"。如

图 8 – 12 所示。

金星的平均密度为 5.24 g/cm³，仅次于地球与水星，为八大行星中第三位。

金星表面上有 70% 平原，20% 高地，10% 低地。

在金星表面的大平原上有两个主要的大陆状高地。北边的高地叫伊师塔地（Ishtar Terra），拥有金星最高的麦克斯韦山脉（比喜马拉雅山高出两千多米），麦克斯韦山脉（Maxwell Montes）包围了拉克西米高原（Lakshmi Planum）。伊师塔地大约有澳大利亚那么大。南半球有更大的阿芙罗狄蒂地（Aphrodite Terra），面积与南美洲相当。这些高地之间有许多广阔的低地，包括爱塔兰塔平原低地

图 8 – 12　金星构造

（Atalanta Planitia）、格纳维尔平原低地（Guinevere Planitia）以及拉卫尼亚平原低地（Lavinia Planitia）。除麦克斯韦山脉外，所有的金星地貌均以现实中或神话中女性命名。由于金星浓厚的大气让流星等天体在到达金星表面之前减速，所以金星上的陨石坑直径都不超过 3.2 千米。

大约 90% 的金星表面是由不久之前才固化的玄武岩熔岩形成，当然也有极少量的陨石坑。

根据探测器探测，发现金星岩浆里含有水。金星可能与地球一样有过大量的水，但都被蒸发，消散殆尽了，使如今变得非常干燥。地球如果再离太阳近一些的话也会有相同的下场。我们从这里知道为什么基础条件如此相似但却有如此不同现象的原因。

来自"麦哲伦"号飞行器映像雷达的数据表明大部分金星表面（见图 8 – 13）由熔岩流覆盖，有几座大屏蔽火山，如 Sif Mons，类似于夏威夷和火星的 Olympus Mons（奥林匹斯山脉）。

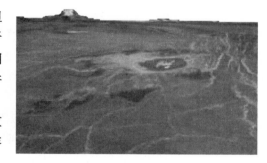

图 8 – 13　金星表面

玛亚特山，金星上最大的火山之一，比周围地区高出 9 000 米，宽 200 千米，火山及火山活动在金星表面为数很多。至少 85% 的金星表面覆盖着火山岩，除了几百个大型火山外，在金星表面还零星分布着 100 000 多座小型火山，从火山中喷出的熔岩流形成了长长的沟渠，其中最长的一条超过 7 000 千米。

6. 金星的自然环境

（1）气温和气压状况。

有人称金星是地球的姊妹星，确实，从结构上看，金星和地球有不少相似之处。

金星的半径约为 6 073 千米，只比地球半径小 300 千米，体积是地球的 0.88 倍，质量为地球的 4/5；平均密度略小于地球。虽说如此，但两者的环境却有天壤之别：金星的表面温度很高，不存在液态水，加上极高的大气压力和严重缺氧等残酷的自然条件，金星极少可能有生命的存在。由此看来，金星和地球只是一对"貌合神离"的姐妹。虽然金星比地球离太阳的距离要近，它表面所得光照却比地球少。

金星大气中，二氧化碳最多，占 96% 以上；含有少量大约 3% 的氮气，因此具有强烈的温室效应。如果没有温室效应作用，金星表面温度就会和地球很接近。尽管金星的自转很慢（金星的"一天"比金星的"一年"还要长，赤道地带的自转速度仅有每小时 6.5 千米），但是由于热惯性和浓密大气的对流，昼夜温差并不大。大气上层的风只要 4 天就能绕金星一周来平衡不同地区的热量。

同地球一样，金星的地表年龄也非常年轻，约 5 亿年左右。不过这些基本的类似中，也存在很多不同点。金星地表没有水，空气中也没有水分存在，其云层的主要成分是硫酸，而且较地球云层的高度高得多。由于大气高压，金星上的风速也相应缓慢。这就是说，金星地表风的影响很小也没有雨水的冲刷。因此，金星的火山特征能够清晰地保持很长一段时间。

在云层顶端金星有着每小时 350 千米的大风，而在表面却是风平浪静，每小时不会超过数千米，然而，考虑到大气的浓密程度，就算是非常缓慢的风也会具有巨大的力量来克服前进的阻力。金星自转速度如此的缓慢，但却有如此快速转动的上层大气，至今仍是个令人不解的谜团。

金星大气中还有一层厚达 20~30 千米的由浓硫酸组成的浓云完全覆盖整个金星表面。浓厚的金星云层使金星上的白昼朦胧不清，这里没有我们熟悉的蓝天、白云，天空是橙黄色的。

当金星云层形成时，太阳贮存在空气中的能量可以在非常强大的放电中被释放出来。随着云粒子发生碰撞，电荷从大粒子转移到小粒子，大粒子下降，小粒子上升。电荷的分离导致了雷击。这对行星大气层的形成是个很重要的过程，因为它使大气层一小部分的温度和压力提升到一个很高的值，使分子可以形成，而在标准大气的温度和压力下，这本来是不会出现的。因此，有些科学家据此推测，闪电可能有助于地球上生命的出现。

2020 年 9 月 14 日，在《自然天文学》杂志上发表的一项研究：夏威夷和智利的两台望远镜在金星厚厚的云层中发现了可能的生命迹象——磷化氢的化学特征。

（2）地形地貌。

金星上地形地貌的主要特点是火山密布，是太阳系中拥有火山数量最多的行星。没有人计算过它们的数量，估计总数超过 10 万，甚至 100 万个。

尽管金星上峡谷纵横，但没有哪一条看起来类似地球的海沟，没有线性的火山链，没有明显的板块消亡地带，没有板块构造，由此基本上可以判断金星地壳没有类似于地球上的板块运动，是不是正因为如此，金星内能只能通过火山运动来释放，还有待更多的资料来分析验证。

金星火山造型各异。除了较普遍的盾状火山，还有很多复杂的火山特征和特殊的火山构造。目前为止科学家在此尚未发现活火山，但是由于研究数据有限，因此，尽管大部分金星火山早已熄灭，仍不排除小部分依然活跃的可能性。

从不同方面呈现的迹象表明，金星火山的喷发形式也较为单一。凝固熔岩层显示，大部分金星火山喷发时，只是流出熔岩流，没有剧烈爆发、喷射火山灰的迹象，甚至熔岩也不似地球熔岩那般泥泞黏质。这种现象不难理解。爆炸性的火山喷发，熔岩中需要有巨大量的气体成分，高气压可抑制气体膨胀，减缓爆发。在地球上，促使熔岩剧烈喷发的主要气体是水气，而金星上缺乏水分子。另外，地球上绝大部分黏质熔岩流和火山灰喷发都发生在板块消亡地带。因此，缺乏板块消亡带也大大减少了金星火山猛烈爆发的概率。

金星约有10万个直径小于20千米的小型盾状火山。这些火山通常成串分布，被称为盾状地带。已被科学家在地图上标出的盾状地带，超过550个，多数直径在100～200千米之间。盾状地带分布广泛，主要出现在低洼平原或低地的丘陵处。科学家发现，许多盾状地带已经被更新的熔岩平原覆盖，因此他们推测，盾状地带的年龄非常古老，可能形成于火山活动初期。

（3）金星磁场。

金星本身的磁场与太阳系的其他行星相比是非常弱的。这可能是因为金星的自转不够快，其地核的液态铁因切割磁感线而产生的磁场较弱造成的。这样一来，太阳风就可以毫无缓冲地撞击金星上层大气。最早的时候，人们认为金星和地球的水在量上相当，然而，太阳风攻击已经让金星上层大气水蒸气分解为氢和氧。氢原子因为质量小逃逸到了太空。

7．行星之最

金星是肉眼看到最亮的行星：从地球上看，通常肉眼可见的五颗行星（木星、火星、水星、土星和金星）中最亮的是金星，最大星等为 -4.4。

8．凌日现象

和水星一样，金星是位于地球绕日公转轨道以内的"地内行星"。因此，当金星运行到太阳和地球之间时，我们可以看到在太阳表面有一个小黑点慢慢穿过，这种天象称之为"金星凌日"。天文学中，往往把相隔时间最短的两次"金星凌日"现象分为一组。这种现象的出现规律通常是 8 年、121.5 年，以及 8 年、105.5 年，以此循环。据天文学家测算，距今最近一组金星凌日的时间为 2004 年 6 月 8 日和 2012 年 6 月 6 日。这主要是由于金星围绕太阳运转 13 圈后，正好与围绕太阳运转 8 圈的地球再次互相靠近，并处于地球与太阳之间，这段时间相当于地球上的 8 年。

公元 17 世纪，著名的英国天文学家哈雷曾经提出，金星凌日时，在地球上两个不同地点同时测定金星穿越太阳表面所需的时间，由此算出太阳的视差，可以得出准确的日地距离。可惜，哈雷本人活了 86 岁，从未遇上过"金星凌日"。在哈雷提出他的观测方法后，曾出现过4次金星凌日，每一次都受到科学家的极大重视。

他们不远千里，奔赴最佳观测地点，从而取得了一些重大发现。1761年5月26日金星凌日时，俄罗斯天文学家罗蒙诺索夫，就一举发现了金星大气。19世纪，天文学家通过金星凌日搜集到大量数据，成功地测量出日地距离1.496亿千米。当今的天文学家们，要比哈雷幸运得多，可以用很多先进的科学手段，去进一步研究地球的近邻——金星了！

9. 金星的一些数据

①距太阳距离：1.082亿千米（约0.72天文单位）；

②质量：4.869×10^{24} kg，密度：5.24 g/cm³；

③直径：12 103.6千米，赤道半径：6 051.8千米，表面积4.6×10^8 km²；

④表面温度：465℃~485℃；

⑤表面引力：8.78 m/s²，逃逸速度：10.4 km/s；

⑥视星等：-3.3 ~ -4.4；

⑦自转周期：243.01日；

⑧公转周期：224.701日，公转半径：108 208 930千米（约0.72天文单位）；

⑨轨道偏心率：0.007，轨道倾角：3.395度；

⑩平均轨道速度：35.03 km/s；

⑪近日点：107 476 259千米，远日点：108 942 109千米；

⑫升交点黄经：76.3°，近日点黄经：131°；

⑬质量比值（地球质量=1）：0.815；

⑭卫星数量：0个。

三、地球

1. 地球（见图8-14）简述

西方名为 Earth，强调它土壤肥沃，滋养万物；Globe，强调它是一个球体。

以神祇地母盖亚（Gaia）冠之；按照离太阳由近及远的次序排为第三颗，故有第三行星之名。地球是太阳系八大行星之一，也是太阳系中直径、质量和密度最大的类地行星，距离太阳$1.495\,978\,70 \times 10^8$千米（499.005光秒或1AU）。现年约46亿岁。

地球赤道半径6 378.137千米，极半径6 356.752千米，平均半径约6 371千米，赤道周长大约为40 076千米，呈两极稍扁赤道略鼓

图8-14　地球

的不规则的椭圆球体。说得更精确一些，相对于正圆球，北极就像梨的蒂，凸出来 15 千米，南极就像梨的脐，凹下去 21 千米。

地球表面积 5.100 72 亿 km^2，其中 70.8% 为海洋（3.611 32 亿 km^2），大洋则包括太平洋、大西洋、印度洋、北冰洋四个大洋及其附属海域。海岸线共 35.6 万千米。蓝色的海洋覆盖着大部分地表，在太空上看地球总体上呈蓝色，故别名蓝星；29.2% 为陆地（1.489 4 亿 km^2），主要在北半球，有五个大陆：亚欧大陆、非洲大陆、美洲大陆、澳大利亚大陆和南极大陆，另外还有很多岛屿。

地球内部有地核、地幔、地壳结构，地球外部有水圈、大气圈以及磁场。地球是目前宇宙中人类已知存在生命的唯一天体，是包括人类在内上百万种生物的家园。

2. 地球的诞生和演化

（1）地球的年龄。

进入 21 世纪，科学家通过同位元素铪 182 和钨 182 两种放射元素来计算地球和月球的年龄。铪 182 的衰变期为 900 万年，衰变之后的同位素为钨 182，而钨 182 则是地核的组成部分之一。科学家们认为在地球形成时，几乎所有的铪 182 元素全部已经衰变成了钨 182。仅有极少量存在，正是这微量的铪 182 才能够帮助科学家测算地球的真实年龄。尼尔斯研究所的教授说道："所有的铪完全衰变成钨需要 50 亿~60 亿年的时间，并且都会沉在地核，而最新的测算表明，地球和月球上地幔含有的元素量高于太阳系，而经过测算时间大约为 1.5 亿年。"

科学家对地球的年龄再次进行了确认，认为地球的诞生要远远晚于太阳系产生的时间，在 2007 年时，瑞士的科学家认为地球的产生要比太阳系形成晚 6 200 万年。

按现在大家接受的星云说，太阳系起源于 45.672 亿 ±60 万年以前的原始太阳星云。

大约在 45.4 亿年前（误差约 1%），地球和太阳系内的其他行星开始在太阳星云——太阳形成后残留下来的气体与尘埃形成的圆盘状体内形成。通过吸积的过程，地球经过一两千万年的时间，大致上已经完全成形。从古老岩层的同位素测定，以及其他方法，我们也可以断定，地球诞生于 46 亿年前。

（2）地月系的形成与演化。

地球继承了原星云的动量，自西向东围绕太阳公转的同时同向自转。它有一个天然卫星——月球，二者组成一个天体系统——地月系统。

月球自西向东围绕地球公转的同时同向同步自转。

月球形成得较晚，大约是 45.3 亿年前，一颗火星大小，质量约为地球 10% 的天体（通常称为忒伊亚）与地球发生致命性的碰撞。这个天体的部分质量与地球结合，还有一部分飞溅入太空中，并且有足够的物质进入轨道形成了月球。

地球演化大致可分为三个阶段：

第一阶段为地球圈层形成时期，大致距今 46 亿年至 42 亿年。

46 亿年前诞生的地球，根据科学家推断，地球形成之初是一个由炽热液体物质

（主要为岩浆）组成的球，密度大的物质向地心移动，固态铁镍的地核逐渐形成；密度小的物质（硅酸盐类岩石等）浮在地球表面，这就形成了一个表面主要由岩石组成的地球。

岩浆中的水汽不断析出、上升，形成的暴雨不断下落到炽热的地表，马上蒸发形成水蒸气，将热能带到高空，如此不断反复，伴随着雷鸣电闪、时间的推移，地表的温度不断下降，地球的外层从最初熔融的状态，逐渐冷却凝固成固体的地壳。

小行星、较大的原行星、彗星和海王星外天体等携带来的水，使地球的水分增加，冷凝的水产生海洋。

第二阶段为太古宙、元古宙时期，距今 42 亿年至 5.43 亿年。

地球不间断地向外释放能量，地表温度不断下降，可以有液态水存留了。由高温岩浆不断喷发释放的水蒸气，以及二氧化碳等气体构成了非常稀薄的早期大气层——原始大气。随着原始大气中的水蒸气的不断增多，越来越多的水蒸气凝结成小水滴，再汇聚成雨水落入地表。就这样，原始的海洋形成了。

第三阶段为显生宙时期，其时限为 5.43 亿年前至今。显生宙延续的时间相对短暂，但这一时期地质演化十分迅速。海洋水强烈吸收高能射线，生物因而得以出现并极其繁盛；地质作用丰富多彩，加之地质体及生物化石遍布全球各地，广泛保存，可以对其进行观察和研究，为地质科学的主要研究对象，并建立起了地质学的基本理论和基础知识体系。

有两个主要的理论阐述大陆的成长过程：稳定的成长到现代和在早期的历史中快速地成长。研究显示第二种学说比较可能，早期的地壳是快速成长的，随后形成的大陆地区长期稳定。在最后数亿年间，地壳不断的重塑自己，大陆持续的形成和分裂。在表面迁徙的大陆板块，偶尔会结成超大陆。大约在 7.5 亿年前，已知最早的一个超大陆罗迪尼亚开始分裂，稍后又在 6 亿至 5.4 亿年时合并成潘诺西亚大陆，最后是 1.8 亿年前开始分裂的盘古大陆，经过板块移动重组，基本形成现在的海陆分布格局。

3．地球的运动

（1）自转。

地球存在绕自转轴自西向东的自转，真正旋转一周（恒星日）的时间为 23 时 56 分 4 秒；通常说的一天（太阳日）的长度是 24 时，所以一个太阳日地球自转了 $360°59'$，平均角速度为 $15°2.5'/h$。在地球赤道上，自转的线速度是每秒 465 米。

天空中各种天体东升西落的现象都是地球自转的反映。人们最早利用地球自转作为计量时间的基准。自 20 世纪以来由于天文观测技术的发展，人们发现地球自转是不均匀的。1967 年国际上开始建立比地球自转更为精确和稳定的原子时。由于原子时的建立和采用，地球自转中的各种变化相继被发现。天文学家已经知道地球自转速度存在长期减慢、不规则变化和周期性变化。

地球自转的周期性变化主要包括周年周期的变化，月周期、半月周期变化以及近周日和半周日周期的变化。周年周期变化，也称为季节性变化，是 20 世纪 30 年代发现的，它表现为春天地球自转变慢，秋天地球自转加快，其中还带有半年周期的变化。周年变化的振幅为 20～25 毫秒，主要由风的季节性变化引起。半年变化的振幅为 8～9 毫秒，主要由太阳潮汐作用引起。此外，月周期和半月周期变化的振幅约为 ±1 毫秒，是由月亮潮汐力引起的。地球自转具有周日和半周日变化是在最近的十几年中才被发现并得到证实的，振幅只有约 0.1 毫秒，主要是由月亮的周日、半周日潮汐作用引起的。

（2）公转。

地球公转的轨道是椭圆的，日地平均距离（1 天文单位 AU）公转轨道半长径为 $1.495\,978\,70 \times 10^{11}$ 米。轨道的偏心率为 0.016 7。公转的平均轨道速度为 29.79 km/s；日地最远的距离：$1.521\,0 \times 10^{11}$ 米，日地最近的距离：$1.471\,0 \times 10^{11}$ 米，远日点与近日点距离相差 500 万千米。

当前，公转的轨道面（黄道面）与地球赤道面的交角亦即黄赤交角为 23°26′21.448″，目前，我国高中地理教科书上采用 23°26′。

地球自转产生了地球上的昼夜变化，地球公转及黄赤交角的存在造成了四季的交替。从地球上看，太阳沿黄道逆时针运动，黄道和赤道在天球上存在相距 180° 的两个交点，对居住的北半球的人来说，其中太阳沿黄道从天赤道以南向北通过天赤道的那一点（升交点），称为春分点；与春分点相隔 180° 的另一点（降交点），称为秋分点。太阳分别在每年的 3 月 21 日前后和 9 月 23 日前后通过春分点和秋分点。当太阳分别经过春分点和秋分点时，就意味着已进入春季或是秋季时节。太阳通过春分点到达最北的那一点称为夏至点，与之相差 180° 的另一点称为冬至点，太阳分别于每年的 6 月 22 日前后和 12 月 22 日前后通过夏至点和冬至点。当太阳在夏至点和冬至点附近，从天文学意义上，已进入夏季和冬季时节。上述情况，对于居住在南半球的人，则正好相反。

4．对地球的探测

（1）位置。

站在地球上来确定地球在宇宙中的位置，实在不太容易。自 15 世纪以来，这一认识发生了根本性的拓展。

起初，地球被认为是宇宙的中心，而当时对宇宙的认识只包括那些肉眼可见的行星和天球上看似固定不变的恒星。17 世纪日心说被广泛接受，其后威廉·赫歇尔和其他天文学家通过观测发现太阳位于一个由恒星构成的盘状星系中。到了 20 世纪，对螺旋状星云的观测显示银河系只是膨胀宇宙中的数十亿计的星系中的一个。到了 21 世纪，可观测宇宙的整体结构开始变得明朗——超星系团构成了包含大尺度纤维和空洞的巨大的网状结构。在更大的尺度上（十亿秒差距以上）宇宙是均匀的，也就是说其各个部分平均有着相同的密度、组分和结构。

宇宙是没有"中心"或者"边界"的，因此我们无法标出地球在整个宇宙中的绝对位置。地球位于可观测宇宙的中心，这是因为可观测性是由可观测天体到地球的距离决定的。在各种尺度上，我们可以以特定的结构作为参照系来给出地球的相对位置。目前依然无法确定宇宙是否是无穷的。

5. 地球的圈层构造

地球圈层分为地球外圈和地球内圈两大部分。地球外圈可进一步划分为四个基本圈层，即大气圈、水圈、生物圈和岩石圈；地球内圈可进一步划分为三个基本圈层，即地幔圈、外核液体圈和固体内核圈。此外在地球外圈和地球内圈之间还存在一个软流圈，它是地球外圈与地球内圈之间的一个过渡的不连续圈层，位于地面以下平均深度约150千米处。这样，整个地球总共包括八个圈层，其中岩石圈、软流圈和地球内圈一起构成了所谓的固体地球。对于地球外圈中的大气圈、水圈和生物圈，以及岩石圈的表面，一般用直接观测和测量的方法进行研究。而地球内圈，主要用地球物理的方法，例如地震学、重力学和高精度现代空间测地技术观测的反演等进行研究。地球各圈层在分布上有一个显著的特点，即固体地球内部与表面之上的高空基本上是上下平行分布的，而在地球表面附近，各圈层则是相互渗透甚至相互重叠的，其中生物圈表现最为显著，其次是水圈。固体地球结构详见表8-4。

表8-4　固体地球结构

地球圈层名称			深度 / （km）	地震 纵波速度 / （km/s）	地震 横波速度 / （km/s）	密度 / （g/cm³）	物质 状态
一级 分层	二级 分层	传统 分层					
外球	地壳	地壳	0～33	5.6～7.0	3.4～4.2	2.6～2.9	固态物质
	外过渡层	外过渡层 （上）	上地幔	33～980	8.1～10.1	4.4～5.4	3.2～3.6	部分 熔融物质
		外过渡层 （下）	下地幔	980～2 900	12.8～13.5	6.9～7.2	5.1～5.6	液态— 固态物质
液态 层	液态层	外地核	2 900～4 700	8.0～8.2	不能通过	10.0～11.4	液态物质
内球	内过渡层	过渡层	4 700～5 100	9.5～10.3	—	12.3	液态— 固态物质
	地核	地核	5 100～6 371	10.9～11.2	—	12.5	固态物质

（1）大气圈。

地球大气圈是地球外圈中最外部的气体圈层，它包围着海洋和陆地。大气圈没有确切的上界，在 2 000 千米～1.6 万千米高空仍有稀薄的气体和基本粒子。在地下，土壤和某些岩石中也会有少量空气，它们也可认为是大气圈的一个组成部分。地球大气的主要成分为氮气（78%）、氧气（21%）、氩等稀有气体（0.939%）、二氧化碳（0.031%）和不到 0.04% 比例的微量气体。地球大气圈气体的总质量约为 5.136×10^{21} 克，相当于地球总质量的 0.86%。由于地心引力作用，几乎全部的气体集中在离地面 100 千米的高度范围内，其中 75% 的大气又集中在地面至 10 千米高度的对流层范围内。根据大气分布特征，在对流层之上还可分为平流层、中间层、热成层等。

（2）水圈。

水圈包括海洋、江河、湖泊、沼泽、冰川、永冻土底冰、地下水和大气水等，它是一个连续但不规则的圈层。从离地球数万千米的高空看地球，可以看到地球大气圈中水汽形成的白云和覆盖地球大部分的蓝色海洋，它使地球成为一颗"蓝色的行星"。地球水圈总质量为 1.66×10^{24} g，约为地球总质量的 1/3 600，其中海洋水质量约为陆地（包括河流、湖泊和表层岩石孔隙和土壤中）水的 35 倍。如果整个地球没有固体部分的起伏，那么全球将被深达 2 600 米的水层均匀覆盖。大气圈和水圈相结合，组成地表的流体系统。

（3）岩石圈。

对于地球岩石圈，除表面形态外，是无法直接观测到的。它主要由地球的地壳和地幔圈中上地幔的顶部组成，从固体地球表面向下穿过第一个不连续面（莫霍面），一直延伸到软流圈为止。软流圈并不完整，但在地球的物质循环中扮演不可或缺的角色。在洋底下面，它位于约 60 千米深度以下；在大陆地区，它位于约 120 千米深度以下，平均深度约位于 60～250 千米处。现代观测和研究已经肯定了这个软流圈层的存在。也正是由于这个软流圈的存在，将地球外圈与地球内圈区别开来了。

岩石圈厚度不均一，平均厚度约为 100 千米。由于岩石圈及其表面形态与现代地球物理学、地球动力学有着密切的关系，因此，岩石圈是现代地球科学中研究得最多、最详细、最彻底的固体地球部分。由于洋底占据了地球表面总面积的 2/3 之多，而大洋盆地约占海底总面积的 45%，其平均水深为 4 000～5 000 米，大量发育的海底火山就是分布在大洋盆地中，其周围延伸着广阔的海底丘陵。因此，整个固体地球的主要表面形态可认为是由大洋盆地与大陆台地组成，对它们的研究，构成了与岩石圈构造和地球动力学有直接联系的"全球构造学"理论。

（4）生物圈。

地球大气圈、水圈和地表的矿物为生物提供了生命所需的气体、水和矿物质，在地球上水的三种物态俱存这个合适的温度条件下，形成了适合于生物生存的自然环境。人们通常所说的生物，是指有生命的物体，包括植物、动物和微生物。据估计，现有生存的植物约有 40 万种，动物约有 110 多万种，微生物至少有 10 多万种。据统计，在地质历史上曾生存过的生物约有 5 亿~10 亿种之多，然而，在地球漫长的演化过程中，绝大部分都已经灭绝了。现存的生物生活在岩石圈的上层部分、大气圈的下层部分和水圈的全部，构成了地球上一个独特的圈层，称为生物圈。生物圈这个独特圈层在太阳系所有行星中仅存在于地球上。

（5）地幔圈。

在软流圈之下就是地球内圈。地震波除了在地面以下约 33 千米处有一个显著的不连续面（称为莫霍面）之外，在软流圈之下，直至地球内部约 2 900 千米深度的界面处，属于地幔圈。由于地球外核为液态，在地幔中的地震波 S 波（横波）不能穿过此界面在外核中传播，P 波（纵波）曲线在此界面处的速度也急剧降低。这个界面是古登堡在 1914 年发现的，所以也称为古登堡面，它构成了地幔圈与外核流体圈的分界面。整个地幔圈由上地幔（33~410 千米）、下地幔的 D′层（1 000~2 700 千米深度）和下地幔的 D″层（2 700~2 900 千米深度）组成。地球物理的研究表明，D′层存在强烈的横向不均匀性，其不均匀的程度甚至可以和岩石层相比拟，它不仅是地核热量传送到地幔的热边界层，而且极可能是与地幔有不同化学成分的化学分层。

（6）外核液体圈。

地幔圈之下就是所谓的外核液体圈，它位于地面以下约 2 900~5 120 千米深度。整个外核液体圈基本上可能是由动力学黏度很小的液体构成的，其中 2 900~4 980 千米深度称为 E 层，完全由液体构成。4 980~5 120 千米深度层称为 F 层，它是外核液体圈与固体内核圈之间一个很薄的过渡层。

（7）固体内核圈。

地球八个圈层中最靠近地心的就是所谓的固体内核圈了，它位于地面以下约 5 120~6 371 千米地心处，又称为 G 层。根据对地震波速的探测与研究，证明 G 层为固体结构。地球内层不是均质的，地球平均密度为 5.515 g/cm³，而地球岩石圈的密度仅为 2.6~3.0 g/cm³。由此，地球内部的密度必定要大得多，并随深度的增加，密度也出现明显的变化。地球内部的温度随深度而上升。根据最近的估计，在 100 千米深度处温度为 1 300℃，300 千米处为 2 000℃，在地幔圈与外核液态圈边界处，约为 4 000℃，地心处温度则在 6 000℃以上。

6. 地球的自然环境

（1）气温和气压状况。

地球表面的气温受到太阳辐射的影响，全球地表平均气温约 15℃左右。而在不见阳光的地下深处，温度则主要受地热的影响，随深度的增加而增加。在地球中心处的地核温度更高达 6 000℃以上，比太阳光球表面温度（5 778 K，5 500℃）更高。地球表面最热的地方出现在伊拉克的巴士拉，最高气温为 58.8℃。地球北半球的"冷极"在东西伯利亚山地的奥伊米亚康，1961 年 1 月测得的最低温度是 -71℃。世界的"冷极"在南极大陆，1967 年初，俄罗斯人在东方站曾经记录到 -89.2℃的最低温度。

（2）地形地貌。

月食时，仔细观察就会发现投射在月球上的地球影子总是圆的；往南或往北做长途旅行时，则会发现同一个星星在天空中的高度是不一样的。一些聪明的古人从诸如此类的蛛丝马迹中就已经猜测到地球可能是球形的。托勒密的地心说也明确地描述了地球为球形的观点，但是直到16世纪葡萄牙航海家麦哲伦的船队完成人类历史上的第一次环球航行，才真正用实践无可辩驳地证明了地球是个球体。

从宇宙空间看地球，可将它视为一个规则球体。如果按照这个比例制作一个半径为1米的地球仪，那么赤道半径仅仅比极半径长了大约3毫米，凭着人的肉眼是难以察觉出来的，因此在制作地球仪时总是力图将它做成圆球。

以理想球面为准，陆地上最低点为死海；全球最低点：马里亚纳海沟；全球最高点：珠穆朗玛峰。

（3）地球磁场。

因为地球自西向东旋转，而地磁场外部是从磁北极指向磁南极（即南极指向北极），所成的环形电流与地球自转的方向相反，所以是带负电的。

7．行星基本数据

①直径：12 756 千米，赤道圆周长：40 075.13 千米；

②体积：$1.083\ 207\ 3 \times 10^{12} km^3$；

③平均密度：5 507.85 kg/m³；

④质量：$5.965 \times 10^{24} kg$，逃逸速度：11.186 km/s（39 600 km/h），重力加速度标准值 g = 9.807 m/s²；

⑤公转周期一年：365.242 19 天；

⑥轨道周长：924 375 700.0 千米，轨道倾角：7.25°至太阳赤道；

⑦轨道半短轴：149 576 999.826 千米，半长轴：149 597 887.5 千米，离心率：0.016 710 219；

⑧远日点距离：152 097 701.0 千米，近日点距离：147 098 074.0 千米；

⑨近日点辐角：114.207 83°；

⑩平均公转速度：29.783 km/s，最大公转速度：30.287 km/s（109 033 km/h），最小公转速度：29.291 km/s；

⑪自转周期：23 h 56 m 04 s，赤道旋转速度：465.11 m/s；

⑫反照率：0.367，表面平均温度：15℃。

8. 地球时代划分（见表 8 - 5）。

表 8 - 5　地球时代划分

序号	史前时代	距今约/亿年	主要事件
1	冥古宙、隐生代	45.7	地球出现
2	原生代	41.5	地球上出现第一个生物——细菌
3	酒神代	39.5	古细菌出现
4	早雨海代	38.5	地球上出现海洋和其他的水
5	太古宙、始太古代	38	地球的岩石圈、水圈、大气圈和生命形成
6	古太古代	36	蓝绿藻出现
7	中太古代	32	原核生物进一步发展
8	新太古代	28	第一次冰河期
9	元古宙、成铁纪	25	—
10	层侵纪	23	—
11	造山纪	20.5	—
12	古元古代、固结纪	18	—
13	盖层纪	16	—
14	延展纪	14	—
15	中元古代、狭带纪	12	—
16	拉伸纪	10	罗迪尼亚古陆形成
17	成冰纪	8.50	发生"雪球"事件
18	新元古代、埃迪卡拉纪	6.3	多细胞生物出现
19	显生宙、古生代、寒武纪	5.42	寒武纪生命大爆发
20	奥陶纪	4.883	鱼类出现；海生藻类繁盛
21	志留纪	4.437	陆生的裸蕨植物出现
22	泥盆纪	4.16	鱼类繁荣；两栖动物出现；昆虫出现；裸子植物出现；石松和木贼出现
23	石炭纪	3.592	昆虫繁荣；爬行动物出现；煤炭森林
24	二叠纪	2.99	二叠纪灭绝事件，地球上 95% 生物灭绝；盘古大陆形成

续上表

序号	史前时代	距今约/亿年	主要事件
25	中生代、三叠纪	2.51	恐龙出现；卵生哺乳动物出现
26	侏罗纪	1.996	有袋类哺乳动物出现；鸟类出现；裸子植物繁荣；被子植物出现
27	白垩纪	0.996	恐龙的繁荣和灭绝、白垩纪—第三纪灭绝事件，地球上45%生物灭绝，有胎盘的哺乳动物出现
28	第三纪	未知	动植物都接近现代
29	第四纪	0.062 1	人类出现

9. 地球卫星——月球

在太阳系里，除水星和金星外，其他行星都有天然卫星。月球是地球唯一的天然卫星。中国古代以日为太阳，恒星为少阳；以月为太阴，行星为少阴。

由于月球在天空中非常显眼，在光源缺乏的年代，月球在夜晚成为天然的"明灯"，故称月亮。文人墨客常称之为玉兔、玄兔、婵娟、玉盘。在古代传说中，嫦娥偷吃了后羿的长生不老的灵药，带着宠物兔飞升，来到广寒宫忍受清寒。阴影被描绘为桂树，且无时无刻地生长，为免于月亮被撑破，吴刚不得不一刻不停地伐桂。

英文：Moon，古希腊人以猎神阿尔忒弥斯冠之。

规律性的月相变化，自古以来就对人类文化如神话传说、宗教信仰、哲学思想、历法编制、文学艺术和风俗传统等产生重大影响。

（1）月球的起源。

月球的起源莫衷一是。对月球的起源，历史上大致有三大派。而后期则在各种说法的基础上，结合新的研究结果而形成了"大碰撞说"。

①分裂说。

这是最早解释月球起源的一种假设。早在1898年，著名生物学家达尔文的儿子乔治·达尔文就在《太阳系中的潮汐和类似效应》一文中指出，月球本来是地球的一部分，后来由于地球转速太快，把地球上一部分物质抛了出去，这些物质脱离地球后形成了月球，而遗留在地球上的大坑，就是太平洋。

这一观点很快就受到了一些人的反对。他们认为，以地球的自转速度是无法将那样大的一块东西抛出去的。再说，如果月球是地球抛出去的，那么二者的物质成分就应该是一致的。可是通过对"阿波罗"12号飞船从月球上带回来的岩石样本进行化验分析，发现二者相差非常远。月球表面岩石的年龄极其古老，全月球表面岩石的年龄介于30亿~42亿年之间，地球表面最古老的岩石年龄，只限于个别地区出露的38亿年的古老变质岩，而太平洋洋底岩石的年龄极其年轻，完全与"分裂说"的理论相违背。

②俘获说。

这种假设认为，月球本来只是太阳系中的与月球大小相当的小行星，有一次，因为运行到地球附近，被地球的引力所俘获，从此再也没有离开过地球。还有一种接近俘获说的观点认为，地球不断把进入自己轨道的物质吸积到一起，久而久之，吸积的东西越来越多，最终形成了月球。但也有人指出，像月球这样大的星球，地球恐怕没有那么大的力量能将它俘获。

③同源说。

这一假设认为，地球和月球都是太阳系中弥漫的星云物质，几乎在同一个太阳星云的区域经过旋转和吸积，同时形成大小不同的天体。在吸积过程中，地球比月球相应要快一点，成为"哥哥"。这一假设也受到了客观事实的挑战。通过对"阿波罗"飞船从月球上带回来的岩石样本进行化验分析，地球和月球的平均化学成分差别很大，人们发现月球的岩石也要比地球的岩石古老得多。

④碰撞说。

这一假说认为，太阳系演化早期，在太阳系空间曾形成大量的"星子"，星子通过互相碰撞、吸积，合并形成一个原始地球，同时形成了一个相当于地球质量0.14倍的天体。这两个天体在各自演化过程中，都形成了以铁为主的金属核和由硅酸盐构成的幔和壳。由于这两个天体相距不远，因此相遇的机会就很大。

一次偶然的机会，那个小的天体以5 km/s左右的速度撞向地球。剧烈的碰撞不仅改变了地球的运动状态，使地球的自转轴倾斜，而且还使那个小的天体被撞击破裂，硅酸盐壳和幔受热蒸发，膨胀的气体以极大的速度携带大量粉碎了的尘埃飞离地球。这些飞离地球的物质，主要由碰撞体的幔组成。受到巨大撞击的地球，绝大部分也是地幔和地壳物质受热蒸发，膨胀的气体以极大的速度携带大量粉碎了的尘埃飞离地球。在撞击体破裂时与幔分离的金属核，因受膨胀飞离的气体所阻而减速，大约在4小时内被吸积到地球上。飞离地球的气体和尘埃，并没有完全脱离地球的引力控制，通过相互吸积而结合起来，形成几乎熔融的月球，或者是先形成一个环，在逐渐吸积形成一个部分熔融的大月球。这个学说现在被普遍认可。

这个模型清晰地解释了月球的平均成分与地球的平均成分相比较，月球相对贫铁、贫挥发分，月球的密度比地球低。具有地球和月球"基因"对比特征的某些元素的同位素组成，如氧、铬、钛、铁、钨、硅等的同位素组成，月球与地球的测定值在误差范围内相一致，表明月球是地球的"女儿"。45亿年来，地球一直携带着自己的女儿在身边，而月球也一直伴随着自己的母亲，共同经历了45亿年漫长而荒古的年代。

（2）基本数据。

月球与地球的平均距离约384 403千米，大约是地球直径的30倍；其平均半径约为1 737.10千米，相当于地球半径的0.273倍，赤道直径3 476.2千米，两极直径3 472.0千米；扁率：0.001 2；表面积约3.79×10^7 km^2，体积：2.199×10^{10} km^3，是太阳系中体积第五大的卫星；平均密度约3.344 g/cm^3，质量则接近7.342×10^{22} kg，相当于地球的 0.012 3 倍；但由于其半径小，月球表面赤道重力加速度仅为 1.622 m/s（地球的 1/6）。

（3）月球的运动。

月球每小时相对背景星空移动约半度，即与月面的视直径相当。与其他卫星不同，月球的轨道平面较接近黄道面，而不是在地球的赤道面附近。相对于背景星空，月球围绕地球运行（月球公转）一周所需时间称为一个恒星月；而新月与下一个新月（或两个相同月相之间）所需的时间称为一个朔望月。朔望月较恒星月长是因为地球在月球运行期间，本身也在绕日轨道上前进了一段距离。朔望月与恒星月示意图如图 8 - 15 所示。

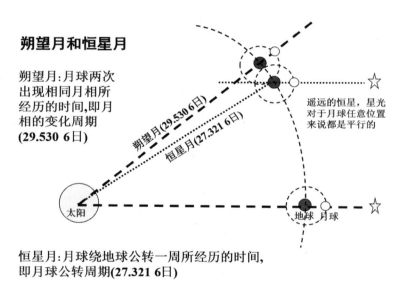

图 8 - 15　朔望月与恒星月示意图

①公转。

月球围绕地球自西向东逆时针方向公转；平均轨道半径：384 403 千米；近日点距地球约 363 104 千米，远日点距地球约 405 696 千米，轨道偏心率：0.054 9；轨道与地球赤道倾角在 28.58°与 18.28°之间变化。

月球公转的轨道称为白道，空间位置不断变化，与黄道的平均倾角为 5°9′4；月球赤道与黄道的平均倾角为 1°；平均公转周期（恒星月）27.321 661 日，平均公转速度：1.023 km/s；逃逸速度为 2.4 km/s；以太阳为参照点，从地球上看月球圆缺周期（朔望月）为 29.530 588 日；升交点赤经 125.08°；交点退行周期：18.61 年；近地点运动周期：8.85 年。

严格来说，地球与月球围绕共同质心运转，共同质心距地心 4 700 千米（即地球半径的 3/4 处）。由于共同质心在地球表面以下，地球围绕共同质心的运动好像是在

"晃动"一般,你可以想象,在一个圆盘的圆心之外有个洞,用一个轴穿过去,这个盘子绕这个轴转动的情况。从地球北极上空观看,地球和月球均以逆时针方向自转;而且月球也是以逆时针绕地球运行;甚至地球也是以逆时针绕日公转的,形成这种现象的原因是地球、月球相对于太阳来说拥有相同的角动量,而太阳本身也是逆时针自转的,现在大家都认为这种运动是继承了形成太阳系的原始星云的运动方向,即"从一开始就是以这个方向转动"。

②自转。

月球在绕地球公转的同时进行自转,自转轴倾角在 3.60° 与 6.69° 之间变化,与黄道的交角为 1.542 4°;月球赤道自转速度为 4.626 7 m/s,周期为 27.321 661 日(27 天 7 小时 43 分 11.559 秒),正好是一个恒星月。月球的自转与公转的周期相等(称为潮汐锁定),也称"同步自转"(见图 8-16)。因此月球始终以同一面朝向地球,所以我们看不见月球背面。

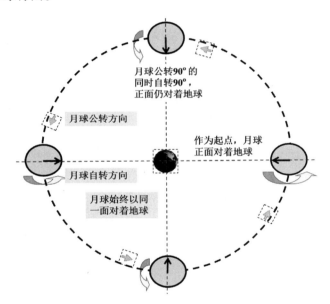

图 8-16　月球的同步自转

"潮汐锁定"几乎是太阳系卫星世界的普遍规律。一般认为是卫星对行星长期潮汐作用的结果。

地球海洋潮汐的产生主要是由于月球引力的作用。由于地球海洋的潮汐作用力与地球自转的方向相反,地球的自转总是受到一个极其微弱的作用力在给地球自转"刹车",有充分的证据表明,地球的自转周期越来越慢,一天的时间极其缓慢地增长,自月球形成早期,地球自转的部分角动量转变为月球绕地公转的角动量,其结果是月球以每年约 38 毫米的速度远离地球。同时地球的自转越来越慢,一天的长度每年变长 15 微秒。

③天平动。

我们从地球上看月亮，并不是正好它的一半，而是59%的月面。这是因为月球像天平那样来回摆动，故称之为"天平动"。

地球上的观测者会觉得：在月球绕地球运行一周的时间里，月球会南北方向来回摆动，这被称为"纬天平动"，摆动的角度范围约6°57′；月球在东西方向上来回摆动的现象，被称为"经天平动"，摆动角度达到7°54′。除去这两种主要的天平动，月球还有周日天平动和物理天平动。前三种天平动都并非月球在摆动，而是因为观测者本身与月球之间的相对位置发生变化而产生的现象。只有物理天平动是月球自身在摆动，而且摆动得很小。

前三种天平动主要是因为：一是月球在椭圆轨道的不同部分，自转速度与公转角速度不匹配；二是白道与赤道之间存在一个交角。

物理天平动是由于月球轨道为椭圆形，当月球处于近地点时，它的自转速度便追不上公转速度，因此我们可见月面东部达东经98°的地区，相反，当月球处于远地点时，自转速度比公转速度快，因此我们可见月面西部达西经98°的地区。又由于月球轨道倾斜于地球赤道，当月球处于赤道以北时，我们可以看到月球更南一些的区域，当月球处于赤道以南时，我们可以看到月球更北一些的区域，因此月球在星空中移动时，我们能看到极区会做约7°的晃动。再者，由于月球距离地球只有60个地球半径之遥，若观测者从月出观测至月落，观测点便有了一个地球直径的位移，可多见月面经度1°的地区。

④章动。

月球的轨道平面（白道面）与黄道面（地球的公转轨道平面）保持着5.145 396°的夹角，而月球自转轴则与黄道面的法线成1.542 4°的夹角。因为地球并非完全球形，而是在赤道较为隆起，因此白道面在不断进动（即与黄道的交点在顺时针转动），每6 793.5天（18.596 6年）完成一周。其间，白道面相对于地球赤道面（地球赤道面以23.45°倾斜于黄道面）的夹角会由28.60°（即23.45° + 5.15°）至18.30°（即23.45° − 5.15°）之间变化。同样地，月球自转轴与白道面的夹角亦会介乎6.69°（即5.15° + 1.54°）及3.61°（即5.15° − 1.54°）。月球轨道这些变化又会反过来影响地球自转轴的倾角，使它出现 ± 0.002 56°的摆动，称为章动。

（4）月面地质地形地貌。

①分层结构。

从月震波的传播了解到月球也有壳、幔、核等分层结构。最外层的月壳平均厚度约为60 ~ 64.7千米；月壳下面到1 000千米深度是月幔，它占了月球的大部分体积；月幔下面是月核，月核的温度约为1 000 ~ 1 500℃，所以很可能处于熔融状态，据推测大概是由 Fe – Ni – S 和榴辉岩物质构成。

②表面特征。

月球上最显著的特征是撞击坑（环形山）几乎布满了整个月面（见图8 – 17），大多是由暗色的火山喷出的玄武岩熔岩流充填的巨大撞击坑。

撞击坑这个名字是伽利略起的。最大的撞击坑是南极附近的贝利环形山，直径 295 千米，比海南岛还大一点，最深的是牛顿撞击坑，深达 8 788 米。小的环形山甚至可能是一个几十厘米的坑洞。直径不小于 1 000 米的大约有 33 000 个，占月面表面积的 7% ~ 10%。

图 8 - 17　月球表面的环形山

1969 年，日本学者提出一个撞击坑分类法，分为克拉维型（古老的撞击坑，一般都面目全非，有的撞击坑有中央峰）、哥白尼型撞击坑（年轻的撞击坑，常有撞击作用引起大量月球表面的岩石向四周溅射，溅射出来的大量岩石碎块高速在月面抛射和滚动，改变了月面原有的地形地貌和表面土壤的结构与颜色，形成明显的"辐射纹"，内壁一般带有同心圆状的段丘，中央一般有中央峰）、阿基米德型（环壁较低，可能从哥白尼型演变而来）、碗型或酒窝型（小型撞击坑，有的直径不到 3 米）。

撞击坑的形成现有两种说法：

"撞击说"是指月球因被其他小行星撞击而有现今人类所看到的撞击坑。

"火山说"是指月球上本有许多火山，最后火山爆发而形成了火山喷发口。

月球没有大气层对陨星的缓冲，陨星高速撞向月表，动能转变为热能，瞬间，陨星和被撞击的地方熔化成岩浆，冲击波使月表物质向四周挤压形成重叠的环，反作用力使中央的物质凸起形成中央峰。

月球上直径大于 1 000 米的撞击坑多达 33 000 多个。位于南极附近的贝利撞击坑直径 295 千米，可以把整个海南岛装进去。

③月陆和月海。

月球表面有阴暗的部分和明亮的区域，亮区是高地，暗区是平原或盆地等低陷地带，分别被称为月陆和月海。

月海的外围和月海之间夹杂着明亮的、古老的斜长岩高地和显目的撞击坑。

月球背面的结构和正面差异较大，月海所占面积较小，而撞击坑则较多。受地球的吸引，宇宙空间的陨星从四面八方向地球扑去，靠近月球引力场的陨星撞击月球背面的概率要大于月球的正面。

地形凹凸不平，起伏悬殊最长和最短的月球半径都位于背面，有的地方比月球平均半径长 4 千米，有的地方则短 5 千米（如范德格拉夫洼地）。背面未发现"质量瘤"。背面的月壳比正面厚，最厚处达 150 千米，而正面月壳厚度只有 60 千米左右。这是因为密度较大的核偏向地球所致。

早期的天文学家在观察月球时，以为发暗的地区都有海水覆盖，因此把它们称为"海"。著名的有云海、湿海、静海等。实际上"月海"中一滴水也没有。

在地球上的人类用肉眼所见月面上的阴暗部分实际上是月面上的广阔平原。由于历史上的原因以及对早期研究月球的天文学家的景仰，这个名不副实的名称一直保留下来。

已确定的月海有 22 个（蛇海、南海、知海、危海、丰富海、冷海、洪堡海、湿海、雨海、巧海、岛海、界海、莫斯科海、酒神海、云海、东方海、澄海、史密斯海、泡沫海、静海、浪海、汽海），此外还有些地形称为"月海"或"类月海"的。公认的 22 个绝大多数分布在月球正面，背面有 3 个，4 个在边缘地区。在正面的月海面积略大于 50% 。大多数月海大致呈圆形、椭圆形，且四周多为一些山脉封闭住，但也有一些海是连成一片的，其中最大的"风暴洋"面积约 500 万平方千米，差不多 9 个法国的面积总和。

除了"海"以外，还有五个地形与之类似的"湖"——梦湖、死湖、夏湖、秋湖、春湖，但有的湖比海还大，比如梦湖面积 70 000 km^2，比汽海等还大得多。月海伸向陆地的部分称为"湾"和"沼"，都分布在正面。湾有五个：露湾、暑湾、中央湾、虹湾、眉月湾；沼有三个：腐沼、疫沼、梦沼，其实沼和湾没什么区别。

月海的地势一般较低，类似地球上的盆地，月海比月球平均水准面低 1~2 千米，个别最低的海如雨海的东南部甚至比周围低 6 000 米。月面的反照率（一种量度反射太阳光本领的物理量）也比较低，因而看起来显得较黑。

除了这些月海，月球上还有一些较低的广阔平原，主要分布在：风暴洋、夏湖、秋湖、好湖、悲湖、优湖、福湖、喜湖、冬湖、柔湖、奢湖、死湖、忘湖、恨湖、久湖、独湖、梦湖、望湖、时湖、恐湖、春湖、暑湾、爱湾、粗糙湾、和谐湾、忠诚湾、荣誉湾、虹湾、眉月湾、中央湾、露湾、成功湾、疫沼、涸沼、梦沼等处。

月面上高于月海的地区称为月陆，一般比月海水准面高 2~3 千米，由于它反照率高，因而看起来比较明亮。在月球正面，月陆的面积大致与月海相等，但在月球背面，月陆的面积要比月海大得多。从同位素测定可知月陆比月海古老得多，是月球上最古老的地形特征。

④山脉。

在月球上，除了鳞次栉比的众多撞击坑外，也存在着一些与地球上相似的山脉。明亮的部分多是山脉，那里层峦叠嶂，山脉纵横，高山和深谷迭现，别有一番风光。

月球上的山脉常借用地球上的山脉名，如阿尔卑斯山脉、高加索山脉等，其中最长的山脉为亚平宁山脉，绵延 1 000 千米，但高度不过比月海水准面高三四千米而已。山脉上也有些峻岭山峰，过去对它们的高度估计偏高。如今认为大多数山峰高度与地球山峰高度相仿。月球上的山脉有一普遍特征：两边的坡度很不对称，向海的一边坡度甚大，有时为断崖状，另一侧则相当平缓。这是由于小天体高速撞击月面，强大的撞击能量使月球表面的岩石气化、熔融、破碎并溅射，挖掘出一个巨大的撞击坑或撞击盆地，撞击体的巨大撞击能量在撞击坑底部产出一系列断层和裂缝，诱发月球内部的玄武岩浆的喷发和溢出，形成暗色的月海盆地。被抛射出撞击坑的各种溅射物质，降落在月海外围的不同距离内，形成了月海外侧平缓的坡度。

除了山脉和山群外，月面上还有四座长达数百千米的峭壁悬崖。其中三座突出在月海中，这种峭壁也称"月堑"。

⑤月面辐射纹。

月面上一些较"年轻"的环形山常带有美丽的"辐射纹"，这是一种以环形山为辐射点的向四面八方延伸的亮带，它几乎以笔直的方向穿过山系、月海和环形山。辐射纹长度和亮度不一，最引人注目的是第谷环形山的辐射纹，其中最长的一条长 1 800 千米，满月时尤为壮观。其次，哥白尼和开普勒两个环形山也有相当美丽的辐射纹。据统计，具有辐射纹的环形山有 50 个。

形成辐射纹的原因还没有定论。实质上，它与环形山的形成理论密切联系。许多人都倾向于小天体撞击说，认为在没有大气和引力很小的月球上，小天体撞击可能使高温碎块飞得很远。而另外一些科学家认为不能排除火山的作用，火山爆发时的喷射也有可能形成四处飞散的辐射形状。

⑥月谷。

地球上有着许多著名的裂谷，如东非大裂谷。月面上也有这种构造——那些看起来弯弯曲曲的黑色大裂缝即是月谷，它们有的绵延几百到上千千米，宽度从几千米到几十千米不等。那些较宽的月谷大多分布在月陆上较平坦的地区，而那些较窄、较小的月谷（有时又称为月溪）则到处都有。最著名的月谷是在柏拉图环形山的东南联结雨海和冷海的阿尔卑斯大月谷，它把月球上的阿尔卑斯山拦腰截断，很是壮观。从太空拍得的照片估计，它长达 130 千米、宽 10 ~ 12 千米。

2014 年 10 月 5 日，科学家在月球上发现了一个隐藏于地下的巨型的方形结构。这一结构宽 2 500 千米，科学家们认为这是一条古老的裂谷系统，后来被充填了岩浆。

⑦火山。

月球的表面被巨大的玄武岩（火山熔岩）层所覆盖。早期的天文学家认为，月球表面的阴暗区是广阔的海洋，因此，他们称之为"mare"，这一词在拉丁语中的意思就是"大海"，当然这是错误的，这些阴暗区其实是由玄武岩构成的平原地带。除了玄武岩构造，月球的阴暗区，还存在其他火山特征。最突出的，例如蜿蜒的月面沟纹、黑色的沉积物、火山圆顶和火山锥。不过，这些特征都不显著，只是月球表面火山痕迹的一小部分。

与地球火山相比，月球火山可谓老态龙钟。大部分月球火山的年龄在 30 亿 ~ 40 亿年之间；典型的阴暗区平原，年龄为 35 亿年；最年轻的月球火山也有 1 亿年的历史。而在地质年代中，地球火山属于青年时期，一般年龄皆小于 10 万年。地球上最古老的岩层只有 39 亿年的历史，年龄最大的海底玄武岩仅有 200 万年。年轻的地球火山仍然十分活跃，而月球却没有任何新近的火山和地质活动迹象，因此，天文学家称月球是"熄灭了"的星球。

地球火山多呈链状分布，例如安第斯山脉，火山链勾勒出一个岩石圈板块的边缘。

夏威夷岛上的山脉链，则显示板块活动的热区。月球上没有板块构造的迹象。

典型的月球火山多在巨大古老的撞击坑底部。因此，大部分月球阴暗区都呈圆形外观。撞击盆地的边缘往往环绕着山脉，包围着阴暗区。月球阴暗区主要在月球正面的一侧。几乎覆盖了这一侧的 1/3 面积。而在月球背面，阴暗区的面积仅占 2%。然而，月球背面的地势相对更高，月壳也较厚。由此可见，控制月球火山作用的主要因素是地形高度和月壳厚度。

（5）月球的亮度、温度和气压。

月球是天空中除太阳之外最亮的天体，月球本身并不发光，只反射太阳光。月面不是一个良好的反光体，它的平均反照率只有 9%，其余 91% 均被月球吸收。月海的反照率更低，约为 7%。

月球亮度随日间角距离和地月间距离的改变而变化，满月时的亮度比上下弦要大十多倍。月球亮度变化幅度为太阳亮度的 1/630 000 至 1/375 000，平均亮度为太阳亮度的 1/465 000。满月时亮度平均为 −12.7 等。它给大地的照度平均为 0.22 勒克斯（LUX），相当于 100 瓦电灯在距离 21 米处的照度，做针线活不够亮，干粗活没有问题。故月光是古人夜间重要的光源。

月面高地和环形山的反照率为 17%，看上去山地比月海明亮。

由于月球上没有大气，再加上月面物质的热容量和导热率又很低，因而月球表面昼夜的温差很大。白天，月球表面在阳光垂直照射的地方温度高达 127℃；夜晚，其表面温度可降低到 −183℃。用射电观测可以测定月面土壤中的温度，这种测量表明，月面土壤中较深处的温度很少变化，这正是由于月面物质导热率低造成的。

月球表面气压为 1.3×10^{-10} 千帕，这比绝大多数实验室制备的真空还要真空。

（6）月食和日食。

地球的赤道面与黄道面有 23°26′21″ 的夹角，月球的轨道平面（白道面）与黄道面（地球的公转轨道平面）保持着 5.145 396° 的夹角，三个面又在一刻不停地运动，就总有个时候正好太阳、地球和月球成一条线，且地球或月球在中间。这个时候就会发生月食或日食。看起来有些眼花缭乱，实际上比杂技演员转的一大串碟子更有规律。利用计算机可以计算前后任意年的日月食。

①月食。

月食是一种特殊的天文现象。太阳的直径比地球的直径大得多，地球的影子可以分为本影和半影。当月球行至地球的阴影后时，太阳光被地球遮住，就会发生月食，其原理如图 8 − 18 所示。

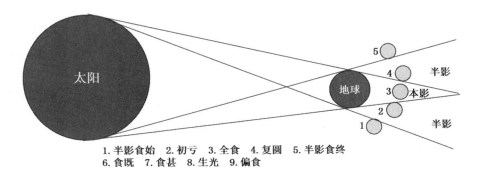

1. 半影食始　2. 初亏　3. 全食　4. 复圆　5. 半影食终
6. 食既　7. 食甚　8. 生光　9. 偏食

　　人的瞳孔有将外来光线控制在适量的功能，所以一般人不能感知半影月食的发生。用照相机固定合适的曝光时间在图中的1和2两个位置拍摄照片就可以看出差别。食甚是全食过程中月球中心和本影中心最靠近的时刻。9是月偏食过程中的食甚

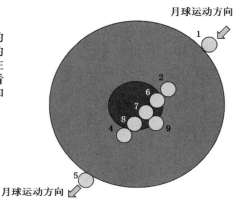

图 8 – 18　月食原理

　　以地球而言，当月食发生的时候，太阳和月球的黄经会相差180°。要注意的是，由于太阳和月球在天空的轨道（称为黄道和白道）并不在同一个平面上，而是有约5°的交角，所以只有太阳和月球分别位于黄道和白道的两个交点附近，才有机会连成一条直线，产生月食。月食必发生在"望"。

　　月食可分为月偏食、月全食两种（没有月环食，因为地影远比月球大）。在月球轨道处，地球的本影的直径仍相当于月球直径的2.5倍。所以当地球和月亮的中心大致在同一条直线上时，月亮就会完全进入地球的本影，从而产生月全食。当月球只有部分进入地球的本影时，就会出现月偏食。月球直径约为3 476千米，大约是地球的1/4。如果月球进入半影区域，只有部分阳光照到月球上，就会发生半影月食。由于在半影区阳光仍十分强烈，月面的光度只是极轻微减弱，加上人眼有自动控制进入眼睛光线的功能，多数情况下半影月食不容易用肉眼分辨，不易为人发现。

　　每年发生月食数一般为2次，最多发生3次，有时一次也不发生。因为在一般情况下，月球不是从地球本影的上方通过，就是在下方离去，很少穿过或部分通过地球本影，所以一般情况下就不会发生月食。

　　据观测资料统计，每世纪中半影月食、月偏食、月全食所发生的百分比分别约为36.60%、34.46%和28.94%。

月食发生时，正值夜间的地方都可以看到，即使是月偏食，月光也会明显减弱，加上肉眼可以直视，故人们总觉得月食经常发生。

②日食。

月球到地球的距离大约相当于地球到太阳的距离的1/400，而太阳的直径大概是月球直径的400倍，所以从地球上看月亮和太阳几乎一样大，这就有可能月球能全部遮挡太阳。

当月球运行在太阳和地球之间，且本影投射在地球上某点（因为地球在不停地自转，从而形成日食地带）时，这个地方就会发生日全食；在半影区，只能见到部分日轮，就会看到日偏食；当地球正处近日点，或月球正处远地点，甚至两种情况同时发生时，本影不能投射到地球上，而伪本影投射之处就会发生日环食。

有一种特殊情况，就是本影和伪本影在一次日全食先后投射到地球表面，就会产生同一日食带中有的地方看到日全食，有的地方看到日环食，日食原理如图8－19所示。

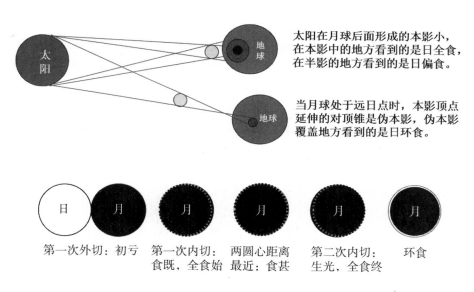

太阳在月球后面形成的本影小，在本影中的地方看到的是日全食，在半影的地方看到的是日偏食。

当月球处于远日点时，本影顶点延伸的对顶锥是伪本影，伪本影覆盖地方看到的是日环食。

第一次外切：初亏　第一次内切：食既，全食始　两圆心距离最近：食甚　第二次内切：生光，全食终　环食

图8－19　日食原理示意图

（7）月球对地球的影响。

①潮汐。

海水一天有两次潮起潮落的自然现象，朝至为潮，夕至为汐。就是人们常说的潮汐。每逢朔望，潮位比平时更高，称为朔望大潮。

人类很早就知道潮汐与月球相关。潮汐与海浪的动力来源不一样，海浪是风吹拂海面形成的，而潮汐是因为日月引潮力所致（见图8－20）。

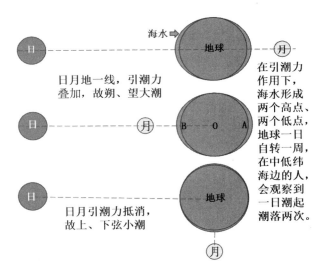

图 8 - 20　日月引潮力示意图

经过推导，我们可以知道引潮力与距离的立方成反比。太阳的质量虽然比月球大，但距离也要远得多，故月球的引潮力大于太阳的引潮力。逢朔望之日，日月引潮力叠加，形成大潮；上下弦时，日月引潮力抵消，形成小潮。

当地球位于近日点且月球处于近地点又恰逢朔望，则形成天文大潮。

实际上，高潮位一直在日月之下，且因摩擦力而有些滞后。并不是海岸边的海水涨退，而是潮高位相对于日月稳定，是地球自转使地面迎向潮高位，钱塘江大潮从江口侧东来可以说明这个问题。

潮汐会使地球自转速度逐渐变慢。

②地震和月球。

地震和月球到底有没有关系？这是近百年来始终困扰科学家的问题。日本防灾科学研究所和美国加州大学洛杉矶分校的研究人员组成的联合研究小组终于证实：月球引力影响海水的潮汐，在地壳发生异常变化积蓄大量能量之际，月球引力很可能是地球板块间发生地震的导火索。

科学家已经就潮汐对地震的影响猜测了很长的时间，但还没有人论证过它对全球范围的影响效果，以前只在海底或火山附近发生，地震与潮汐才呈现出比较清楚的联系。研究者发现，地震的发生与断层面潮汐压力所处高度密切相关，猛烈的潮汐在浅断层面施加了足够的压力从而会引发地震。当潮很大，达到大约 2 ~ 3 米时，3/4 的地震都会发生，而潮汐越小，发生地震的概率也越小。

哥奇兰等人首次将潮的相位和潮的大小合并计算，并对地震和潮汐压力数据进行了统计学分析，采用的计算方法来自于日本地球科学与防灾研究所的地震学家田中。田中从 1977 年至 2000 年间全球发生的里氏 5.5 级以上的板块间地震中，调查了 2 207

次被称为"逆断层型"地震发生的地点、时间等记录，以及与发生地震时月球引力的关系，结果发现：地震发生的时间，与潮汐对断层面的压力有很高的关联性，月球引力作用促使断层错位时，发生地震次数较多。

田中认为："月球的引力只有导致地震发生的地壳发生异常变化的作用力的千分之一左右，但它的作用是不可小视的，它是地震发生的最后助力，相当于压死骆驼的最后一根稻草。"

（8）对月球的探测。

月球是第一个人类曾经登陆过的地外天体。1958 年美国和苏联发射的月球探测器都宣告失败。1959 年苏联和美国分别成功发射了"月球"号和"先驱者"号月球探测器。1969 年美国的"阿波罗"11 号实现了人类首次载人登月，相继"阿波罗"12、14、15、16 和 17 号实现载人登月，一共有 12 名美国宇航员登上月球开展科学考察、采集月球样品和埋设长期探测月球的科学仪器，共带 381.7kg 月球样品回地球，大大增长了人类对月球起源、演化的认识。迄今为止人类只有这 12 名美国宇航员登上了地球以外的天体。

2018 年 4 月，NASA 公布了一段由月球轨道探测器收集的数据制作而成的视频。这段视频中的数据由月球勘测轨道飞行器（LRO）历时九年收集而成。该探测器自 2009 年 6 月以来，一直在距月表上方 50 公里处对月球展开观察，捕捉月球表面前所未见的细节。

2004 年，中国正式开展探测月球的"嫦娥工程"。2007 年 10 月 24 日 18 时 05 分，"嫦娥一号"发射升空，在圆满完成各项任务后，于 2009 年按计划受控撞月；2010 年 10 月 1 日 18 时 57 分 59 秒，"嫦娥二号"升空，圆满超额完成各项任务，2012 年 4 月 15 日，"嫦娥二号"在拉格朗日 L2 点的轨道上飞行了 235 天，完成了观测太阳的任务后，迈出新的一步，飞进深空探测；2013 年 12 月 2 日，"嫦娥三号"升空执行月球软着陆检查任务；2018 年 12 月 8 日，"嫦娥四号"升空，于 2019 年 1 月 3 日 10 点 26 分，由"嫦娥四号"在月球背面 45.5°S、177.6°E 附近的预选着陆区成功着陆，被命名为"玉兔二号"月球车，近距离拍摄的世界第一张月背影像图通过"鹊桥"中继星传回地球，揭开了古老月背的神秘面纱，人类对月球的研究与探索详见表 8-6。

表 8-6　人类对月球的研究与探测

时间	飞行器	航天员	目的	备注
1959 年	"月球"1 号	无	探测	人类第一个空间探测器
1959 年	"月球"3 号	无	探测	第一个拍得月球背面照片的航天器

续上表

时间	飞行器	航天员	目的	备注
1969 年	"阿波罗"11 号	尼尔·阿姆斯特朗 巴兹·奥尔德林 迈克尔·科林斯	载人登月	人类第一次登陆月球
2007—2009 年	"嫦娥一号"	无	分析探测	中国首颗绕月人造卫星
2012 年	"嫦娥二号"	无	观测太阳	中国第一次深空探测
2013 年	"嫦娥三号"	无	月球软着陆检查	—
2018 年	"嫦娥四号"	无	着陆月背	人类探测器第一次着陆月背
2019 年	"创世纪"号	无	旨在成为有史以来第一个由私人资助的月球探测器	坠毁在月球表面失败
2020 年	"嫦娥五号"	无	—	中国第一次采集月球样本返回任务

2019 年 5 月 16 日，中国科学院国家天文台宣布，由该台研究员李春来领导的研究团队利用"嫦娥四号"探测数据，证明了月球背面南极—艾特肯盆地存在以橄榄石和低钙辉石为主的深部物质。国际学术期刊《自然》（Nature）在线发布了这一重大发现。该发现为解答长期困扰国内外学者的有关月幔物质组成的问题提供了直接证据，将为完善月球形成与演化模型提供支撑。来自中科院国家天文台的消息称，"嫦娥四号"探测器实现了人类历史上首次对月球背面的软着陆就位探测，而此次基于探测数据的研究结果，则成功揭示了月球背面的物质组成，证实了月幔富含橄榄石的推论的正确性，加深了人类对月球形成与演化的认识。

当地时间 2020 年 10 月 26 日中午，NASA 的同温层红外天文观测台"索菲娅"（SOFIA）首次证实：月球的向阳面上存在水。这一发现表明水可能遍布月球表面，而不仅仅是以冰的形式存在于寒冷、阴暗的区域。图 8-21 为从地球北半球看见的满月景观。

图 8-21 从地球北半球看见的满月

观测任务中,索菲娅在月面的"克拉维乌斯环形山"(Clavius Crater)上探测到了水分子(H_2O)。克拉维乌斯环形山是月球上最大的环形山之一,位于月球南半球,在地球上肉眼即可看到。观测数据显示,该环形山区域有浓度为 0.001% ~ 0.004% 的水,大致相当于在每立方米的环形山表面土壤中,存有一瓶 355 毫升的瓶装水。这一研究结果,被发表于最新一期的学术期刊《自然天文学》上。

北京时间 2020 年 12 月 1 日 23 时 11 分,中国"嫦娥五号"探测器首次于月球背面的吕姆克山脉以北地区着陆;12 月 3 日 23 时 10 分,"嫦娥五号"的上升器携带约 2 000 克样本从月球表面起飞,在完成与轨道器的对接和转移工作后,开始返回地球。

四、火星

1. 概况

火星是太阳系八大行星之一,是太阳系由内往外数的第四颗行星,属于类地行星。有两颗卫星:火卫一、火卫二。

肉眼看上去呈现红色,中国古代以五行的"火"名之,因为它荧荧如火,在天空中运动,有时从西向东,有时又从东向西,情况复杂,令人迷惑,所以中国古代叫它"荧惑",有"荧荧火光、离离乱惑"之意。

在西方火星名为 Mars(英语,战神)和 Martis(拉丁语),因其肉眼看上去呈现红色,就像战神一样沐浴着鲜血。

火星曾经被认为是太阳系中最有可能存在地外生命的行星。

火星直径约是地球的一半,体积约为地球的 15%,质量约为地球的 11%,表面积相当于地球陆地面积,密度则比其他三颗类地行星(水星、金星、地球)还要小很多。与地球的近距离约为 5 500 万千米,最远距离则超过 4 亿千米。两者之间的近距离接触大约每 15 年出现一次。1988 年火星和地球的距离曾经达到约 5 880 万千米,而在 2018 年两者之间的距离达到约 5 760 万千米。但在 2003 年的 8 月 27 日火星与地球的距离仅约为 5 576 万千米,是 6 万年来最近的一次。不过据天文学家推算,在从公元 1600 年到 2400 年这 800 年间,火星与地球的近距离只能排在第三位。根据推算结果,到 2366 年 9 月 2 日,两者之间的距离将约为 5 571 万千米。而到 2287 年 8 月 28 日,两者将更为接近,距离约为 5 569 万千米。

一般来说,火星和地球距离近的年份是最适合登陆火星和在地面对火星观测的时机。

火星有两个天然卫星:火卫一和火卫二,形状不规则,可能是捕获的小行星。在地球,火星肉眼可见,亮度可达 -2.9 等,只比金星、月球和太阳暗,但在大部分的时间里也比木星暗。

2. 火星相关数据

(1) 自转。

火星自转周期 24.622 9 小时,自转轴倾角 25.19°,赤道自转速度 868.22 km/h。

同步轨道高度 17 031.568 千米。自转轴倾角、自转周期均与地球相近。因此也有四季，只是季节长度约为地球的两倍。由于火星轨道离心率大约为 0.093（地球为 0.017），使各季节长度不一致，又因远日点接近北半球夏至，北半球春夏比秋冬各长约 40 天。

（2）公转。

火星的椭圆轨道半长轴 $2.279\ 366\ 4 \times 10^8$ 千米，近日点 $2.066\ 2 \times 10^8$ 千米，远日点 $2.492\ 3 \times 10^8$ 千米；轨道倾角 $1°51'02''$（对太阳赤道 $5°39'$），公转周期 686.980 天（1.88 地球年，或 668.6 火星日。1 火星日为 24 小时 39 分 35.244 秒，相当于 1.027 491 251 地球日），平均公转速度 24 km/s，逃逸速度 5.02 km/s。

（3）体积和质量。

火星赤道半径 3 396.2 千米，极半径 3 376.2 千米；平均密度 3.94 g/cm^3（已知类地行星中密度最小），质量 $6.421\ 9 \times 10^{23}$ kg。

3. 火星的观测

和其他天体一样，早期人们观测火星大部分是为了占星，而为了科学目的的观测则主要在 17 世纪之后，如开普勒探索行星运动定律时就是依据了第谷积累的大量而精密的火星运行的观测资料。

望远镜发明后，人们对火星可以进行更进一步的观测（见图 8－22）。第一个使用望远镜观测星空的伽利略所见的火星只是一个橘红小点，然而随着望远镜的发展，观测者开始辨别到一些明暗特征。惠更斯依此测出火星自转周期约为 24.6 小时，他亦为首次纪录火星南极冠的人。一开始由于各人各自观测，意见亦不一致，地名也未统一（例如用绘制者名字命名）。后来意大利的乔瓦尼·斯加帕雷里（Giovanni Schiaparelli）综合各家说法而绘制了一个较可信的火星地图，地名来源于地中海沿岸、中东等

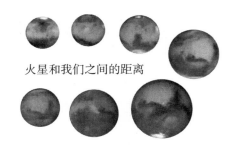

火星和我们之间的距离

图 8－22　在望远镜中火星随着距离不同而有明显大小不同

的地名和圣经，而其余则依照旧有的观念：暗区被认为是湖（Lacus）、海（Mare）等水体，如太阳湖（Solis Lacus—Lake of the Sun）、塞壬海（Mare Sirenum—the Sea of Sirens）、最明显的暗大三角—大塞地斯（Syrtis Major）；而亮区则是陆地，如亚马逊（Amazonis）。这个命名系统一直延续至今。

当时，斯加帕雷里和同期观测者一样，观察到了火星表面似乎有一些从暗区延伸出的"细线"（见图 8－23），因为对于暗区是水体的传统，这些细线命名为水道（canali）。而后来观察到暗区会在冬季时缩小、夏季时扩张，有人提出暗区是植物覆盖，而暗区的扩大缩小则是消长所引起的。不过这些细线大多已证明是不存在的，部分则是峡谷或陨石坑后延伸出的深色沙子。而火星表面颜色的改变则是因为沙被风吹

移，或发生火星尘暴。

2020 年 7 月，太空爱好者组织 ElderFox Documentaries 将 NASA 几个火星探测器从火星表面捕捉到的数千张图片拼接在一起，创造出了 4K 全景图，并通过平移来创造出类似于实时视频的效果。

肉眼看火星呈现红色，这是因为火星地表遍布赤铁矿（氧化铁），反照率为 0.15。

用 200 毫米口径的望远镜，在黑暗的夜空中可以找到火星的两颗天然卫星：火卫一和火

图 8-23　观测到的火星"细线"

卫二，但不能分辨细节。火卫一（Phobos）呈土豆形状，一日围绕火星 3 圈，距火星平均距离约 9 378 千米。它是火星的两颗卫星中较大也是离火星较近的一颗。火卫一与火星之间的距离也是太阳系中所有的卫星与其主星的距离中最短的。它是太阳系中最小的卫星之一，也是太阳系中反射率最低的天体之一。火卫一上有一个巨大的撞击坑，叫斯蒂克尼撞击坑，由于轨道离火星很近，火卫一的转动快于火星的自转。因此从火星表面看火卫一从西边升起，在 4 小时 15 分钟或更短的时间内划过天空在东边落下。由于轨道周期短以及潮汐力的作用使火卫一的轨道半径在逐渐变小，最终它将撞到火星表面，或者破碎形成火星环。

火卫二（Deimos），平均半径为 6.2 千米，逃逸速度为 5.6 m/s（20 km/h），它是火星较小和较外侧的已知卫星。火卫二与火星的平均距离是 23 460 千米，以 30.3 小时的周期环绕火星公转，轨道速度为 1.35 km/s。

4．地形地貌

（1）地质结构。

火星的内部地质结构情况只是依靠它的表面情况资料和有关的大量数据来推断的。一般认为它的核心是半径为 1 700 千米的高密度物质组成；外包一层熔岩，它比地球的地幔更稠些；最外层是一层薄薄的外壳。相对于其他固态行星而言，火星的密度较低，这表明，火星核中的铁（镁和硫化铁）可能含带较多的硫。如同水星和月球，火星也缺乏活跃的板块运动，地质活动不活跃。火星有一个独特的地形特征，那就是南北半球差别显著：南方是古老、充满陨石坑的高地，

图 8-24　火星地形（局部）

北方则是较年轻的平原。没有迹象表明火星发生过能造成像地球般如此多褶皱山系的

地壳平移活动。由于没有横向的移动，在地壳下的巨热地带相对于地面处于静止状态。

（2）高原火山。

火星的火山和地球的不太一样，除了重力较小从而使火山能长得很高以外，由于缺乏明显的板块运动，火星火山不像地球火山那样有火环的构造，火星上火山分布是以热点为主。火星的火山主要分布于塔尔西斯高原、埃律西姆地区和零星分布于南方高原上，例如希腊平原东北的泰瑞纳山（Tyrrhena Patera）。

火星地形图中，西半球耸立了一个醒目的特征——地处中央的塔尔西斯高原，高约 14 千米，宽约 6 500 千米，伴随着盛行火山作用的遗迹，五座大盾状火山分布其上。

（3）山脉峡谷和陨坑。

火星上有太阳系最高的奥林匹斯山（见图 8－25），高 27 千米，基座直径超过 600 千米，中心的火山口直径超过 80 千米，并由一座高达 6 千米的悬崖环绕着。火星上其他四座大型火山为艾斯克雷尔斯山、帕弗尼斯山、阿尔西亚山和亚拔山。艾斯克雷尔斯山高度大约 18.225 千米，曾被误认为是火星最高的山，帕弗尼斯山高度也超过 14 千米，阿尔西亚山高度大约 17.7 千米，火山口直径大约 116 千米，亚拔山在塔尔西斯高原最北边，

图 8－25　火星上的奥林匹斯山

基座宽达 1 600 千米，但是最高点只有 6 千米，不过火山口直径却有 136 千米，是五大火山中最大的一个。在大火山之间亦散布着零星的小火山。

火星的另一端还有一个较小的火山群，以 14.127 千米高的埃律西姆山为主体，北南分别有较矮的赫克提斯山和欧伯山。

火星表面有一个巨大凸起 Tharsis：大约宽 4 000 千米，高 10 千米；Valles Marineris 峡谷群：深 2～7 千米，长为 4 000 千米；Hellas Planitia 冲击环形山：处于南半球，深 6 000 多米，直径为 2 000 千米。

火星的表面有很多年代久远的环形山，也有不少形成不久的山谷、山脊、小山及平原。环形山主要是陨石撞击坑和火山口（见图 8－26）。

在火星的南半球，有着与月球上相似的曲形的环状高地。相反，它的北半球大多由新近形成的低平的平原组成，这些平原的形成过程十分复杂。南北边界上出现几千米的

图 8－26　火星上的火山口

巨大高度变化。形成南北地势巨大差异以及边界地区高度剧变的原因还不得而知（有人推测这是由于火星外层物增加的一瞬间产生的巨大作用力所形成的）。一些科学家开始怀疑那些陡峭的高山是否在它原先的地方。这个疑点将由后继的科学家来解决。

火星的峡谷的形成可能由洪水短时间冲刷而成、或由稳定的流水侵蚀而成，也可能冰川侵蚀而成，还可能由火山活动而形成，但火山活动所喷发的熔岩流还可造成熔岩渠道（Lava Channel）。另外一种可能则是地壳张裂造成，如水手峡谷。

欧洲航天局（ESA）公布了火星奥尔库斯陨坑（Orcus Patera）的最新照片（见图 8 – 27），这是一个狭长形陨坑地形，位于火星赤道附近，看上去如同火星表面的一道"伤疤"。

奥尔库斯陨坑位于火星东半球的埃律西昂火山（Elysium Mons）和奥林匹斯火山（Olympus Mons）之间，科学家认为该陨坑形成的最佳解释是该区域遭受了一次小行星倾斜碰撞，一颗小行星以非常小的角度划过火星表面所致。

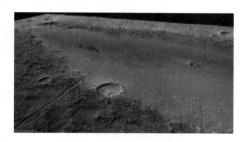

图 8 – 27　火星奥尔库斯陨坑

这个陨坑长约 380 千米，宽约 140 千米，陨坑边缘突起高度比周边平原高 1 600 米以上。陨坑底部比周边平原低大约 800 米。

2015 年 5 月 21 日，科学家们在火星北部高地发现巨型火山遗迹，这个火山坑长40 千米，宽 30 千米，深度达 1 750 米。

欧洲航天局的"火星快车号"（Mars Express）上的高分辨率立体相机于 2014 年11 月 26 日拍摄了照片，重点是火星北部阿拉伯高地（Arabia Terra）的 Siloe Patera 地区。Siloe Patera 地区由两个巨大的嵌套式火山坑组成。欧洲航天局称，科学家们认为Siloe Patera 以及阿拉伯高地的很多地方都是超级火山的火山口，是 30 亿年前火山喷发，使火山灰和岩浆涌出地面，留下的痕迹。

5. 火星的环境

1781 年，天文学史上大名鼎鼎的天文学家威廉·赫歇尔，推断火星的自转轴也是倾斜的，而且倾斜的角度几乎与地球自转轴倾斜的角度相同。既然这样，火星就应该像地球那样有冬去春回，寒来暑往。这主要体现在两极冰盖大小的变化，夏季冰盖缩小，冬季扩大。

地球上一年时间的长度是 365.242 2 天，在类地行星（水星、金星和火星称为类地行星，它们自转较慢，没有卫星或卫星很少）中，火星上的一年最为漫长，有 687个地球日。既然火星自转轴与地球自转轴倾斜的程度几乎相同，按理说火星上的季节变化方式也应与地球相同。但由于火星上每个季节的时间比地球上长一倍，再加上火星比地球离太阳远，所以火星上的每个季节都比地球上相同的季节要寒冷。另外，由于火星绕太阳公转的椭圆轨道比地球椭圆轨道要扁，导致火星南北半球的四季差异比地球上更为显著。由于同样的原因，火星上四季长度的差异也比地球上四季长度的差异更大。地球上各个季节长度的差异最多不超过5%，而火星上北半球的春季竟比秋季长1/3左右。我们现在对火星的了解再也不是停留在推断的层面上了，通过各种手段，可对火星有很多定量的了解。

（1）温度。

因为距离太阳较远，且无浓密的大气层，火星表面温度较低，昼夜温差大，白昼 −5℃，夜晚 −87℃。

火星的轨道是椭圆形，在接受太阳照射的地方，近日点和远日点之间的温差将近160℃。这对火星的气候产生巨大的影响。火星上的平均温度大约为218K，但却具有从冬天的 −133℃ 到夏日白天将近27℃的跨度。尽管火星比地球小得多，但它的表面积却相当于地球表面的陆地面积。

（2）大气和水。

火星上薄薄的大气主要是由遗留下的二氧化碳（95.3%）加上氮气（2.7%）、氩气（1.6%）、微量的氧气（0.15%）和水汽（0.03%）组成的。

火星表面的平均大气压强仅为约7百帕（比地球上的1%还小），但它随着高度的变化而变化，在盆地的最深处可高达9百帕，而在奥林匹斯山脉的顶端却只有1百帕，但是它也足以支持偶尔整月席卷整颗火星的飓风和大风暴。火星那层薄薄的大气层虽然也能产生温室效应，但比我们所知道的金星和地球的小得多。

火星的大气密度只有地球的大约1%，非常干燥；温度低，表面平均气温 −55℃，水甚至二氧化碳易冻结。在火星的早期，它与地球十分相似，几乎所有的二氧化碳都被转化为含碳的岩石。但由于缺少地球的板块运动，火星无法使二氧化碳再次循环到大气中，从而无法产生意义重大的温室效应。因此，即使把它拉到与地球距太阳同等距离的位置，火星表面的温度仍比地球冷得多。

天文学家早就注意到，火星两极有极冠，随着季节有大小变化，当时的猜测这主要是由水冰和干冰组成，且随季节消长。

现在我们知道火星的两极永久地被固态二氧化碳（干冰）覆盖着。这个冰罩的结构是层叠式的，它是由水冰层与变化着的二氧化碳干冰层轮流叠加而成。在北部的夏天，二氧化碳完全升华，留下剩余的水冰层。由于南部的二氧化碳从来没有完全消失过，所以我们无法知道在南部的冰层下是否也存在着冰水层。这种现象的原因还不知道，但或许是由于火星赤道面与其运行轨道之间的夹角的长期变化引起气候的变化造成的。或许在火星表面下较深处也有液态水存在。这种因季节变化而产生的两极覆盖层的变化使火星的气压改变了25%左右（由"海盗"号测量出）。但是通过哈勃望远镜的观察却表明"海盗"号当时勘测时的环境并非是典型的情况。火星的大气似乎比"海盗"号勘测出的更冷、更干。

6．对火星的研究和探测

（1）对火星水的研究。

近年来，人类对火星的探测频繁，取得了令人兴奋的成果：发现火星两极皆有水冰。但目前还没有发现火星上有稳定的液态水体。

据美国太空网报道，科学家们已经掌握了更多证据证明在数十亿年前火星表面的大部分地区曾经被广阔的海洋覆盖。有关这项发现的文章已经刊载于 2006 年 7 月 12 日发行的《地球物理学报》上。这些最新的证据来自正围绕火星运行的强大飞船"火星勘测轨道器"（MRO）拍摄的图像。根据这些图像，科学家们识别出一个巨大的冲积三角洲，这个三角洲所在的河流最终注入一个面积几乎覆盖 1/3 火星表面的巨型海洋。

2007 年 3 月，NASA 就声称，南极冠的冰假如全部融化，可覆盖整个火星，并推论有更大量的水冻在厚厚的地下冰层，只有当火山活动时才有可能释放出来。对于火星上有冰存在的直接证据在 2008 年 6 月 20 日被"凤凰"号发现，"凤凰"号在火星上挖掘发现了八粒白色的物体，当时研究人员揣测这些物体不是盐（在火星有发现盐矿）就是冰，而 4 天后这些白粒就凭空消失，因此这些白粒一定升华了，盐不会有这种现象。火星全球勘测者所照的高分辨率照片显示出有关液态水的历史。尽管有很多巨大的洪水道和具有树枝状支流的河道被发现，还是没发现更小尺度的洪水来源。推测这些可能已被风化侵蚀，表示这些河道是很古老的。火星全球勘测者高解析照片也发现数百个在陨石坑和峡谷边缘上的沟壑。它们趋向坐落于南方高原、面向赤道的陨石坑壁上。因为没有发现部分被侵蚀或被陨石坑覆盖的沟壑，推测它们应是非常年轻的。

2008 年 7 月 31 日，美国航空航天局科学家宣布，"凤凰"号火星探测器在火星上加热土壤样本时鉴别出有水蒸气产生。

2013 年 3 月初，美国宇航局"好奇"号火星车发现火星岩石中存在含水矿物质的可靠证据，该岩石样本位于之前"好奇"号挖掘发现黏土层的邻近位置。"好奇"号科学小组宣称，科学家对该火星车挖掘的泥岩岩石粉末样本分析表明，火星远古时期的环境状况适宜微生物生存。3 月 18 日（美国东部时间），美国德州月球和行星科学会议发布的一份新闻简报证实了另一项发现，表明挖掘地点之外的区域也存在着含水物质。研究人员使用"好奇"号火星车上的红外观测相机，以及能够释放中子至火星表面的勘测仪器，他们发现之前"好奇"号抵达的含黏土岩层地点邻近区域也存在着更多的水合矿物质。

2015 年 3 月 6 日，科学家称火星表面曾非常湿润，含水量超过北冰洋。

2015 年 9 月 28 日，科学家称火星上不但只有位于两极、已经凝固成冰的水，更有只会在暖季节时出现的流动的液态水。科学家称他们的最新发现，强烈支持在火星表面上，有盐水于夏季时分在部分斜坡上流动的理论。科学家们下一个目标，就是要在火星上做进一步的探索，以调查火星是否有任何微生物形态的生命。

2015 年 9 月 29 日，美国宇航局称最新证据表明此前在火星表面一些陨坑坑壁上观察到的神秘暗色条纹可能与间歇性出现的液态水体有关。来自卫星的数据表明这些坑壁上的暗色条纹可能是含盐水体沉积过程产生的结果。尤为关键的一点在于，这种含盐水体将能够改变火星表面水体的冰点与沸点，从而使得液态水体在火星地表的存在成为可能。

2018 年 7 月 25 日，法新社消息称，火星上发现了第一个液态水湖。报道称，科学家们在火星上发现了巨大的地下蓄水层，这增加了火星上存在生命的期望。

2019 年 10 月，美国航天局表示，"好奇"号火星车在火星盖尔陨石坑内发现了富含矿物盐的沉积物，表明坑内曾有盐水湖，显示出气候波动使火星环境从曾经的温润、潮湿演化为如今冰冻、干燥的气候。

美国国家航空暨太空总署宣布，"好奇"号火星探测车在火星发现了一处早已干涸的远古淡水湖，并且找到了碳、氢、氧、硫、氮等关键的生命元素。科学家表示，理论上这个湖泊曾经支持过一些简单的微生物存活。我们大胆设想，这个距离地球至少有 5 576 万千米的星球，说不定真有更高等级的生命。

（2）对火星生命的研究。

相对于其他行星，火星上的温度与地球条件最为接近，以现在人类的技术水平，完全可以建造适宜人类居住的基地；火星离地球最近，人类航天器可以飞达火星，因此在地球不适宜人类居住或地球上人满为患时，火星就成为人类可以选择的移民地。对火星是否存在过生命的研究也就成了必要，技术水平高、资金雄厚的国家纷纷到火星探测研究。

火星曾适合生命存在。火星上是否存在适合生命存在的物质，一直是人类试图揭开的谜底。

"维京"号（Viking Probes）曾做实验检测火星土壤中可能存在的微生物。实验限于"维京"号的着陆点并给出了阳性的结果，但随后即被许多科学家所否定。现存生物活动也是火星大气中存在微量甲烷的解释之一，但通常人们更认同其他与生命无关的解释。

美国航天局 2019 年 10 月 12 日宣布，"好奇"号火星车对火星盖尔陨石坑内探取的基岩样品的分析显示，火星古代环境确曾适合生命存在。

"好奇"号利用机械臂末端的钻头钻取了火星表面一块基岩的样品，这也是人类设计的机器人首次获取火星岩石样本。"好奇"号配备的火星样本分板仪、化学与矿物学分析仪对其进行了分析，结果显示，样品中含有磷、氮、氢、氧、碳，这些都是支持生命存在的关键化学成分。

"好奇"号项目要回答的一个关键问题是火星是否支持宜居环境，美国航天局火星探索项目首席科学

图 8 - 28　真实的火星地表景观

家迈克尔·迈耶说，"从我们当前所知而言，答案是肯定的。"美国航天局介绍说，"好奇"号钻探的这块岩石含有黏土矿物和硫酸盐矿物。岩石所在区域可能是一个古代河流系统或间歇性湿润湖床的尽头。与火星其他地方不同，这一湿润系统的氧化、酸化及含盐程度都不高。

美国航天局表示，"好奇"号在盖尔陨击坑停留数周，并钻探第二块岩石，随后前往主要目的地——盖尔陨坑内的夏普山。

科学家对火星上分布的钼矿物质调查显示，其与生命的起源存在关键性的联系，该物质在远古时期出现在火星表面上，而不是地球上，通过火星陨石的研究也进一步暗示地球生命或来源于火星。史蒂文·本纳教授认为这项新的调查发现表明地球上所有的生命或许起源于火星这颗红色星球，而携带生命的种子通过火星陨石降落在地球上，当地球进入适合生命居住的环境时，这些生命种子便开始复苏，并演化出人类。

在一年一度的哥德斯密特大会上史蒂文·本纳教授揭示了钼元素的氧化物如何在行星化学演化史上存在，它与生命的起源存在联系。史蒂文·本纳教授认为钼氧化物矿产是一种催化剂，有助于有机分子演化成第一个"生命结构"，只有当其被高度氧化时，可进一步作用于早期的有机分子，使后者完成最重要的一次"飞跃"，形成有生命的结构。在三十多亿年前的火星上可能存在这样的物质，那时地球上的环境无法满足钼氧化物矿物的存在，因为当时地球上氧气很少，无法将钼氧化，但是火星可以，那时候的火星具有适合生命存在的环境，比如液态水。"好奇"号的调查已经发现远古火星是个湿润环境，科学家认为这些证据可指向太阳系生命的起源。

在生命起源的研究中，科学家提出了一个"焦油悖论"，该理论认为早期生命物质都是由有机体组成的，在外部能量源的作用下，有机体并不会向生命分子方向演化，反而会变成焦油类物质。此外，火星陨石的研究还发现，早期火星上存在硼元素，这是生命分子启动的关键因素，由此引发了第二个悖论，即某一时期的地球几乎被液态水覆盖，阻止了一定浓度的硼的形成，该物质只发现于一些非常干燥的地方，比如死亡谷，由此科学家认为早期地球上不具备启动生命进程的条件，反而在湿润的火星更具有这样的潜力。

与此同时，科学家在地球上发现了火星陨石比之前认为的要年轻很多，这意味着火星上存在仍然在活跃的地质活动，加拿大安大略省皇家博物馆的火星陨石样本可追溯到 2 亿年前的火星熔岩流，但也有研究称一些火星岩石年龄或达到 40 亿岁。

2013 年 12 月 9 日，美国"好奇"号火星探测器有重大发现，在火星上发现了存在古湖泊的证据，湖里的水可能是可以饮用的淡水。这是当地曾经长期存在湿润环境，并有简单生命出现的证据。

"好奇"号探测任务的首席科学家格罗茨格尔（John Grotzinger）表示，如果将地球上的微生物放到火星上的湖泊里可以存活并生长。格罗茨格尔说，火星真的跟地球上的环境很相似。

2015 年 6 月 18 日，科学家经过对火星陨石样本的检测，发现火星表面大气甲烷浓度较高的地区或有微生物存在。

2016 年 1 月，《国际微生物生态学会会刊》称，对地球上最类似火星北极的地方进行了长达 4 年的研究，没有发现任何活跃生命存在的迹象。这一研究结果或许给那些试图在火星找到生命的科学家泼了一盆冷水。

2010 年 6 月 3 日，俄罗斯开始在莫斯科进行世界首个模拟火星之旅实验，6 名分别来自俄罗斯、中国、法国等国的志愿者将在狭小的模拟密封舱内生活 520 个日夜。

图 8 - 29　科学家想象中的火星液态水

2014 年 6 月 28 日，美国宇航局成功发射低密度超音速减速器，用来测试未来大型航天器着陆火星所需要的多项技术。

2015 年 1 月 3 日，据美联社报道，NASA 着眼于在 21 世纪晚些时候把人类送入深层太空，而让大型航天器在这颗红色星球上安全着陆是众多挑战工程之一。科学家一直致力于研发一种充气式防热罩（见图 8 - 30），它看起来很像是婴儿玩的层层圈，不过是超大尺寸的。工程技术人员认为，可以展开一个重量轻的充气式防热罩来降低航天器进入火星大气的速度。

图 8 - 30　充气式防热罩

火星大气要比地球大气稀薄得多。这样一种充气式防热罩可帮助航天器到达在现有技术条件下无法企及的火星高海拔南部平原和其他区域。专家指出，与在没有大气层的月球上不同，仅仅用火箭是无法让一枚大型航天器在火星上着陆的，而对于把人类送往火星所需的大型航天器来说，降落伞也不行。所以研究人员设计了一些充气环。环内充满氮气，上面覆盖着隔热层。在着陆展开时，它们就像一朵巨大的蘑菇一样立在航天器顶部。

专家说，这项充气技术还可用于探索其他具有大气层的行星和星体的航天器，比如金星、木星、土星最大的卫星土卫六等。由于充气环是由轻质材料制成，而且内部充有氮气，在航天器上就能为科学实验和宇航员所需的其他东西留出更多空间。充气环上面覆盖着由一层层耐热材料构成的隔热层。

2004年时任美国总统布什宣布载人火星任务为太空探索展望中的长期目标。2007年9月28日，NASA执行长麦可·D·格里芬声明NASA预计于2037年以前送人类到火星。

欧洲航天局希望于2030至2035年间送人类上火星。而在这之前有其他探测任务，包括ExoMars和火星样本取回任务。

直达火星是罗伯·祖宾——火星协会的创始人和主席——提出的极低成本载人火星任务，使用重载的"农神"5号级火箭，如"战神"5号或太空探索技术公司（Space X）的"猎鹰"9号，省略轨道组装、低地轨道会合和月球燃料补给站而直接用小的太空船前往火星。

学术研究"火星"1号（Mars One）是由荷兰私人公司主导的火星探索移民计划，目的是在火星建立永久殖民地，在全球招募志愿者，经过层层筛选最终24人将接受严格培训……

（3）对火星地质的研究。

根据一项研究表明，板块运动在火星地质历史中可能占有重要地位，这一观点和传统看法相悖。此前科学界一般认为由于火星太小，其较快的内部冷却速度不允许它存在板块活动。

在这项研究中，科研人员认为火星奥林匹斯火山西北侧的一大片区域可能保存着板块活动的证据。这片区域存在大量的山脊和断崖。专家认为"这是火星在过去25万年间存在板块活动的证据"。传统观点认为火星由于体积质量均远小于地球，内部会很快冷却，因此在较近的历史时期不应当存在需要靠岩浆驱动的板块活动。

但专家称已找到切实的证据来证明火星表面的很多地貌特征和板块活动有关，甚至2019年仍在发生作用，他们的研究主要借助于两艘美国火星探测飞船拍摄的图像，即火星奥德赛和火星勘测轨道器。他们表示，很多的图像之前都没有得到详细的研究。这些图像中显示大量的断崖、褶皱和阶地构造，如果这些构造放到地球上，将是地质学家眼中经典的板块运动特征。另外一些照片中有弯弯曲曲的沟槽，这同样和构造运动有关。如果这一研究结果获得证实，它将大大增加火星上存在生命的可能性。因为板块运动将有助于碳循环的进行，而碳是构成生命必不可少的元素。

一般而言，研究人员倾向于将这些地貌特征归结于诸如滑坡等事件，但尹安教授绝非唯一一位认为火星存在板块运动的科学家。他们中有一部分专家认为火星表面那一长串笔直的火山锥就是板块活动的表现。其中最明显的一处就是位于奥林匹斯山附近的三座巨型火山，它们一起构成了火星塔尔西斯高原的主体。这也是尹安教授重点关注的区域。研究中，尹安教授同样注意到了火星表面巨大的水手谷，这是太阳系中最大的峡谷系统，长约4 500千米，深约11 000米。此项研究同样将其视作一处构造地貌。

2004年，美国宇航局的"机遇"号火星车在"奋进"陨石坑附近发现弹珠形蓝色奇异物体，被形象地称之为"火星蓝莓"。

科学家表示："这些物体的外部似乎易碎，中部则较为柔软。它们的密度、结构和构成均存在差异，分布也不同。因此，我们面对的是一个非常有趣的地质学谜团。"一种理论认为火山喷出的岩浆形成了这些小球，而不是在水的作用下形成。在"火星蓝莓"内，科学家发现大量赤铁矿，说明它们是在地下水穿过多孔岩的过程中形成。水流能够导致一系列化学反应，促使铁矿变成小球。不过，这一理论无法解释"蓝莓"的尺寸为何较小。

研究发现，"火星蓝莓"只是小陨石在穿过火星大气层过程中分裂后留下的残余，无法证明火星古代曾出现流水。陨石撞击是一种更令人信服的解释，能够解释"火星蓝莓"的外形和构成。科学家称："这些小球的任何一种物理特性都与凝固模型不匹配，但陨石理论能够解释它们的所有特性。"

在火星赤铁矿石一致性方面，绝大多数"火星蓝莓"的直径都在 0.16 英寸（约 4毫米）左右，通常不超过 0.24 英寸（约 6.2 毫米）。米斯拉教授指出"火星蓝莓"的尺寸差异可以用陨石撞击解释。研究人员发现一颗直径 1.6 英寸（约 4 厘米）的陨石能够产生 1 000 颗直径 0.16 英寸（约 4 毫米）的小球，分布在面积广阔的区域内。

陨石残余理论同样引发争议。一些科学家指出这一理论未能参考一些关键因素。有专家称："虽然某些物体会在穿过火星大气层过程中熔化，但这些小球并非在一些高温事件中形成。"格洛奇指出"机遇"号对"火星蓝莓"进行的分析显示这些小球是在低温过程中形成的。

2014 年 4 月 19 日，科学家发现火星内部存在庞大的水资源，酷似巨型"地下水库"，在某些地方的水资源储量甚至与地球内部相当。这个发现可能颠覆了之前科学家对火星的研究，因为科学家曾经估计火星内部的水资源相当贫乏。

专家称："我们现在对之前的研究感到困惑，因为现阶段的发现意味着以往对火星内部环境的认识存在错误，认为火星内部并不存在如此大量的'水资源'。"此外，火星内部的大量"水资源"应该如何渗透进入火星表面的呢？研究人员认为火山是一个主要通道，可以将内部的"水资源"转移到火星表面。科学家研究了两颗火星陨石，它们形成于火星的地幔中，其位于火星地壳下方。这些陨石之所以能在大约 250 万年前坠落到地球上，是因为火星曾经发生过一次猛烈的撞击事件。

美国宇航局于 2015 年 11 月 5 日公布了关于火星大气的观测结果，并阐述了其大气层为何如此之薄。观测显示，太阳风可能是剥夺火星大气的罪魁祸首。如今，太阳风每秒钟仍在带走约 100 克的火星大气。太阳风是来自太阳的高速粒子流，当它抵达失去磁场保护的火星后，会产生一个电场，加速火星大气中被称为离子的带电原子，令其逃逸至太空中。

（4）对火星探测的历程。

1996 年，著名天文学家卡尔·萨根在应 NASA 要求而写的报告中列举了探测火星的理由：

①火星是地球上人类可以探索的距离较近的行星之一。

②大约40亿年以前，火星与地球气候相似，也有河流、湖泊甚至可能还有海洋，未知的原因使得火星变成这个模样。探索使火星气候变化的原因，对保护地球的气候条件具有重大意义。

③火星有一个巨大的臭氧洞，太阳紫外线没遮拦地照射到火星上。可能这就是"海盗"1号、"海盗"2号未能找到有机分子的原因。火星研究有助于了解地球臭氧层一旦消失对地球的极端后果。

④在火星上寻找历史上曾经有过的生命的化石，这是行星探测中最激动人心的目的之一，如果找到，就意味着只要条件许可生命就能在宇宙中行星上崛起。

⑤查明火星上有无绿洲，绿洲上有无生命以及生命存在的形式类型。

⑥火星探测是许多新技术的试验场地。

⑦虽然南极陨石提供了火星上少数未知地域的样本，但只有空间探测才能窥其全貌。

⑧从长期来看，火星是一个可供人们移居的星球。

⑨由于历史的原因，火星探测是进行国际合作的理想项目。

2000年，美国在南极洲发现一块火星陨石，编号为ALH 84001的碳酸盐陨石。美国国家航空航天局声称在这块陨石上发现了一些类似微体化石结构，有人认为这可能是生命存在的证据，但有人认为这只是自然生成的矿物晶体。直到2004年，争论的双方仍然没有任何一方占据上风。证实一些疑问的最好方法就是到火星去探测。

1960年，苏联最早派出飞船到火星去探测。人类屡败屡试，终致成功。表8-7为人类探测火星所发射的各种探测器，表8-8为人类探测火星所取得的成果。

表8-7　人类探测火星所发射的探测器

探测器名称	发射时间	抵达时间	国家	结果
火星1A号（火星1960A）	1960年10月10日	—	苏联	失败
火星1B号（火星1960B）	1960年10月14日	—	苏联	失败
卫星22号（火星1962A）	1962年10月24日	—	苏联	失败
"火星"1号	1962年11月1日	—	苏联	失败
卫星24号（火星1962B）	1962年11月4日	—	苏联	失败
"水手"3号	1964年11月5日	—	美国	失败
"水手"4号	1964年11月28日	—	美国	成功
探测器2号	1964年11月30日	—	苏联	失败
探测器3号	1965年7月18日	—	苏联	失败
"水手"6号	1969年2月24日	1969年7月31日	美国	成功

续上表

探测器名称	发射时间	抵达时间	国家	结果
"水手"7号	1969年3月27日	1969年8月5日	美国	成功
火星2A号（火星1969A）	1969年	—	苏联	失败
火星2B号（火星1969B）	1969年4月2日	—	苏联	失败
"水手"8号	1971年5月9日	—	美国	失败
"水手"9号	1971年5月30日	1971年11月14日	美国	成功
宇宙419号	1971年5月10日	—	苏联	失败
"火星"2号	1971年5月19日	—	苏联	部分成功
"火星"3号	1971年5月28日	—	苏联	部分成功
"火星"4号	1973年7月21日	—	苏联	失败
"火星"5号	1973年7月25日	—	苏联	失败
"火星"6号	1973年8月5日	—	苏联	失败
"火星"7号	1973年8月9日	—	苏联	失败
"海盗"1号	1975年8月20日	1976年7月20日着陆	美国	成功
"海盗"2号	1975年9月9日	1976年9月3日着陆	美国	成功
火卫一1号	1988年7月7日	—	苏联	失败
火卫一2号	1988年7月12日	—	苏联	失败
火星观察者	1993年8月21日	抵火星轨道前与地球失去联系	美国	成功
火星全球勘测者	1996年11月7日	1997年9月11日	美国	成功
火星96	1996年11月16日	—	俄罗斯	失败
火星探路者	1996年11月	1997年在火星着陆	美国	成功
"希望"号（行星－B）	1998年7月3日	—	日本	失败
火星气候探测器	1998年	—	美国	失败
"深空"2号随火星极地着陆者	1999年1月3日	抵达火星前被坠毁	美国	失败
奥德赛	2001年4月7日	—	美国	成功
火星快车	2003年6月2日	—	欧空局	部分成功

续上表

探测器名称	发射时间	抵达时间	国家	结果
"勇气"号火星漫游车	2003 年 6 月 10 日	—	美国	成功
"机遇"号火星探测车	2003 年 7 月 8 日	—	美国	成功
火星勘测轨道飞行器	2005 年 5 月 18 日	2006 年 3 月 10 日入轨	美国	成功
"凤凰"号火星极地探测器	2007 年 8 月 4 日	2008 年 5 月 25 日着陆	美国	成功
火卫一土壤搭载中国"萤火一号"	2011 年 11 月 8 日	—	俄罗斯	失败
"好奇"号火星车	2011 年 11 月 26 日	2012 年 8 月 6 日着陆	美国	成功
火星大气与挥发演化探测器（即 MAVEN 火星探测器）	2013 年 11 月 18 日	2014 年 9 月 22 日成功抵达火星轨道	美国	成功
"曼加里安"号火星探测器	2013 年 11 月 5 日	2014 年 9 月 24 日成功进入火星轨道	印度	成功
"洞察"号火星无人着陆探测器	2018 年 5 月 5 日	2018 年 11 月 26 日着陆	美国	成功

表 8-8　人类探测火星所取得的成果

时间	国家	名称	成就
1976 年	美国	"海盗"1、2 号	传回图像以及对土壤、大气的分析结果
1997 年	美国	火星探路者	发回古老漫滩照片以及土壤分析结果
1997 年	美国	火星环球探路者	为水存在提供进一步证据
2003 年	欧洲	火星快车	测绘火星矿物成分，对大气进行研究
2004 年	美国	"勇气"号、"机遇"号火星车	研究岩石土壤，搜寻水是如何影响火星的证据
2006 年	美国	火星勘测轨道器	关注火星天气变化，寻找水存在的迹象

　　苏联（以及后来的俄罗斯）、美国、欧洲、日本、印度等国发射数十艘太空船研究火星表面、地质和气候，包括轨道卫星、登陆器和漫游车总计大约有三分之二的任务在完成前或是刚要开始时就因种种原因而失败。将物体由地球地表送往火星约要花费 30 900 美元每千克，按当时的价钱，送到火星的物体比等重黄金还要贵，代价的高昂没有阻止人类的探测热情。

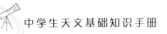

中国也不甘落后，也进行了一些尝试。中国首枚火星探测器——"萤火一号"火星探测器，于 2011 年 11 月 9 日凌晨搭乘俄罗斯的"天顶号"运载火箭与"福布斯—土壤号"火星探测器一起发射升空。但最终以失败告终。

2020 年 7 月 23 日 12 时 41 分，中国自己建造的由火星环绕器、着陆器和巡视器组成的"天问一号"火星探测器搭乘中国自己建造的"长征五号"遥四大推力运载火箭发射升空，成功进入预定轨道。现在正在去往火星的路途中，并完成了几次深空机动，2021 年 5 月 15 日，"天问一号"着陆巡视器稳稳地降落在预选着陆区——火星北半球的乌托邦平原。中国成为一次性完成对火星绕落巡（环绕、着陆、巡视）的国家。

五、木星

1. 概述

（1）星名。

木星（见图 8 - 31），因为在夜晚以肉眼很容易就能看见它，当太阳的位置很低时，偶尔也能在白天看见，因此自古以来就为人所知。

图 8 - 31　木星

在中、日、韩语系中，基于中国的五行，这颗行星被称为木星。因为木星大概 12 年在黄道附近运行一周，古代中国曾以所处黄道星空区域纪年，故又名为"岁星"，李商隐在《马嵬》中那句"如何四纪为天子，不及卢家有莫愁"中的"纪"即为木星的公转周期。中国的道教将它拟人化成福星。

罗马神话中称其为朱庇特（Jupiter），也称为 Jova，为众神之王。相当于希腊神话中的宙斯（Zeus）。

在古巴比伦，木星代表他们的神马尔杜克（Marduk）。他们用木星轨道大约 12 年绕行黄道一周来定义他们生肖的星宫。

在吠陀占星中，木星被称为祭主仙人（Brihaspati），是启发灵性的宗教导师，通常称为上师（Guru），字面的意思是"重人"。

在突厥神话中，木星称为"Erendiz/Erentüz"，这意味着"eren + yultuz（star）"，而关于"eren"有许多有意义的说法。同样的，他们也算出木星的轨道周期是 11 年又 300 天（大约 12 年）。他们认为一些社会和自然的事件是联结到在天上运行的木星的。

（2）木星简介。

在太阳系八大行星中，木星是距离太阳第五远，体积最大、自转最快的行星。它的质量为太阳的千分之一，是太阳系中其他七大行星质量总和的 2.5 倍。由于木星与土星、天王星、海王星皆为气体行星，因此四者又合称类木行星。木星是一个气态巨行星（木星和土星合称气态行星）。人类所看到的通常是大气中云层的顶端，压强比 1 个大气压略高。

木星由于自转快（自转一周约为 10 个小时）而呈现扁球体（赤道附近有略微但可见的凸起），号称"灵活的胖子"。外大气层依纬度明确分为多个带域，各带域相接的边际容易出现乱流和风暴，最显著的例子就是大红斑。

2018 年 2 月，NASA 公布了由"朱诺"号卫星拍摄到的一组木星南极的图像，醒目的蓝色漩涡与华丽的图案扭曲变幻，创造了令人惊叹的奇观。

2018 年，天文学家发现了 12 颗新的木星卫星，使得这颗气态巨行星的已知卫星数量增加到 79 个。科学家在观测更遥远的柯伊伯带天体时拍摄到了它们。新增的两颗卫星被命名为"S/2016 J1"和"S/2017 J1"，分别距木星 2 100 万千米和 2 400 万千米。

2. 物理数据

木星直径 142 984 千米，平均半径 71 492 千米，极半径 66 854 ± 10 千米，扁率 0.064 87 ± 0.000 15；表面积 $6.141\ 9 \times 10^{10}\ km^2$，体积 $1.431\ 3 \times 10^{15}\ km^3$（约为地球的 1 321 倍）；平均密度 $1.326\ g/cm^3$，在气体行星中排第二，但远低于太阳系中四个类地行星；质量 $1.90 \times 10^{27}\ kg$，地心吸力 2.5 g，表面重力 $24.79\ m/s^2$，逃逸速度 59.5 km/s；球面反照率 0.343，几何反照率 0.52；表面温度平均 −148℃，暗带比亮区高。

木星的质量非常巨大，因此太阳系的质心落在太阳的表面之外，距离太阳中心 1.068 太阳半径。虽然木星的直径是地球的 11 倍（非常巨大），但是它的密度很低，所以虽然木星的体积是地球的 1 321 倍，但质量只是地球的 318 倍。木星的半径是太阳半径的十分之一，质量只为太阳质量的千分之一，所以两者的密度是相似的。"木星质量"（MJ 或 MJup）通常被作为描述其他天体（特别是系外行星和棕矮星）的质量单位。例如系外行星 HD 209458 b 的质量是 0.69 MJup。

理论模型显示，如果木星的质量比现今更大，而不是 318 个地球质量，那么它将会继续收缩。质量上的些许改变，不会让木星的半径有明显的变化，大约要在 500 地球质量（1.6 MJup—木星质量）才会有明显的改变。随着质量的增加，内部会因为压力的增加而缩小体积。结果是，木星被认为是一颗几乎达到了行星结构和演化史所能决定的最大半径。随着质量的增加，收缩的过程会继续下去，直到达到可察觉的恒星的形成质量，大约是 50 MJup 的高质量棕矮星。

然而，需要 75 倍的木星质量才能使氢稳定的融合成为一颗恒星。最小的红矮星，半径大约只是木星的 30%。尽管如此，木星仍然散发出更多的能量。它接受来自太阳的能量，而内部产生的能量也几乎和接受自太阳的总能量相等。这些额外的热量是由开尔文—亥姆霍兹机制通过收缩产生的。这个过程造成木星每年缩小约 2 厘米。当木星形成的时候，它比我们观测到的要略大一点。

3. 木星运动

（1）自转。

木星的自转是太阳系所有行星中最快的，对其轴完成一次旋转的时间少于 10 小时；这造成了木星赤道隆起，在地球上哪怕是用业余的小望远镜都能很容易地看出这颗行星是扁球体，也就是说它的赤道直径比两极之间的直径长。实际上木星的赤道直径比通过两极的直径长约 9 275 千米。

因为木星不是固体，它的上层大气有着较差自转。木星极区大气层的自转周期比赤道的长约 5 分钟，在描绘大气运动的特征时，有三个系统作为参考框架：系统 I 适用于纬度 10°N 至 10°S 的范围，自转周期最短，为 9 时 50 分 30.0 秒；系统 II 适用于从南至北的所有纬度，它的周期是 9 时 55 分 40.6 秒；系统 III 最早是电波天文学定义的，对应于行星磁层的自转，它的周期是我们常说的木星自转周期。

木星的自转轴倾角相较于地球和火星非常小，只有 3.13°，因此没有明显的季节变化。

（2）公转。

木星绕太阳公转，其共同质心位于太阳本体之外的半径的 7%。木星至太阳的平均距离约 7 亿 7800 万千米（大约是地球至太阳距离的 5.2 倍，或 5.2 AU）。轨道半长轴 5.19 AU，偏心率 0.048 912；远日点 5.458 104 AU（约 816 520 800 千米），近日点 4.950 429 AU（约 740 573 600 千米），离心率 0.048 775，轨道倾角 1.305 3°，升交点黄经 100.556 15°；公转周期 11.861 8 年，这是土星公转周期的五分之二，也就是说太阳系最大的两颗行星之间形成 5∶2 的共振轨道周期。平均公转速度 47 051 km/h，会合周期 398.88 天。

4. 内部结构

木星是一个巨大的液态氢星体。随着深度的增加，在距离表面至少 5 000 千米深处，液态氢在高压和高温环境下形成。据推测，木星的中心是一个含硅酸盐和铁等物质组成的核区，物质组成与密度呈连续性过渡。

从质量模型看，木星应有一个石质的内核，由铁和硅组成。向外是由岩石与氢的混合颗粒物组成，无明确的边界，再向外被一层含有少量氦、主要是氢元素的液态金属氢包覆着。内核上则是大部分的行星物质集结地，以液态氢的形式存在。这些木星上最普通的形式基础可能只在 40 亿帕压（相当于地球上 4 万个大气压）强下才存在，木星内部就是这种环境（土星也是）。液态金属氢由离子化的质子与电子组成。在木星内部的温度压强下氢气是液态的，而非气态，这使它成了木星磁场的电子指挥者与根源，木星的磁场强度大约 10 高斯，比地球大 10 倍。同样在这一层也可能含有一些氦和微量的冰。木星还是天空中已知的最强的射电源之一。

木星内部的温度和压力，由于开尔文—亥姆霍兹机制稳定地朝向核心增加。在压力为 10 帕的"表面"，温度大约是 340 K（约 67℃）。在氢相变的区域——温度达到临界点——氢成为金属，相变温度是 10 000 K（约 9 700℃），压力为 200 GPa。在核心边界的温度估计为 36 000 K（约 35 700℃），同时内部的压力大约是 3 000 ~ 4 500 GPa。

5. 木星的大气圈

（1）大气组成。

在木星的大气组成中，按分子数量来看，81% 是氢，18% 是氦，按质量则分别占 75% 和 24%。只有约 1% 左右的其他气体，其中包括甲烷、乙烷、水蒸气、氨气、重氢等。这与太阳系的前身——原始太阳星云的组成相近。表面气压 20 ~ 200 kPa。另外木星也含有微量的碳、乙烷、硫化氢、氖、氧、磷化氢、硫等物质。大气中含有极微的甲烷、乙炔之类的有机成分，在雷暴之中生成有机物的概率相当大。

大气最外层有冷冻的氨的晶体。透过红外线及紫外线测量也发现木星上有微量苯和烃的存在。但木星中较重元素的比例却比原始太阳星云多数倍。同为气体行星的土星也是类似的组成，但天王星及海王星中的氢和氦就少得多。

木星大气层中氢和氦的比例非常接近原始太阳星云的理论组成，然而，木星大气中的惰性气体是太阳的 2 ~ 3 倍，高层大气中的氖只占了总质量的百万分之二十，约为太阳比例的十分之一；氦也几乎耗尽，但仍有太阳中氦的比例的 80%。这个差距可能是由于元素随降水落至行星内部所造成。

对于光谱学分析而言，土星被认为和木星的组成最为相似，但另外的气体行星：天王星与海王星相较之下所含氢和氦的比例较低，由于没有太空船实际深入大气层的分析，除了木星之外的行星仍没有重元素数量的精确数据。

（2）大气分层。

木星有着太阳系内最大的行星大气层，跨越的高度超过 5 000 千米。由于木星没有固体的表面，它的大气层基础通常被认为是大气压力等于 1 MPa，或十倍于地球表面压力之处。

像地球大气一样，木星的大气层也被分为四个层次：对流层、平流层、增温层和散逸层。不同于地球的大气层，木星没有中间层，没有固体的表面，大气最底层的对流层，平稳地转换进入行星的流体内部。这是温度和压力在氢和氦的临界点之上造成的结果，意味着气体和液体的相位之间没有明确的界限存在。

（3）行星风系。

由于木星有较强的内部能源，致使其赤道与两极温差不大，不超过 3℃，因此木星上南北风微弱，东西风是木星上的主导风向，最大风速达 130～150 m/s。木星大气中充满了稠密活跃的云系。各种颜色的云层像波浪一样激烈翻腾。在木星大气中还观测到有闪电和雷暴。由于木星的快速自转，因此能在它的大气中观测到与赤道平行的、明暗交替的带纹，其中的亮带是向上运动的区域，暗纹则是较低和较暗的云。

木星表面有红、褐、白等五彩缤纷的条纹图案，可以推测木星大气中的风向是平行于赤道方向的，因区域的不同而交互吹着西风及东风，这是木星大气的一项明显特征。

木星的大红斑（见图 8－32）位于 23°S 处，长 2 万千米，宽 1.1 万千米。探测器发现，大红斑是一团激烈上升的气流，呈深褐色。这个彩色的气旋以逆时针方向转动。在大红斑中心部分有个小颗粒，是大红斑的核，其直径大小有几百千米。这个核在周围的逆时针漩涡运动中维持不动。大红斑的寿命很长，早在 1665 年，意大利天文学家卡西尼就发现了它。大红斑的艳丽红色令人印象深刻，颜色似乎来自红磷。

图 8－32　木星大红斑

风暴通常都发生在巨行星大气层的湍流内，木星也有白色和棕色的鹅蛋形风暴，但较小的那些风暴通常都不会被命名。白色的鹅蛋风暴倾向于包含大气层上层相对较低温的云；棕色的鹅蛋风暴则较温暖并位于普通云层。这种风暴持续的时间可以只有几个小时，也可以长达数个世纪。

6．木星的外围结构

（1）卫星。

木星运动正在逐渐变缓。同样的引潮力也改变了其卫星的轨道，使它们逐渐远离木星。木卫一、木卫二、木卫三由引潮力影响而使公转共动关系固定为 1∶2∶4，并共同变化。木卫四也是这其中的一个部分，在未来的数亿年里，木卫四也将被锁定，以木卫三的两倍、木卫一的八倍公转周期来运行。

木卫可分为三群：最靠近木星的一群——木卫十六、木卫十四、木卫五、木卫十五和 4 颗伽利略卫星共 8 颗，轨道偏心率都小于 0.01，顺行，属于规则卫星；其余均属不规则卫星。离木星稍远的一群卫星——木卫十三、木卫六、木卫十及木卫七，偏心离为 0.11～0.21，顺行。离木星最远的一群——木卫十二、木卫十一、木卫八及木卫九，偏心率 0.17～0.38，逆行。

木卫一、木卫二、木卫三、木卫四于 1610 年由伽利略发现，故称为伽利略卫星。1892 年巴纳德用望远镜发现了木卫五，其他卫星都是 1904 年以后用照相方法陆续发现的。"旅行者"号飞船于 1979 年发现了木卫十四，1980 年又先后发现木卫十五和木卫十六。除 4 个伽利略卫星外，其余的卫星半径多是几千米到 20 千米的大石头。木卫三半径为 2 631 千米，是木星卫星中最大的一颗，直径甚至大于水星。木卫二可能存在液态的海洋。木星的 4 个伽利略卫星和木卫五的轨道几乎在木星的赤道面上。

截至 2018 年，木星的周围一共发现了 79 颗卫星，成为太阳系中卫星最多的大行星（见表 8 - 9）。

表 8 - 9　木星的卫星

	规则卫星	木卫十六、木卫十四、木卫五、木卫十五和 4 颗伽利略卫星
不不规则卫星	内侧群	内侧的 4 颗小卫星，直径小于 200 千米，轨道半径小于 200 000 千米，轨道倾角小于 0.5 度
	撒米斯图群	这是单独一颗卫星的群组，轨道介于伽利略卫星和希马利亚群半途的中间位置
	希马利亚群	一个紧密的族群，轨道距离为 11 00 万千米至 12 00 万千米
	卡普群	另一个单一卫星的群，在亚南克群的内缘，以顺行方向绕着木星运转
	亚南克群	逆行轨道的群，这群的边界相当模糊，平均距离木星约 2 128 万千米，平均轨道倾角为 149 度
	加尔尼群	相当明显的逆行群组，平均距离木星约 2 340 万千米，平均轨道倾角 165 度
	帕西法尔群	分散、特征含糊的逆行集团，涵盖所有最外层的卫星

（2）木星环。

随着行星际空间探测器的发射，不断揭示出太阳系天体中许多前所未知的事实，木星环的发现就是其中一个。

早在 1974 年"先锋"11 号探测器访问木星时，就曾在离木星约 13 万千米处观测到高能带电粒子的吸收特征。两年后有人提出这一现象可用木星存在尘埃环来说明。可惜当时无人做进一步的定量研究以推测这一假设环的物理性质。

1977 年 8 月 20 日和 9 月 5 日美国先后发射了"旅行者"1 号和"旅行者"2 号空间探测器，经过一年半的长途跋涉，"旅行者"1 号穿过木星赤道面，这时它所携带的窄角照相机在离木星 120 万千米的地方拍到了亮度十分暗弱的木星环的照片，同时"旅行者"2 号也获得了有关木星环的更多的信息。从而终于证实木星也有光环。木星光环的形状像个薄圆盘，其厚度约为 30 千米，宽度约为 9 400 千米，离木星约 128 300 千米。光环分为内环和外环，外环较亮，内环较暗且几乎与木星大气层相接。

光环的光谱型为 G 型，光环也环绕着木星公转，7 小时转一圈。

根据对空间飞船所拍照片的研究，现已知道木星环系主要由亮环、暗环和晕三部分组成。亮环在暗环的外边，晕为一层极薄的尘云，将亮环和暗环整个包围起来的厚度不超过30千米。亮环离木星中心约13万千米，宽6 000千米。暗环在亮环的内侧，宽可达5万千米，其内边缘几乎同木星大气层相接。靠近亮环的外缘有一宽约700千米的亮带，它比环的其余部分约亮10%，暗环的亮度只及亮环的几分之一。晕的延伸范围可达环面上下各1万千米，它在暗环两旁延伸到最远点，外边界则比亮环略远。

木星的两极有极光，这似乎是从木卫一上火山喷发出的物质沿着木星的引力线进入木星大气而形成的。木星有光环，光环系统是太阳系巨行星的一个共同特征，主要由黑色碎石块和雪团等物质组成。木星的光环没有土星那么显著壮观，但也可以分成四圈。

"伽利略"号飞行器对木星大气的探测发现木星光环和最外层大气层之间还存在一个强辐射带，大致相当于电离层辐射带的十倍强。惊人的是，新发现的带中含有来自不知何方的高能量α粒子。

（3）表面磁场。

木星的磁场强度是地球的14倍，范围从赤道的4.2高斯到极区的10～14高斯，是太阳系行星中最强的磁场。环绕着木星的是松弱的行星环系统和强大的磁层（木星磁场十分强大，其背对太阳一面的磁场甚至延伸至土星轨道）。

木星磁层的范围大而且结构复杂，在距离木星140万～700万千米之间的巨大空间都是木星的磁层；而地球的磁层只在距地心5万～7万千米的范围内。木星的五个大卫星（木卫一至木卫五）都被木星的磁层所屏蔽，使之免遭太阳风的袭击。地球周围有被称为范艾伦带的辐射带，木星周围也有这样的辐射带。美国的"旅行者"1号还发现木星背向太阳的一面有3万千米长的北极光。1981年初，当"旅行者"2号早已离开木星磁层飞奔土星的途中，曾再次受到木星磁场的影响。由此看来，木星磁尾至少拖长到了6 000万千米以外。

木星的磁力圈分布范围比地球磁力圈的范围大100多倍，是太阳系中最大的磁力圈。由于太阳风和磁力圈的作用，木星也和地球一样在极区有极光产生，强度约为地球的100倍。

7．探测历史

（1）地面观测。

一般小型的双筒望远镜就可以看到木星及其身旁的四大卫星，因为他的视星等为 -2.5～-1.4，其亮度仅次于金星，十分明亮，所以即使是在大都市中也可以在夜空中找到它的位置。

（2）空间探测。

除目视观测外，人类还发射了很多宇航飞船抵近木星探测。

①"先驱者"号。

美国宇航局于1972年3月发射了"先驱者"10号探测器，这是第一个探测木星的使者，它穿越危险的小行星带和木星周围的强辐射区，经过一年零九个月，行程10亿千米，于1973年10月飞临木星，探测到木星规模宏大的磁层，研究了木星大气并传回了 300 多幅木星图形。

1973 年 4 月美国又发射了"先驱者" 11 号探测器，1974 年 12 月 5 日到达木星，它离木星表面距离最短时只有 4.6 万千米，比"先驱者" 10 号更近。送回了有关木星磁场、辐射带、温度、大气结构等情况数据，并观测到了木星南极地带。

②"旅行者"号。

1977 年 8 月 20 日和 9 月 5 日，美国先后发射了"旅行者" 2 号和"旅行者" 1 号探测器，它们沿着两条不同的轨道飞行，担负探测太阳系外围行星的任务。发射 100 天后，"旅行者" 1 号超过"旅行者" 2 号，并先期到达木星考察。1979 年 3 月 5 日，"旅行者" 1 号在距木星 27.5 万千米处与木星会合，拍摄了木星及其卫星的几千张照片并传回地球。通过这些照片可以发现木星周围也有一个光环，还探测到木星的卫星上有火山爆发活动。"旅行者" 2 号于 1979 年 7 月 9 日到达木星附近，从木星及其卫星中间穿过，在距木星 72 万千米处拍摄了几千张照片。

③"伽利略"号。

"伽利略"号探测器于 1989 年升空，1995 年 12 月抵达环木星轨道。它旅行了 45 亿千米，继而绕木星飞行了 34 圈，获得了有关木星大气层的第一手探测资料，并在 1995 年将一个探测器放到了木星上。它发现木星的卫星欧罗巴（Europa，木卫二）、盖尼米德（Ganymede，木卫三）、卡里斯托（Callisto，木卫四）的地下有咸水，还发现木星卫星上有剧烈的火山爆发。

"伽利略"号的首要任务是对木星系统进行为期两年的研究，而事实上，伽利略号从 1995 年进入木星的轨道直到 2003 年坠毁，它一共在木星工作了 8 年之久。它环绕木星公转，约两个月公转一周。在木星的不同位置上，得到其磁层数据，此外它的轨道也是预留作近距观测卫星的。

由于它的终结日期比原来预计的晚了六年。在 1997 年 12 月 7 日，它开始执行额外任务，多次近距在木卫一和木卫二上越过，最近的一次是于 2001 年 12 月 15 日，距卫星表面仅 180 千米。

因为节约燃料，所以"伽利略"号并未做灭菌处理，为了避免其与可能存在生命的木卫二接触，"伽利略"号探测器在 2003 年 9 月 21 日坠毁于木星，以此结束其近 14 年的太空探索生涯。这将是美国宇航局自 1999 年以来首次控制探测器在地球之外的天体上坠毁。

"伽利略"号对研究木星的卫星也做出了很大的贡献。在"伽利略"号到达木星之前，人们一共发现了 16 颗木星的卫星。"伽利略"号到达后又发现了多个卫星。这个数字由此上升到了 63 个。

④"朱诺"号。

美国宇航局（NASA）2008 年 11 月宣布，已将木星定为下一个探索天空的远大目标，NASA 将在 2011 年 8 月发射一个新的木星探测器"朱诺"号，"朱诺"号是 NASA "新疆界"计划前往木星探测的太空船，于 2011 年 8 月 5 日从卡纳维尔角空军基地发射升空，并于 2016 年 7 月抵达。探测器将在绕极轨道上运行，研究木星的组成、重力场、磁场和磁层和磁极。"朱诺"号也要搜索和寻找这颗行星是如何形成的线索，包括是否有岩石的核心、存在大气层深处的水量、质量的分布、风速等。

该探测器首先绕地球运行至 2013 年，利用地球引力将"朱诺"号弹射到外太阳系；然后到达木星轨道。此后，"朱诺"号每年大约绕木星运转 32 圈，探测木星内部的结构情况；测定木星大气成分；研究木星大气对流情况以及探讨木星磁场起源和磁层。通过它的探测，科学家希望了解木星这颗巨行星的形成、演化和本体内部结构以及木星卫星等。全部任务于 2017 年 10 月结束。

"朱诺"号于 2018 年 2 月 7 日上午在第 11 次近距离飞越这颗气态巨行星时，采用了彩色增强的延时图像序列拍摄，得到大量数据。

8．相关研究

对木星的考察表明：木星正在向其宇宙空间释放巨大能量。它所放出的能量是它所获得太阳能量的两倍。这说明木星释放能量的一半来自于它的内部，也就是说，木星内部存在热源。有人认为它的热能可能是木星形成时，由引力势能转变而来，被液态氢大规模对流到表面上。

众所周知，太阳之所以不断放射出大量的光和热，是因为太阳内部时刻进行着核聚变反应，在核聚变过程中释放出大量的能量。木星是一个巨大的液态氢星球，本身已具备了无法比拟的天然核燃料，加之木星的中心温度已达到了 28 万 K，具备了进行热核反应所需的高温条件。至于热核反应所需的高压条件，就木星的收缩速度和对太阳放出的能量及携能粒子的吸积特性来看，木星在经过几十亿年的演化之后，中心压力可达到最初核反应时所需的压力水平。

木星和太阳的成分十分相似，但是却没有像太阳那样燃烧起来，从现在的物理模型来看，能进行氢核聚变的最低质量至少要在 0.07 个太阳质量以上，而木星的质量远低于这个值。木星要成为像太阳那样的恒星，需要将质量增加到如今的 80 倍才行，一旦木星上爆发了大规模的热核反应，以千奇百怪的旋涡形式运动的木星大气层将充当释放核热能的"发射器"。所以，有些科学家猜测，再经过几十亿年，木星将会改变它的身份，从一颗行星变成一颗名副其实的恒星。

9．撞击事件

1993 年 3 月 24 日，美国天文学家尤金·苏梅克和卡罗琳·苏梅克以及天文爱好者戴维·列维，利用美国加州帕洛玛天文台的 46 厘米天文望远镜发现了一颗彗星，遂以他们的姓氏命名为"苏梅克—列维"9 号彗星。这颗彗星被发现一年零两个多月后，于 1994 年 7 月 16 日至 22 日，断裂成 21 个碎块，其中最大的一块宽约 4 千米，以每秒 60 千米的速度连珠炮一般向木星撞去。

2009 年 7 月 21 日，澳大利亚一位业余天文爱好者安东尼·卫斯理，在凌晨 1 点利用自家后院的 14.5 英寸反射式望远镜发现木星被彗星或者小行星撞击，在木星表面留下地球般大小的撞击痕迹。美国航空航天局喷气推进实验室在 20 日晚上 9 点证实了卫斯理的发现，并于 21 日证实木星在过去相当短一段时间内再次遭遇其他星体撞击，使木星南极附近落下黑色"疤斑"，撞击处上空的木星大气层出现一个地球大小的空洞。

10. 外星生命

1953 年，米勒—尤里实验证明了闪电和存在于原始地球大气中的化合物组合可以形成有机物（包括氨基酸），可以作为生命的基石。这模拟的大气成分为水、甲烷、氨和氢分子，所有的这些物质都在现今的木星大气层中被发现。木星的大气层有强大的垂直空气流动，运载这些化合物进入较低的地区。但在木星的内部有更高的温度，会分解这些化学物，会妨碍类似地球生命的形成。

因为在木星的大气层中只有少量的水，如有任何的固体表面都在深处压力极大的地区，因此被认为不可能存在任何类似地球的生命。1976 年，在"航海家"号任务之前，曾经假设基于氨与水的生命可能在木星大气层的上层进化。

在木星的一些卫星，地表可能有海洋存在，导致这些卫星更可能有生物存在的猜测。

六、土星

1. 星名

土星（见图 8 - 33）是太阳系八大行星之一，以太阳为中心向外为太阳系第六位大行星，是肉眼可见的大行星中最远的一颗，属气态巨行星。

人类在史前时代就已经知道土星的存在。在古代，它是除了地球之外已知的五颗行星中最远的一颗，中国古代以五行之"土"名之。土星在天空中每 28 年运行 1 周天，每年镇守二

图 8 - 33　土星

十八宿的一宿，故中国古代人们将其称为"镇星"，别名"瑞星"。东亚文化包括日、韩在内均从此说，欧洲古希腊以之为农神，希腊人认为最外层的行星是神圣的克洛诺斯，罗马人也承袭这个传统，土星符号"♄"形似大镰刀。现英文名 Saturn，拉丁文名 Saturnus。

在印度占星学，有 9 个占星用的天体，土星是其中之一，称为"Sani"或"Shani"，由众行星组成的形态来评判当政者行为是好或是坏。

2. 土星简介

土星是气态巨行星，主要由氢组成，还有少量的氦与微量元素，内部的核心包括陨石和冰，外围由数层金属氢和气体包裹着。最外层的大气层在外观上可以看出发亮的磁性光环。土星的风速高达 1 800 千米/时，明显的比木星上的风速快，土星的行星磁场强度介于地球和木星之间，空气流非常之快，土星外围有幽静的冰环，主要成分

是冰的微粒和较少数的岩石以及等离子。

3. 星体数据

①直径：120 540 千米，赤道半径：60 330 千米，扁率：0.103，表面积：4.571 5 × 10^{10} km^2。

②平均密度：0.687 g/cm^3，质量：5.684 6×10^{26} kg（95.160 9 地球质量）。

③赤道引力（地球=1）：1.08，赤道逃逸速度：35.49 km/s。

④表面温度：-191.15℃ ~ -130.15℃，表面平均温度：-134 K。

⑤反照率：0.58，卫星数（已确认）：82。

⑥视星等：-0.4 ~ 1.3。

4. 土星运动

（1）自转。

2019 年 1 月，科学家基于美国宇航局"卡西尼"号探测器在 2017 年 9 月被摧毁之前收集到的数据，研究出土星自转的时长：10 时 33 分 38 秒。由于是气体球，和木星一样存在较差自转，赤道 10 时 14 分，中纬度 10 时 38 分，在纬度 60°处为 10 时 40 分。

由于快速自转，使得它的形状变扁，是太阳系行星中形状最扁的一个。

（2）公转。

土星和其他行星一样，也围绕太阳在椭圆轨道上运动。土星赤道与其公转轨道面交角 26.73°，轨道与黄道面倾角 2.485 24°。与太阳平均距离 14.267 254 亿千米（约 9.54 AU），近日距：1 353 572 956 千米（9.04 807 635 AU），远日距：1 513 325 783 千米（10.11 595 804 AU），半长轴 1 433 449 370 千米，偏心率 0.055 723 219，公转周期 29.447 498 年，平均轨道速度 9.65 km/s；平近点角 320.346 75°，升交点黄经 113.642 812°；近日点黄经：92.3°，与地球的距离在 1 277 340 000 ~ 1 576 540 000 千米之间变化，公转的会合周期 378 日。

土星也有四季，只是每一季的时间要长达 7 年多，因为离太阳遥远，即使夏季也是极其寒冷的。

5. 土星构造

（1）内部构造。

虽然只有少量的直接资料，但土星的内部结构仍被认为与木星相似，即有一个被氢和氦包围着的核心。

岩石核心的构成与地球相似但密度更高。在核心之上，有更厚的液体金属氢层，然后是数层的液态氢和氦层，在最外层是厚达 1 000 千米的大气层，也存在着各种形态冰的踪迹。估计核心区域的质量大约是地球质量的 9 ~ 22 倍。土星有非常热的内部，核心的温度高达 11 700℃，并且辐射至太空中的能量是它接受来自太阳的能量的 2.5 倍。大部分能量是由缓慢的重力压缩产生，但这还不能充分解释土星的热能制造过程。额外的热能可能由另一种机制产生：在土星内部深处，液态氦的液滴如雨般穿过较轻的氢，在此过程中不断地通过空气旋转而产生热能量。

（2）大气。

土星外围的大气层包括 96.3% 的氢和 3.25% 的氦，可以侦测到的气体还有氨、乙炔、乙烷、磷化氢和甲烷。相对于太阳所含有的丰富的氦，土星大气层中氦的丰盈度明显高很多。对于比氦重的元素的含量，如今所知不甚精确。

上层大气中飘浮着由稠密的氨晶体组成的云，较低层的云则由硫化氢铵或水组成。

土星的表面同木星一样，也是流体。它赤道附近的气流与自转方向相同，比木星风力要大得多。在土星北极有一个形状是正六边形的巨大风暴，跨度 24 000 千米，差不多能装下 4 个地球，是土星上和木星大红斑类似的长时间维持的大型风暴圈。

从望远镜中看去这些云像木星的云一样形成相互平行的条纹，但土星的条纹比较幽暗，不如木星云带那样鲜艳，只是比木星云带规则得多，土星云带以金黄色为主，其余是橘黄、淡黄等。

从底部延展至大约 10 千米高处，是由水冰构成的层次，温度大约是 −23℃。在这之后是硫化氢氨冰的层次，延伸出另外的 50 千米，温度大约在 −93℃，在这之上是 80 千米的氨冰云，温度大约是 −153℃。接近顶部，在云层之上 200～270 千米是可以看见的云层顶端，是由数层氢和氦构成的大气层。土星的风速是太阳系中最高的，"旅行者"号的数据显示土星的东风最高可达 500 m/s。直到旅行者探测器飞越土星，比较纤细的条纹才被观测到。然而从那之后，地基望远镜也被改善到在通常情况下都能够观察到土星的这些细纹。

带纹有时也会出现亮斑、暗斑或白斑。白斑的出现不很稳定，最著名的白斑于1933 年 8 月被一英国天文爱好者用小型天文望远镜发现，此白斑位于土星赤道区，蛋形，长度达土星直径的 1/5。此后这块白斑逐渐扩大，几乎蔓延到土星的整个赤道带。

土星极地附近呈绿色，是整个表面最暗的区域。根据红外观测得知云顶温度为−170℃，比木星低 50℃。土星表面的温度约为 −140℃。

由于这颗行星表面温度较低而逃逸速度又大，使土星保留着几十亿年前它形成时所拥有的全部氢和氦。因此，科学家认为，研究土星的成分就等于研究太阳系形成初期的原始成分，这对于了解太阳内部活动及其演化有很大帮助。一般认为土星的化学组成像木星，不过氢的含量较少。土星上甲烷含量比木星多，氦的含量则比木星少。

土星的大气层通常都很平静，偶尔会出现一些持续较长时间的长圆形特征，以及其他在木星上常常出现的特征。1990 年，哈勃太空望远镜在土星的赤道附近观察到一朵极大的白云，是在"航海家"号与土星遭遇时未曾看见的；在 1994 年又观察到另一朵较小的白云风暴。1990 年的白云后被证实是大白斑的一个例子，这是在每一个土星年（大约 30 个地球年），当土星北半球夏至的时候所发生的独特但短期的现象。之前的大白斑分别出现在 1876、1903、1933 和 1960 年，并且以 1933 年的最为著名。

来自"卡西尼"号太空船的最新图像显示，土星的北半球呈现与天王星相似的明亮蓝色。这种蓝色非常可能是由瑞利散射造成的，但因为当时土星环遮蔽住了北半球，因此从地球上无法看见这种蓝色。

"旅行者"号的影像中最先被注意到的是一个长期出现在78°N附近，围绕着北极的六边形漩涡。不同于北极，哈勃太空望远镜所拍摄到的南极区影像有明显的"喷射气流"，但没有强烈的极区漩涡，也没有"六边形的驻波"。

但是，NASA报告"卡西尼"号在2006年11月观测到一个位于南极像飓风的风暴，有着清晰的眼壁。这是很值得注意的观测报告，因为在过去除了地球之外，没有在任何的行星上观测到眼壁云（包括"伽利略"号太空船在木星的大红斑上都未能发现眼壁云）。

在北极的六边形中每一边的直线长度大约是13 800千米，整个结构以10时39分24秒为周期自转，与行星的无线电波辐射周期一样，这也被认为是土星内部的自转周期。这个六边形结构像大气层中可见的其他云彩一样，在经度上没有移动。

这个现象的规律性的起源仍在猜测之中，多数的天文学家认为这是在大气层中某种形式的驻波，但是六边形也许是一种新形态的极光。在实验室的流体转动桶内已经模拟出了多边形结构。

与其他的气体巨星一样，土星缺少坚实的地表，因此科学家无法利用其地表测量它的自转周期。此外，土星表层大气在赤道附近的运动速度也比其在极点附近的运动速度快。

许多行星科学家利用磁场释放出的无线电波推算天体的自转周期，因为科学家假设这些无线电波是从星球的深层内部释放出来的，那里的自转周期更加稳定。然而，对于土星而言，这种推测方法遇到了阻碍：从土星南北半球释放出的无线电有15分钟左右的时间差。

相对而言，六角形风暴的循环更加稳定，因此可以作为推断自转周期的一个关键因素。研究者将"卡西尼"号土星探测器拍摄到的时间跨度为5年半的图像结合在一起加以分析，

图8-34　"卡西尼"号拍摄的土星独特六边形气候系统

发现六角形风暴（见图8-34）的循环周期几乎不会发生变化。这一发现暗示：可蔓延数百千米的六角形风暴与星球的内部关系密切，因此它是土星真实自转速度的一个有效标示。

（3）土星磁层。

土星有一个简单的具有对称形状的内在磁场——一个磁偶极子。磁场在赤道的强度为0.2高斯，大约是木星磁场的二十分之一，比地球的磁场微弱一点；由于强度远比木星的微弱，因此土星的磁层仅延伸至土卫六轨道之外。磁层产生的原因很有可能与木星相似——由金属氢层（被称为"金属氢发电机"）中的电流引起。与其他的行

星一样，土星磁层会受到来自太阳的太阳风内的带电微粒影响而产生偏转。其卫星土卫六的轨道位于土星磁层的外围，并且土卫六的大气层外层中的带电粒子提供了等离子体。

6. 土星卫星

（1）卫星系列。

土星还是太阳系中卫星数目仅次于木星的一颗行星，这些卫星在土星赤道平面附近以近圆轨道绕土星转动，就像一个小家族。近几年随着观测技术的不断提高，大行星卫星的数量因不断被发现而急剧攀升。土星卫星的形态各种各样、五花八门，使天文学家们对它们产生了极大的兴趣。

1980 年，当"旅行者"号探测器飞过土星时，在原有的 9 颗卫星（土卫一、土卫二、土卫三、土卫四、土卫五、土卫六、土卫七、土卫八和土卫九）基础上，又发现了 8 颗新的卫星。土卫一到土卫十按距离土星由近到远排列为：土卫十、土卫一、土卫二、土卫三、土卫四、土卫五、土卫六、土卫七、土卫八、土卫九。

来自"卡西尼"号探测器和"旅行者"号探测器的图像显示，土星的卫星群具有非常不同的特点，有些遍布撞击坑。阿根廷国立大学天文学和地球物理学科学家罗米纳迪西斯托对土星的卫星进行了研究，并统计了土星卫星群中的撞击坑数量。

到 2009 年，已经确认的土星卫星有 62 颗，其中 9 颗是 1900 年以前发现的。其中 52 颗已经有了正式的名称；还有 3 颗可能是环上尘埃的聚集体而未能确认。许多卫星都非常小：34 颗的直径小于 10 千米，另外 13 颗的直径小于 50 千米，只有 7 颗有足够的质量能够以自身的重力达到流体静力平衡。

2019 年 10 月，国际天文学联合会小行星中心宣布，研究人员在土星周围新发现 20 颗卫星。这 20 颗新发现的土星卫星每颗直径仅约 5 千米，其中 17 颗是逆行卫星，即绕土星运转方向与土星自转方向相反（另 3 颗为顺行卫星）。它们都属于距土星较远的外层卫星，其中一颗逆行卫星是迄今已知距土星最远的卫星。

依照轨道倾角的不同，土星的外层卫星被划分为北欧群、高卢群和因纽特群。新发现的卫星中，有两颗顺行卫星被归入因纽特群，研究人员认为这两颗卫星与该群其他成员一样，都是由一颗大卫星在遥远的过去分裂而成。17 颗逆行卫星被划入北欧群，它们可能也曾同属于一颗更大的卫星。还有一颗顺行卫星轨道倾角与高卢群卫星相似，但其轨道半径比包括高卢群成员在内的其他顺行卫星都大得多。

截至 2021 年 7 月，确认的土星卫星总共有 82 颗。

（2）主要卫星简介。

除土卫六外，天文学家从"旅行者"号飞船发回的资料发现，土星的其他卫星都比较小，在寒冷的表面上都有陨击的疤痕，像破碎了的蛋壳（见图 8 – 35）。

土卫一表面上有一个直径达 128 千米的陨石坑，就像一只眼球上的瞳孔一样。

土卫二有着荒凉的平原、陨石坑和断皱的山脊，它的不同区域代表着不同的历史时期。

土卫三上有一个又深又宽，长约 800 千米的裂谷。

土卫四表面有稀疏而明亮的条纹，它们都环绕着陨石坑。

土卫十离土星的距离只有 159 500 千米，仅为土星赤道半径的 2.66 倍，已接近洛希极限①。

（3）土卫六。

早在 1655 年 3 月 25 日，荷兰天文学家惠更斯在用自制的 3.7 米长折射望远镜观测土星时，无意中发现了一颗土星的卫星，这颗卫星被命名为泰坦（英文音译或译：提坦）（见图 8-36）。它就是最受天文学家瞩目的土卫六，是被人类发现的第一颗土星卫星。

图 8-35　土星卫星表面

天文学家们特别看重土卫六，是因为土卫六"天资"出众，所以受到天文学家们的青睐和器重。土卫六与众不同的"天资"表现在如下方面：

土卫六是土星系中最大、太阳系中第二大的卫星，比冥王星大许多，也比行星中的水星还要大。它的质量是月球质量的 1.8 倍，平均密度为每立方厘米 1.9 克，约为地球密度的 1/3，引力则为地球的 14%。

土卫六与土星的平均距离为 122 万千米，沿着近乎正圆形的轨道绕土星运动。它像月球一样，总以同一面向着自己的行星——土星。也就是说，如果在土星上看土卫六的话，永远只能看到土卫六的同一个半面。它的轨道几乎和土星赤道面重合。你

图 8-36　橘黄色的泰坦
——土卫六

可以想一想，土卫六这么大的天体，沿着大约 122 万千米的半径，居然运动在近乎正圆的轨道上，这真是有点难以想象的事。如果让我们专门画这样一个圆，恐怕也是不容易办到的。足见天体演化中的自然奇观。

土卫六上有大气。1944 年，美籍荷兰天文学家柯伊伯对土卫六进行了系统的分光观测研究，发现土卫六上有甲烷气体，从而确认土卫六上有浓密的大气层。至今土卫六仍是太阳系内已知的 100 多颗卫星中唯一有大气的卫星，这就使它特别受到天文学家们的偏爱。

根据土卫六的运动特征、物理状况和化学成分，天文学家们判定土卫六是和土星

---

①　洛希极限是一个天体自身的引力与第二个天体造成的潮汐力相等时的距离。当两个天体的距离小于洛希极限时，天体就会倾向碎散，继而成为第二个天体的环。

一起演化形成的，属于稳定卫星，不可能是土星后来捕获的小天体。一些天文学家曾一度将土卫六的质量、体积、表面重力、表面温度、大气成分、水和冰的含量、自转和公转等天体特征和天体环境与地球进行比较，目的是想从中获取有关早期生命物质演化的蛛丝马迹。

长期以来，土卫六一直被认为是卫星中体积最大的，也是太阳系中唯一拥有大气的卫星，其大气成分主要是甲烷；过去认为它的表面温度也不低，因而人们甚至于推测在它上面可能存在生命。

"旅行者"1号对土星进行了一次近距离测量，在35万千米处拍下5张高分辨率的照片。照片上土卫六展现出美丽的橘黄色的星体，像一个熟透了的橘子。但发回的数据却令"土星失望"，它改写了土卫六原来5 800千米的直径为5 150千米，因而不是太阳系中最大的卫星，迫不得已把"卫星之王"的桂冠转让给了木星的卫星木卫三（木卫三的直径最大，有5 262千米），屈居第二。

土卫六的表面温度很低，在-181℃到-208℃之间，使之形成了美丽的液氮海洋，液态表面下有一个冰幔和一个岩石核心。其上是一层稠密的大气层，厚度约为2 700千米。土卫六轨道附近有一个氢云。

土卫六能向外发射电波，这使人感到迷惑。探测飞船未发现土卫六存在任何生命的痕迹。

虽然我们看不到土卫六的表面，但"旅行者"号探测器为我们提供的资料显示：土卫六是太阳系中的又一个奇异世界，黑暗寒冷的表面，液氮的海洋，暗红的天空，偶尔洒下几点夹杂着碳氢化合物的氮雨等。这些是人类了解生命起源和各种化学反应的理想之处。

从惠更斯发现土卫六以来，至今已有300多年的历史，土卫六仍是一个待解之谜。要想对土卫六有更深刻的认识，还需要人类不断地进行探索。

其他天体上有没有生命？这个问题一直萦绕在天文学家们的脑际。土卫六的发现者惠更斯在《天体奇观，关于其他行星上的居民、植物及其世界的猜想》一书中写道：如果我们认为这些天体上除了无边无际的荒凉之外，一无所有……

甚至进一步认为如果那里根本不可能存在高级生物，那么我们无异就贬低了它们，而这是非常不合情理的。诚然，判断哪个天体上有没有生命，这是一个十分严肃的科学问题。从现代的科技水平来看，恐怕过于乐观是不现实的，然而过于悲观也是没有根据的，实践是检验真理的唯一标准。至于土卫六上的生命信息，至今仍是个不容乐观的谜，但是一定会在不断探测的实践中得到解决。

从地球上看去，土卫六是一颗8.4等星。凭眼睛直接看是绝对看不到的。用较好的天文望远镜观测它，也只能看到一个小小的红点似的盘状体。为什么是这个颜色呢？有人认为这可能是因为土卫六上存在着复杂的有机分子。当然，完全依靠地面观测是解决不了这类问题的，只能是"纸上谈兵"。

随着宇航事业的飞速发展，行星际探测器取得了空前的成果。

为了进一步研究土卫六大气和生命的关系，美国康奈尔大学的行星物理学家卡尔·萨根等人，做了土卫六大气模拟实验。研究者认为，土卫六上含有大量氮气的大气层，产生了各种各样的生命前的化学物质。萨根指出："早期的地球上可能也曾发生过类似的过程。但在土卫六上发生的生命前化学过程，因为那里的温度远低于水的冰点，大概是不会有生命的。"

说到这里，你有没有想到：为什么在卫星中只有土卫六有如此丰富的大气层呢？这一直是行星物理学家们在思索的问题。有人认为，这可能是土卫六表面温度高到足以维持相当数量的甲烷和氨气，以保持与其表面的冰相平衡。也可能是土卫六上的冰含有甲烷和氨，在土卫六的温度下容易形成大气。第三种可能是土卫六大气不会像受木星强磁场影响那样，使大气跑掉。第四种可能是土卫六的质量大，能经受内部的分化，分化出的冰向表面集中，它的引力足以使大部分的气体不至跑掉。

7. 探测土星环

土星有一个显著的环系统，主要成分是冰的微粒和较少数的岩石残骸以及尘土。

1610 年，意大利天文学家伽利略观测到在土星的球状本体旁有奇怪的附属物。

1659 年，荷兰学者惠更斯证实这是离开本体的光环。当时观测到的土星环有 5 个。

1675 年意大利天文学家卡西尼，发现土星光环中间有一条暗缝（后称"卡西尼缝"）（见图 8 - 37），他还猜测光环是由无数小颗粒构成。两个多世纪后的分光观测证实了他的猜测。

图 8 - 37　土星光环和环缝

但在这两百年间，土星环通常被看作是一个或几个扁平的固体物质盘。直到 1856 年，英国物理学家麦克斯韦从理论上论证了土星环是无数个小卫星在土星赤道面上绕土星旋转的物质系统。

土星环位于土星的赤道面上。在空间探测前，从地面观测得知土星环有五个，其中包括三个主环（A 环、B 环、C 环）和两个暗环（D 环、E 环）。B 环宽又亮，它的内侧是 C 环，外侧是 A 环。A、B 两环之间为宽约 4 800 千米的"卡西尼缝"，产生环缝的原因是因为光环中有卫星运行，卫星的引力收容了沿途的"游兵散勇"所致。B 环的内半径 91 500 千米，外半径 116 500 千米，宽度 21 000 千米，可以并排安放两个地球；A 环的内半径 121 500 千米，外半径 137 000 千米，宽度 15 500 千米；C 环很暗，它从 B 环的内边缘一直延伸到离土星表面只有 12 000 千米处，宽度约 19 000 千米。

1969 年在 C 环内侧发现了更暗的 D 环，它几乎触及土星表面。在 A 环外侧还有一个 E 环，由非常稀疏的物质碎片构成，延伸在五六个土星半径以外。1979 年 9 月"先驱者"11 号探测到两个新环——F 环和 G 环。F 环很窄，宽度不到 800 千米，离土星中心的距离为 2.33 个土星半径，正好在 A 环的外侧。G 环离土星很远，展布在离土星中心大约 10～15 个土星半径间的广阔地带。"先驱者" 11 号还测定了 A 环、B 环、C 环和"卡西尼缝"的位置、宽度，其结果同地面观测相差不大。"先驱者" 11 号的紫外辉光观测发现，在土星的可见环周围有巨大的氢云，环本身是氢云的源。

除了 A 环、B 环、C 环以外的其他环都很暗弱。土星的赤道面与轨道面的倾角较大，从地球上看，土星呈现出南北方向的摆动，这就造成了土星环形状的周期变化。仔细观测发现，土星环内除"卡西尼缝"以外，还有若干条缝，它们是质点密度较小的区域，但大多不完整且具有暂时性。只有 A 环中的"恩克缝"为永久性，不过，环缝也不完整。科学家认为这些环缝都是土星卫星的引力共振造成的，犹如木星巨大引力的摄动造成小行星带中的"柯克伍德缝"一样。

"先驱者" 11 号在 A 环与 F 环之间发现一个新的环缝，称为"先驱者缝"，还测得"恩克缝"宽度为 392 千米。由观测而阐明土星环的本质要归功于美国天文学家基勒，他在 1895 年从土星环的反射光的多普勒频移发现土星环不是固体盘，而是以独立轨道绕土星旋转的大群质点。土星环掩星并没有把被掩的星光完全挡住，这也说明土星环是由分离质点构成的。1972 年从土星环反射的雷达回波得知环的质点是直径介于 4～30 厘米之间的冰块。

探测器传回的土星照片让科学家非常吃惊，在近处所看到的土星环，竟然是一大片碎石块和冰块，使人眼花缭乱。它们的直径从几厘米到几十厘米不等，只有少量的超过 1 米或者更大，土星周围的环平面内有数百条到数千条大小不等、形状各异的环。大部分环是对称地绕土星转的，也有不对称的、完整的、比较完整的、残缺不全的。环的形状有锯齿形的，也有辐射状的。令科学家迷惑不解的是，有的环好像是由几股细绳松散地搓成的粗绳一样，或者说像姑娘们的发辫那样相互扭结在一起。辐射状的环更是令科学家大开了眼界而又伤透了脑筋，组成环的物质就像车轮那样，步调整齐地绕着土星转，这样岂不要求那些离得越远的碎石块和冰块运动的速度越快吗？这显然违背了已经掌握的物质运动定律。那么，这是一个什么样的规律在起作用呢？这一切仍在探索中。

NASA 的科学家于 2009 年 10 月 8 日发现土星周围存在一个"隐形"的巨大光环。NASA 喷气推进实验室称，该光环平面与土星主光环面成 27°倾角，该光环内侧距离土星约 595 万千米，宽度约 1 190 万千米，它的直径相当于 300 倍土星的直径。可容纳大约 10 亿个地球。土星照射到的太阳光线很少，光环反射出的可见光更少，令它难以被发现。组成光环的尘埃温度很低，仅有 -193℃，但却散发出热辐射。NASA 斯皮策太空望远镜正是捕捉到这些热辐射，才发现了这个巨大的光环的。

土星卫星"菲比"（土卫九）的轨道穿越该光环。科学家们认为，光环内的冰和尘埃来自于"菲比"与彗星的碰撞。光环的发现可能有助于解释关于土星另一卫星土卫八的一个古老而神秘的问题：天文学家卡西尼 1671 年首次发现土卫八，称这个星球就像太极符号一样一面黑一面白，但这是怎么形成的呢？新发现的光环旋转轨道与土卫八相反。科学家们推测，光环内的尘埃飞溅到土卫八表面上，形成了黑色区域。新光环的发现者之一、马里兰大学专家道格拉斯·汉密尔顿说："长久以来，航天学者一直认为'菲比'与土卫八表面之上的黑色物质之间存在某种联系，新发现的光环为此提供了令人信服的证据。"

（8）探测土星卫星的发现。

继惠更斯于1655年发现了土卫六之后，不久后卡西尼发现了另外4颗卫星：土卫八、土卫五、土卫三和土卫四。在1675年，卡西尼也发现了著名的"卡西尼缝"。

之后一段时间都没有进一步的有意义发现，直到1789年威廉·赫歇尔才再发现两颗卫星：土卫一和土卫二。形状不规则的土卫七和土卫六有着共振，是在1848年被英国发现的。

在1899年，威廉·亨利·皮克林发现土卫九，一颗极度不规则的卫星，它没有如同更大卫星般的同步转动。"菲比"是第一颗被发现的这种卫星，它以周期超过一年的逆行轨道绕着土星公转。

1944年，根据对土卫六的研究，确认它有浓厚的大气层——这在太阳系的卫星中显得很独特。

迄今为止只有"先驱者"11号、"旅行者"1号和"旅行者"2号以及"卡西尼—惠更斯"号四个探测器飞临土星进行过探测土星的活动。

1979年9月1日，"先驱者"11号经过6年半的太空旅程，成为第一个造访土星的探测器。它在距离土星云顶20 200千米的上空飞越，对土星进行了为期10天的探测，发回第一批土星照片。"先驱者"11号不仅发现了两条新的土星光环和土星的第11颗卫星，而且证实土星的磁场比地球磁场强600倍。此后它第二次穿过土星环平面，并利用土星的引力作用拐向土卫六，从而探测了这颗可能孕育有生命的星球。

1980年11月12日，"旅行者"1号从距离土星12 600千米的地方飞过，一共发回1万余幅彩色照片。这次探测不仅证实了土卫十、土卫十一、土卫十二的存在，而且又发现了3颗新的土星小卫星。当它距离土卫六不到5 000千米的地方飞过时，首次探测分析了这颗土星的最大卫星的大气，发现土卫六的大气中既没有充足的水蒸气，其表面也没有足够数量的液态水。

1981年8月25日，"旅行者"2号从距离土星云顶10 100千米的高空飞越，传回18 000多幅土星照片。探测发现，土星表面寒冷多风，北半球高纬度地带有强大而稳定的风暴，甚至比木星上的风暴更猛。土星光环中不时也有闪电穿过，其威力超过地球上闪电的几万倍乃至几十万倍。它再次证实，土星环有7条。土星环是由直径为几厘米到几米的粒子和砾石组成，内环的粒子较小，外环的粒子较大，因粒子密度不同使光环呈现不同颜色。每一条环可细分成上千条大小不等的更小的环，即使被认为空无一物的"卡西尼缝"内也存在几条小环，在高分辨率的照片中，可以见到F环有5条小环相互缠绕在一起。土星环的整体形状类似一个巨大的密纹唱片，从土星的云顶一直延伸到32万千米远的地方。"旅行者"2号发现了土星的13颗新卫星，使土星的卫星数增至 23 颗。

"旅行者" 2 号还发现土卫三也是从明显的宇宙"暴力"之中幸存下来的。一条巨大的沟壑从卫星的一端伸展到另一端。这个长峡谷看起来是由内部力量引起的开裂。它内部凝固和膨胀的压力使其表面产生裂缝。科学家们无法解释一个至少百分之八十由水冰组成的卫星是如何经受住这样的地质活动的。土卫三表面有一座大的环形山，直径为 400 千米，底部向上隆起而呈圆顶状，还有一条巨大的裂缝，环绕这颗卫星几乎达 3/4 周。

土卫八的一个半球为暗黑，另一个半球则十分明亮；亮的那侧能将大约一半照射到的光反射出去，而另一侧几乎一片黑暗。黑色物质里可能包含着有机碳——生命必需的组成成分之一。

土卫九的自转周期只有 9～10 小时，与它的公转周期 550 天相去甚远，它有黑暗寒冷的表面、液氮的海洋、暗红的天空，偶尔洒下几点夹杂着碳氢化合物的"雨滴"。

土卫二几乎反射所有的光线，其冰冻的表面可能会被来自内部的水不断覆盖。"卡西尼"号探测器在探测时发现其南极有冲天的冰喷泉，为 E 环的主要物质来源，且喷气推进实验室认为，土卫二很可能存在生命。

土卫七看上去像是较大物体的一个碎块。它不规则的形状和极度坑坑洼洼的表面使它看似一个稍大的小行星。这颗卫星的碎片可能已进入了土星光环。

"旅行者"号探测器的探索结果使人们深信那曾经支配了土星早期历史的猛力作用。土星卫星看起来像是无尽爆炸袭击的幸存者。它们明亮的冰封表面受到了无数陨石的创伤。但是这些卫星中有一个与早期的地球非常相似，也许某一天，有着浓厚大气层的土卫六能够进化出顽强的生命。

"卡西尼"号是"卡西尼—惠更斯"号的一个组成部分。"卡西尼—惠更斯"号是美国国家航空航天局、欧洲航天局和意大利航天局的一个合作项目，主要任务是对土星系进行空间探测。"卡西尼"号探测器以意大利出生的法国天文学家卡西尼的名字命名，其任务是环绕土星飞行，对土星及其大气、光环、卫星和磁场进行深入考察，

"卡西尼"号太空探测器在经过 6 年 8 个月、35 亿千米的漫长太空旅行之后，已于北京时间 2004 年 7 月 1 日 12 时 12 分按计划顺利进入环绕土星转动的轨道，开始对土星大气、光环和卫星进行历时 4 年的科学考察，将近距离地纵览土星全貌，对土星和它众多的卫星进行全面考察。

"卡西尼"号从 2004 年 1 月起，就开始拍摄土星家族全面、完整的照片和"电影"。"卡西尼"号携带的照相机，比哈勃太空望远镜上的同类照相机性能更好。

在临近入轨之前，2004 年 6 月 11 日，它对土卫九进行了探测，拍摄了这颗卫星极其清晰的照片。土卫九是距离土星最远的一颗卫星，半径 110 千米，科学家猜想它是被土星俘获的一颗小行星。"卡西尼"号在距离它 2 000 千米处对它的质量和密度进行了测量，

2005 年 2 月 17 日，"卡西尼"号在距离土卫二 1 179 千米处经过，而同年 3 月 9

日，距离更近到 499 千米。土卫二半径 250 千米，表面非常明亮，几乎能反射百分之百的阳光。科学家怀疑它的表面是光滑的冰层，"卡西尼"号将探测它的磁场以判断它的表层下面是否有含盐分的水存在。

2005 年 4—9 月，"卡西尼"号的轨道将从土星赤道面改变到与这一平面成 22 度夹角，居高临下对土星光环和大气进行测量，进一步探测光环结构、组成光环的物质粒子和土星大气物理特性。

2005 年 9—11 月，"卡西尼"号逐个接近土卫四、土卫五、土卫七和土卫三，分别对它们进行了观测。土卫四半径 560 千米，土卫五半径 870 千米，它们的外表很像月球，密布环形山。土卫七位于土卫六与土卫八之间，形状不规则，最长处直径 175千米，很像一颗小行星。土卫三半径 530 千米，密度和水一样，很可能是一个冰球。

2006 年 7 月到 2007 年 7 月，"卡西尼"号系统地监视和拍摄了土星、土星光环、土星磁层的图像。2007 年 7—9 月它再次拍摄土星及其家族的"电影"，并在 9 月 10日到距离土卫八约 1 000 千米处对土卫八进行观测。土卫八半径为 720 千米，其表面一面颜色很暗，另一面却接近白色，很是奇特。

2007 年 10 月到 2008 年 7 月，"卡西尼"号逐步增大轨道与土星赤道平面的夹角，最后达到 75.6°，这样"卡西尼"号就能更好地观测土星的光环，测量远离土星赤道平面处的磁场和粒子、监视土星的两极地区和观测土星极光现象。其间，它两次接近土卫十一，分别在距离土卫十一 6 190 千米和 995 千米处对这颗卫星进行了观测。

2017 年 9 月 15 日，已经在太空工作 20 年的"卡西尼"号探测器在受控情况下，于土星大气层中坠毁。

继向火星上发送探测器后，美国航空航天局计划于 2040 年将潜水艇送往土星卫星。他们计划使用有翼航天飞船，在以特超音速，成功进入卫星大气层后，释放潜水艇。

土星环绕太阳旋转一周为 30 年，在公转一次中仅出现两次土星双极光现象。哈勃太空望远镜拍摄的这张图像显示土星每个极地同时出现闪亮的极光。这一现象是由于"太阳风"而形成的，太阳风是太阳喷射的亚原子带电粒子流，与土星大气层的分子发生交互作用。

在地球上，极光是带电粒子沿着地球磁场线进入大气层形成的奇特现象。天文学家发现该图像中土星北极和南极极光之间存在细微的差别，其中包含在北极光中的明亮椭圆形状区域比南极光区域略小，并且光线更强烈一些。这暗示着土星的磁场分布并不均匀，由于北极磁场更强一些，当太阳粒子穿过北极大气层时被加速形成能量较高的粒子流。

经过进一步的研究，科学家发现土星的极光形成原理与地球类似，都是太阳风所携带的物质穿越大气电子层所引发。土星上时隐时现、来回跳跃的极光就像是一场绚丽的灯光秀。值得一提的是，美国的"卡西尼"号探测器也从不同的角度捕捉到了类似的极光事件。

①风暴之谜。

一直以来天文学家都为土星北极神秘的六面风暴感到困惑不已，利用红外波长拍摄的图片显示了红色、橙色和绿色的伪色调。"卡西尼"号宇宙飞船拍摄到了北极六边形风暴的真实而令人惊叹的颜色。

这一六边形风暴大到足够容下4个地球。它显示了六边形奇特的几何结构以及土星北半球阴影令人惊叹的变化。

这个六边形是由土星的上层大气风产生的。形状中央可以看到极地涡旋。早在30多年前"旅行者"1号和"旅行者"2号首次观测到这个六边形，科学家们认为它是适应土星的旋转而产生的。"卡西尼号"宇宙飞船为科学家们提供了六边形内巨大风暴旋转的首个可见光下的特写镜头视图。

暴风外边缘稀薄明亮的云大约以150米每秒的速度前行。"当我们看到这个漩涡后才恍然大悟，因为它看起来非常类似地球上的飓风，""卡西尼"号成像研究小组成员、美国加州帕萨迪纳市加州理工学院的安德鲁·英格索尔（Andrew Ingersoll）这样说道。"但它是在土星上，且范围更大，此外它某种程度上依赖于土星氢气大气层里的少数水蒸气。"

科学家目前正在研究这个飓风以获得有关地球上的飓风的新见解，后者依赖于温暖的海水。尽管土星大气层高处的云层附近并没有水体，但了解这些土星风暴是如何利用水蒸气的将为科学家们提供更多有关地球飓风是如何产生和维持的信息。

地球上的飓风和土星北极的涡旋都拥有一个无云或少云的中央眼。其他类似的特征包括高层云形成风眼墙，其他高层云环绕风眼旋转，以及在北半球是逆时针旋转的。这两种飓风之间的一个重大差别在于土星上的飓风比地球上的更大，且旋转速度惊人的快。在土星上，风眼墙的风吹的速度比地球上飓风吹动的速度要快4倍。

②对地球影响。

地球与木星、土星的距离虽然远远大于日地距离，但是这些太阳系中的"大伙伴"会对地球产生较大的影响，甚至可能导致地球无法孕育生命。它们的运行轨道使地球处于一个椭圆轨道中运行，并且与太阳保持适当距离，适宜生命繁衍。

如果土星轨道向太阳方向移动10%，那么其所形成的牵引力会导致地球轨道延伸数千万千米。这项研究结果是奥地利维也纳大学科学家埃尔克·皮拉·洛赫格（Elke Pilat-Lohinger）负责的，他设计一个计算机模型，用于理解木星和土星如何影响其他行星轨道的外形。

这个简单的计算机模型并不包括其他太阳系内部行星，洛赫格教授发现伴随着土星轨道倾斜度增大，会使地球轨道更向外延伸。

木星的引力比地球强2.5倍，能够牵引太阳系内其他行星。当把火星和金星添加到这个计算机模型中时，所有三颗行星的轨道趋于稳定，但是土星轨道倾斜仍对地球产生较大影响。

七、天王星

天王星（英文：Uranus，拉丁文：Uranum），为太阳系八大行星之一，是太阳系由内向外的第七颗行星，其体积在太阳系中排名第三（比海王星大），质量排名第四（小于海王星），几乎横躺着围绕太阳公转。目前已知拥有 27 颗卫星。

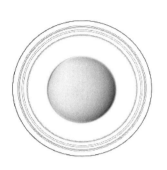

图 8 - 38　天王星

1. 星名

天王星的英文名称 Uranus 来自古希腊神话中的天空之神乌拉诺斯，他是克洛诺斯的父亲，宙斯的祖父。与在古代就为人们所知的五颗行星（水星、金星、火星、木星、土星）相比，天王星的亮度为视星等 6.07 等，也是肉眼可见的。但由于亮度较暗、绕行速度缓慢并且由于当时望远镜观测能力不足，被古代的观测者认定为是一颗恒星。

天王星在被发现是行星之前，已经被观测了很多次，但都把它当作恒星看待。最早的纪录可以追溯至 1690 年，约翰·佛兰斯蒂德在星表中将它编为金牛座 34，并且至少观测了 6 次。法国天文学家 Pierre Lemonnier 在 1750 至 1769 年也至少观测了 12 次，包括一次连续四夜的观测。威廉·赫歇尔用他自己设计的望远镜对这颗"恒星"做了一系列视差的观察：

赫歇尔在 1781 年 3 月 13 日晚于索美塞特巴恩镇新国王街 19 号的自家庭院中观察到这颗行星。这是第一颗使用望远镜发现的行星。

在 3 月 17 日，他注记着："我找到一颗彗星或星云状的星，并且由它的位置变化来看，这是一颗彗星。"直到 4 月 26 日最早的报告中他仍称之为彗星。他在他的学报上记录着："在与金牛座 ζ 成 90°的位置……有一个星云样的星或者是一颗彗星。"当他将发现提交给皇家学会时，虽然含蓄的认为比较像行星，但仍然声称是发现了彗星。

当赫歇尔继续谨慎的以彗星描述他观测到的新对象时，其他的天文学家已经开始做不同的怀疑。俄国天文学家 Anders Johan Lexell 估计它至太阳的距离是地球至太阳的 18 倍，而没有彗星可以在近日点四倍于地球至太阳距离之外被观测到。

柏林天文学家约翰·波得描述赫歇尔的发现像是"在土星轨道之外的圆形轨道上移动的恒星，可以被视为迄今仍未知的像行星的天体"。波得断定这个以圆轨道运行的天体更像是一颗行星。

这个天体很快便被接受是一颗行星。在 1783 年，法国科学家拉普拉斯证实赫歇尔发现的是一颗行星。赫歇尔本人也向皇家天文学会的主席约翰·班克斯承认这个事实："经由欧洲最杰出的天文学家观察，显示这颗新的星星是太阳系内主要的行星之一。"

马斯基林曾这样问赫歇尔："作为天文学世界的恩宠（原文如此），为您的行星取个名字，这也完全是为了您所爱的，并且也是我们迫切期望您为您的发现所做的。"回应马斯基林的请求，赫歇尔决定将他新发现的星星（即天王星）命名为"乔治之星（Georgium Sidus）"或"乔治三世"以纪念他的新赞助人——乔治三世。

天文学家原本建议将这颗行星称为赫歇尔以尊崇它的发现者。但是，波得赞成用希腊神话的乌拉诺斯，译成拉丁文的意思是天空之神，中文则称为天王星。波得的论点是农神（土星）是宙斯（木星）的父亲，新的行星则应该取名为农神的父亲。天王星的名称最早是在赫歇尔过世一年之后的 1823 年才出现于官方文件中。"乔治三世"或"乔治之星"的名称在之后仍经常被使用（只在英国使用），直到 1850 年，航海历才换用天王星的名称。

天王星的名称是行星中唯一取自希腊神话而非罗马神话。

天王星的天文学符号是火星和太阳符号的综合，因为天王星是希腊神话的天空之神，被认为是由太阳和火星联合的力量所控制的。在东亚，都翻译成天王星（Sky King Star）。

2. 星体数据

天王星直径约 51 118 千米，赤道半径：25 559 ± 4 千米，极半径：24 973 ± 20 千米，扁率：0.022 9。

表面积：$8.115\ 6 \times 10^9\ km^2$，相当于 15.91 个地球表面积；体积：$6.833 \times 10^{13}\ km^3$，相当于 63.086 个地球体积；平均密度：$1.318\ g/cm^3$；质量：$8.681\ 0 \times 10^{25}\ kg$，相当于 14.536 个地球质量；赤道表面重力加速度：$8.69\ m/s^2$；逃逸速度：21.3 km/s；表面温度：最低：49K（ − 224.15℃），最高：57K（ − 216.15℃），平均：53K（−220.15℃）；星等：5.9 ~ 5.32；视角：3.3″ ~ 4.1″；反照率：0.3（球面），0.51（几何）。

3. 星体运动

（1）自转。

自转周期：17 时 14 分 24 秒（0.718 33 地球日）；自转方向：自东向西，北极上空俯视，呈顺时针；赤道自转速度：2.59 km/s。

天王星的自转轴可以说是躺在轨道平面上的，倾斜的角度高达 97.7°，轴的空间指向基本不变。这使它的季节变化完全不同于其他的行星。其他行星的自转轴相对于太阳系的轨道平面都是朝上的，天王星的转动则像倾倒而被辗压过去的球。当天王星在至日前后时，一个极点会持续地指向太阳，另一个极点则背向太阳。只有在赤道附近狭窄的区域内可以体会到迅速的日夜交替，但太阳的位置非常低，有如在地球的极区；其余地区则是长昼或长夜，没有日夜交替。运行轨道上的日夜交替和其他行星相似。2007 年 12 月 7 日，天王星经过日夜平分点，到轨道的另一侧时，换成轴的另一极指向太阳；每一个极都会有被太阳持续的照射 42 年的极昼，而在另外 42 年则处于极夜。在接近昼夜平分点时，太阳正对着天王星的赤道，粗略一点理解：如果以日出日落一天为单位来计算，那么就是地球一年，天王星一天。

（2）公转。

轨道半长轴：2 876 679 082 千米（19. 229 411 95 AU）；轨道离心率：0. 044 405 586；轨道对黄道倾角：0. 772 556°；对太阳赤道交角：6. 48°；升交点黄经：73. 989 821°；平近点角黄经：142. 955 717°；近日点：2 748 938 461 千米（18. 375 518 63 AU）；远日点：3 004 419 704 千米（20. 083 305 26 AU）；公转周期：30 799. 095 个日（84. 323 326 年）；会合周期：369. 66 日；平均公转速度：6. 81 km/s。

（3）季节变化。

周期性地有大块云彩出现在天王星的大气层里，其实天王星有着类似海王星般的外观，可观测到雷雨风暴，风速可达 229 m/s。科罗拉多州博尔德市太空科学学院和威斯康星大学的研究员曾观察到天王星表面有一个"大黑斑"，让天文学家对天王星大气层的活动有了更多的了解。虽然为何这突如其来活动暴涨的发生原因仍未被研究员所明了，但是它呈现了天王星极度倾斜的自转轴所带来的季节性的气候变化。要确认这种季节变化的本质是很困难的，因为对天王星大气层堪用的观察数据仍不到 84 年，也就是一个完整的天王星年。虽然已经有了一定的发现，但光度学的观测仅累积了半个天王星年（从 1950 年起算），在两个光谱带上的光度变化已经呈现了规律性的变化，最大值出现在至点，最小值出现在昼夜平分点。

从 1960 年开始的微波观测，深入到对流层的内部，也得到相似的周期变化，最大值也在至点。从 20 世纪 70 年代开始对平流层进行的温度测量也显示最大值出现在 1986 年的至日附近。多数的变化相信与可观察到的几何变化相关。然而，有某些理由相信天王星物理性的季节变化也在发生。当南极区域变得明亮时，北极相对的呈现黑暗，这与上述概要性的季节变化模型是不符合的。

观测数据说明，在 1944 年抵达北半球的至点之前，天王星亮度急速提升，显示北极不是永远黑暗的。这个现象意味着可以看见的极区在至日之前开始变亮，并且在昼夜平分点之后开始变暗。详细的分析可见光和微波的资料，显示亮度的变化周期在至点的附近不是完全对称的，这也显示出在子午圈上反照率变化的模式。20 世纪 90 年代，在天王星离开至点的时期，哈勃太空望远镜和地基的望远镜显示南极冠出现可以察觉的变暗（南半球的"衣领"除外，它依然明亮），同时，北半球的活动也证实是增强了，例如云彩的形成和更强的风，均支持期望的亮度增加应该很快就会开始。

至点，天王星的一个半球沐浴在阳光之下，另一个半球则对向幽暗的深空。受光半球的明亮曾被认为是对流层里来自甲烷云与阴霾层局部增厚的结果。在南半球极区的其他变化，也可以用低层云的变化来解释。来自天王星微波发射谱线上的变化，或许是在对流层深处的循环变化造成的，因为厚实的极区云彩和阴霾可能会阻碍对流。天王星春天和秋天的昼夜平分点即将来临，动力学上的改变和对流可能会再发生。表 8-10 为天王星节气表。

表 8 – 10 天王星节气表

北半球	年份	南半球
冬至	1902,1986	夏至
春分	1923,2007	秋分
秋分	1965,2049	春分

4．天王星内部构成（见图 8 – 39）

（1）物质构成。

天王星主要是由岩石与各种成分不同的水冰物质所组成，其主要组成元素为氢（83%），其次为氦（15%）。在许多方面，天王星（海王星也是）与大部分都是气态氢组成的木星与土星不同，其性质比较接近木星与土星的地核部分，而没有类木行星包围在外的巨大液态气体表面（主要是由金属氢化合物气体受重力液化形成）。

天王星并没有土星与木星那样的岩石内核，它的金属成分是以一种比较平均的状态分布在整个外壳之内。直接以肉眼观察，天王星的表面呈现洋蓝色，这是因为它的甲烷大气吸收了大部分的红色光谱所导致。

图 8 – 39 天王星的内部结构

天王星的质量约是地球的 14.5 倍，是类木行星中质量最小的。它的平均密度只比土星高一些；直径虽然与海王星相似（大约是地球的 4 倍），但质量较低。这些数值显示它主要由各种各样挥发性物质，例如水、氨和甲烷组成。

（2）内部层次。

天王星的标准模型结构包括三个层面：在中心是岩石的核，中间是冰的幔，最外面是氢/氦组成的壳。相较之下核非常小，只有 0.55 地球质量，半径不到天王星的 20%；地幔则是个庞然大物，质量大约是地球的 13.4 倍；而最外层的大气层则相对上是不明确的，大约扩展占有剩余 20% 的半径，但质量大约只有地球的 0.5 倍。天王星核的密度大约是 9 g/cm^3，在核和地幔交界处的压力是 800 万巴和大约 5 000 K 的温度。冰的地幔实际上并不是由一般意义上所谓的冰组成，而是由水、氨和其他挥发性物质组成的热且稠密的流体。这些流体有高导电性，有时被称为水—氨的海洋。天王星和海王星的大块结构与木星和土星有很大不同，冰的成分超越气体，因此有理由将它们分开另成一类为"冰巨星"。

天王星内部的流体结构意味着其没有固体表面，气体的大气层是逐渐转变成内部的液体层的。但是，为便于扁球体的转动，在大气压力达到 1 巴之处被定义和考虑为行星的表面时，它的赤道和极的半径分别是 25 559 ±4 千米和 24 973 ±20 千米。这样的表面将作为通常高度的零点。

（3）内热状况。

天王星的内热看上去明显比其他的类木行星低，在天文学中，属于低热流量。我们仍不了解天王星内部的温度为何会如此低，大小和成分与天王星像是双胞胎的海王星，放出至太空中的热量是得自太阳的 2.61 倍；然而，天王星几乎没有多出来的热量被放出。

天王星在远红外（也就是热辐射）的部分释出的总能量是大气层吸收自太阳能量的 1.06 ±0.08 倍。事实上，天王星的热流量只有 0.042 ±0.004 7 W/m^2，远低于地球内的热流量 0.075 W/m^2。

天王星对流层顶的温度最低温度纪录只有 49 K，使天王星成为太阳系温度最低的行星，比海王星还要冷。

（4）海洋。

根据"旅行者"2 号的探测结果，科学家推测天王星上可能有一个深度达一万 km、底层温度高达 6 650℃，由水、硅、镁、含氮分子、碳氢化合物及离子化物质组成的液态海洋。由于天王星上巨大而沉重的大气压力，令分子紧靠在一起，使得这高温海洋未能沸腾及蒸发。反过来，正由于海洋的高温，恰好阻挡了高压的大气将海洋压成固态。海洋从天王星高温的内核（高达 6 650℃）一直延伸到大气层的底部，覆盖整个天王星。

必须强调的是，这种海洋与我们所理解的、地球上的海洋完全不同。然而，却有观点认为，天王星上不存在这个海洋。真相如何，恐怕只有待进一步的观测，或是寄望 NASA 会落实初步构想中的"新视野"2 号计划，派出无人探测船再度拜访天王星。

5. 大气

（1）成分结构。

天王星大气主要成分是氢 83 ±3%、氦 15 ±3%、甲烷（CH_4）2.3% 和氘（重氢）0.009%（0.007% ~0.015%），以及微量的水冰、氨、氨硫化氢等。

甲烷在可见和近红外波段的吸收带为天王星制造了明显的蓝绿或深蓝的颜色。在大气压力 1.3 帕的甲烷云顶之下，甲烷的量大约是太阳的 20 至 30 倍。混合的比率在大气层的上层由于极端的低温，降低了饱和的水平并且造成多余的甲烷结冰。对低挥发性物质的丰富度，如氨、水和硫化氢，在大气层深处的含量所知有限，但是大概率也是高于太阳内的含量的。除甲烷之外，在天王星的上层大气层中可以追踪到各种各样微量的碳氢化合物，这些被认为是太阳的紫外线辐射导致甲烷光解产生的，包括乙烷（C_2H_6）、乙炔（C_2H_2）、甲基乙炔（CH_3C_2H）、联乙炔（C_2HC_2H）。光谱也揭露了水蒸气、一氧化碳和二氧化碳在大气层上层的踪影，但可能只是来自于彗星和其他外部天体的落尘。

据推测，天王星大气内部可能含有丰富的重元素。地幔由甲烷和氨的冰组成，可能含有水。内核由冰和岩石组成。

（2）大气分层。

与其他的气体巨星，甚至是与相似的海王星比较，天王星的大气层是非常平静的。当"旅行者"2号在1986年飞掠过天王星时，总共观察到了10个横跨整个行星的云带特征。有人提出解释认为这种特征是天王星的内热低于其他巨大行星的结果。在天王星记录到的最低温度是49 K，比海王星还要冷，使天王星成为太阳系温度最低的行星。

天王星的大气层可以分为三层：对流层、平流层（同温层）与增温度/晕。

①对流层。

对流层是大气层最低和密度最高的部分，温度随着高度增加而降低，温度从有名无实的底部大约320 K，降低至53 K。在对流层顶实际的最低温度在49～57 K，依在行星上的高度来决定。对流层顶是行星的上升暖气流辐射远红外线最主要的区域，由此处测量到的有效温度是59.1±0.3 K。

对流层应该还有高度复杂的云系结构，水云被假设在大气压力50～100帕，氨氢硫化物云在20～40帕的压力范围内，氨或氢硫化物云在3～10帕，最后是直接侦测到的甲烷云在1～2帕。对流层是大气层内动态非常充分的部分，展现出强风、明亮的云彩和季节性的变化，这些将在后文讨论。

②平流层。

天王星大气层的中层是平流层，此处的温度逐渐增加，从对流层顶的约53 K上升至增温层底的800～850 K。

平流层的加热来自甲烷和其他碳氢化合物吸收的太阳紫外线和红外线辐射，大气层的这种形式是甲烷的光解造成的。碳氢化合物相对来说只是很窄的一层，高度在100～280千米，温度在75～170 K之间。

含量最多的碳氢化合物是乙炔和乙烷。乙烷和乙炔在平流层内温度和高度较低处与对流层顶倾向于凝聚而形成数层阴霾的云层，那些也可能被视为天王星上的云带。然而，碳氢化合物集中在天王星平流层阴霾之上的高度比其他类木行星的高度要低是值得注意的。

③增温层。

天王星大气层的最外层是增温层或晕，有着均匀一致的温度，大约在800～850 K。仍不了解是何种热源支撑着如此的高温，虽然低效率的冷却作用和平流层上层的碳氢化合物也能贡献一些能源，但即使是太阳的远紫外线和超紫外线辐射，或是极光活动都不足以提供如此高温所需的能量。除此之外，氢分子和增温层拥有大比例的自由氢原子，它们的低分子量和高温可以解释为何晕可以从行星扩展至50 000千米之高，以致天王星半径的两倍之远。这个延伸的晕是天王星的一个独特的特点。它的作用包括阻尼环绕天王星的小颗粒，导致一些天王星环中尘粒的耗损。

天王星的增温层和平流层的上层对应着天王星的电离层。观测显示电离层占据2 000～10 000 千米的高度。天王星电离层的密度比土星或海王星高，这可能是由于碳氢化合物在平流层低处的集中。电离层是承受太阳紫外线辐射的主要区域，它的密度也依据太阳活动而改变。极光活动不如木星和土星的明显和重大。

（3）带状结构、风和云。

1986 年，"旅行者" 2 号发现可见的天王星南半球可以被细分成两个区域：明亮的极区和暗淡的赤道带状区。这两区的分界大约在纬度45°S 的附近。一条跨越在45°S至50°S 之间的狭窄带状物是在行星表面上能够看见的最亮的大特征，被称为南半球的"衣领"。"极冠"和"衣领"被认为是甲烷云密集的区域，位置在大气压为 1.3～2 帕的高度。很不幸的是，"旅行者" 2 号抵达时正是盛夏，而且观察不到北半球的部分。不过，从 21 世纪开始之际，北半球的"衣领"和极区就可以被哈勃太空望远镜和凯克望远镜观测到。结果，天王星看起来是不对称的：靠近南极是明亮的，从南半球的"衣领"以北都是一样的黑暗。天王星可以观察到的纬度结构和木星与土星是不同的，它们展现出许多条狭窄但色彩丰富的带状结构。

除了大规模的带状结构，"旅行者" 2 号还观察到了 10 朵小块的亮云，多数都躺在"衣领"的北方数个纬度处。在 1986 年看到的天王星，在其他的区域都像是毫无生气的死寂行星。但是，在 20 世纪 90 年代的观测，亮云彩特征的数量有着明显的增长，它们多数都出现在北半球并开始成为可以看见的区域。一般的解释认为是明亮的云彩在行星黑暗的部分比较容易被分辨出来，而在南半球则被明亮的"衣领"掩盖掉了。然而，两个半球的云彩是有区别的，北半球的云彩较小、较尖锐和较明亮。它们看上去都躺在较高的高度，直到 2004 年南极区使用 2.2 μm 波段观测之前这些都是事实。这是对甲烷吸收带敏感的波段，而北半球的云彩都是用这种光谱的波段来观测的。云彩的生命期有着极大的差异，一些小的只有 4 小时，而南半球至少有一个从"旅行者" 2 号飞掠过后至今仍一直存在着的云彩。最近的观察也发现，虽然天王星的气候较为平静，但天王星的云彩有许多特性与海王星相同。但有一种特殊的影像，即在海王星上很普通的大暗斑，在 2006 年之前从未在天王星上观测到。

追踪这些有特征的云彩，可以测量出天王星对流层上方的风是如何在极区咆哮的。在赤道的风是退行的，意味着它们吹的方向与自转的方向相反，它们的速度大约为50～100 m/s，风速随着远离赤道的距离而增加，大约在纬度 ±20°处静止不动，这儿也是对流层温度最低之处。再往极区移动，风向也转成与行星自转的方向一致，风速则持续增加，在纬度 ±60°处达到最大值，然后不断下降至极区减弱为 0。与北半球对照，风速在纬度 50°N 达到最大值，速度高达 240 m/s。从 1986 年至今，天王星的风速是否发生了改变，目前还无法认定，而且对较慢的子午圈风依然是一无所知。

6. 探测天王星

（1）卫星、环及其运动姿态。

"旅行者"2号在1977年发射，在前往海王星的旅程之前，于1986年1月24日最接近天王星，这次的拜访是唯一的一次近距离的探测，在最接近天王星时距离天王星的云层顶部只有81 500千米而已。

"旅行者"2号研究了天王星大气层的结构和化学组成，发现了10个之前未知的天然卫星。另外太空船亦探测了天王星独特的大气层，并观察了它的行星环系统。

2014年8月6日，NASA和ESA在夏威夷凯克观测台（Keck Observatory），利用哈勃太空望远镜成功的观测并记录了一场最大规模的风暴。因为天王星具备气态行星的特质，所以经常爆发风暴，此前观测到的一次最大规模的风暴被命名为Berg。Berg发生在2000年，其引起的巨大影响，一直持续到2009年才消失殆尽。

天王星自转的独特之处在于它实际上是倾倒在其轨道滚动，一般认为这个不寻常的位置是由于在太阳系的形成早期，天王星曾与一颗行星大小的星体碰撞过的缘故。由于它的奇怪定位，使它的两极会分别接受长达42年的白昼或晚上，所以科学家们也不知道会在天王星上发现到些什么。

（2）磁场和辐射带。

"旅行者"2号发现了天王星磁场的磁尾因天王星的转动而被扭曲成了一个螺旋形，出现在天王星的后方。不过其实在"旅行者"号到访之前，人们对天王星拥有磁场并不知情。

天王星的辐射带被发现如土星的一样密集。辐射带里辐射的密集程度，会令光线在任何困在卫星或环里冰面上的甲烷处迅速地（在100 000年以内）变暗。这样解释了为什么天王星的卫星及环大部分都以灰色为主。

（3）奇怪的雾。

在日光直射的一极检测到一些高层次的雾，发现这些雾帮助散播大量的紫外光，这个现象称之为"日辉"，其平均温度是60 K。令人惊讶的是，不管是被照射的一极还是黑暗的一极，在整颗行星上的云顶气温几乎一致。

（4）破碎的天卫五。

在五颗最大的天然卫星中，运行轨道最靠近天王星的天卫五，展示出它是太阳系中最奇怪的星体之一。当"旅行者"2号飞过时，从拍摄回来的详细照片中看到其表面上有一些深达20千米的峡谷、隆起的断层和新旧年龄混合的地表。有理论指出天卫五可能是把早期一些猛烈撞击后破裂的物质重新组合而成。

（5）天王星环。

太空船同时也观测了九个已知的环，显示出天王星的环与木星和土星的环截然不同。整个星环系统相对较新，并非与天王星一起形成。星环里的组成粒子有可能是一颗因高速撞击或被潮汐力撕碎的卫星碎片而形成。

7．卫星

（1）主要卫星简介。

截至 2020 年，已知天王星有 27 颗天然卫星，这些卫星的名称都出自莎士比亚和蒲伯的歌剧中。五颗主要卫星的名称是泰坦尼亚（Tatania）、欧贝隆（Obeon）、艾瑞尔（Ariel）、乌姆柏里厄尔（Umbriel）、米兰达（Miranda）。

第一颗和第二颗（泰坦尼亚和欧贝隆）是威廉·赫歇尔在 1787 年 3 月 13 日发现的；另外两颗（艾瑞尔和乌姆柏里厄尔）是威廉·拉索尔在 1851 年发现的；在 1852 年，威廉·赫歇尔的儿子约翰·赫歇尔才为这四颗卫星命名；到了 1948 年杰勒德·库普尔发现了第五颗卫星米兰达。

天王星卫星系统的质量是气体巨星中最小的，五颗主要卫星的总质量还不到崔顿（海卫一，太阳系第七大卫星）的一半。天王星最大的卫星——泰坦尼亚，半径 788.9 千米，还不到月球的一半。这些卫星的反照率相对也较低，乌姆柏里厄尔约为 0.2，艾瑞尔约为 0.35（在绿光）。

在这些卫星中，艾瑞尔有着最年轻的表面，上面只有少许的陨石坑；乌姆柏里厄尔看起来是最老的。米兰达拥有深达 20 千米的断层峡谷，梯田状的层次和混乱的变化，形成令人混淆的表面年龄和特征。有种假说认为米兰达在过去可能遭遇过巨型的撞击而被完全地分解，然后又偶然的重组起来。

（2）天王星卫星列表（见表 8 - 11）。

表 8 - 11　天王星卫星列表

名称	外文名或编号	平均半径/km	平均密度/（g/cm）
天卫一	Ariel	578.9 ± 0.6	1.665 ± 0.147
天卫二	Umbriel	584.7 ± 2.8	1.400 ± 0.163
天卫三	Titania	788.9 ± 1.8	1.715 ± 0.044
天卫四	Oberon	761.4 ± 2.6	1.630 ± 0.043
天卫五	Miranda	235.8 ± 0.7	1.201 ± 0.137
天卫六	S/1986U7，Cordelia	20.1 ±3	1.3
天卫七	S/1986U8，Ophelia	21.4 ±4	1.3
天卫八	S/1986U9，Bianca	25.7 ±2	1.3
天卫九	S/1986U3，Cressida	39.8 ±2	1.3
天卫十	S/1986U6，Desdemona	32.0 ±4	1.3
天卫十一	S/1986U2，Juliet	46.8 ±4	1.3

续上表

名称	外文名或编号	平均半径/km	平均密度/（g/cm)
天卫十二	S/1986U1，Portia	67.6±4	1.3
天卫十三	S/1986U4，Rosalind	36±6	1.3
天卫十四	S/1986U5，Belinda	40.3±8	1.3
天卫十五	S/1985U1，Puck	81±2	1.3
天卫十六	S/1997U1，Caliban	49	1.5
天卫十七	S/1997U2，Sycorax	95	1.5
天卫十八	S/1999U3，Prospero	15	1.5
天卫十九	S/1999U1，Setebos	15	1.5
天卫二十	S/1999U2，Stephano	10	1.5
天卫二十一	S/2001U1，Trinculo	5	1.5
天卫二十二	S/2001U3	6	1.5
天卫二十三	S/2003U3	5.5	1.5
天卫二十四	S/2001U2	6	1.5
天卫二十五	S/1986U10	4.5	1.5
天卫二十六	S/2003U1	—	—
天卫二十七	S/2003U2	—	—

8. 天王星磁场

在"旅行者"2号抵达之前，天王星的磁层从未被测量过，因此很自然的还保持着神秘。在1986年之前，因为天王星的自转轴就躺在黄道上，天文学家盼望能根据太阳风测量到天王星的磁场。

观测结果显示天王星的磁场是奇特的。一是它不在行星的几何中心，二是它相对于自转轴倾斜了59°。事实上，磁极从行星的中心向南极偏离达到行星半径的1/3。这异常的几何关系导致一个非常不对称的磁层：在南半球的表面，磁场的强度低于0.1高斯，而在北半球的强度则高达1.1高斯；表面的平均强度则是0.23高斯。而地球两极的磁场强度大约是相等的，并且"磁赤道"大致上也与物理上的赤道平行，天王星的偶极矩是地球的50倍。

海王星也有一个相似的偏移和倾斜的磁场，因此有人认为这是冰巨星的共同特点。一种假说认为，不同于类地行星和气体巨星的磁场是由核心内部引发的，冰巨星的磁场是由相对于表面下某一深度的运动引起的，例如水—氨海洋。

天王星的磁层包含带电粒子：质子和电子，还有少量的 H_2^+ 离子，未曾侦测到重离子。这些微粒大多可能来自大气层热的晕内。离子和电子的能量分别可以高达 400 万和 1 200 万电子伏特。微粒的分布受到天王星卫星强烈的影响，在卫星经过之后，磁层内会留下值得注意的空隙。微粒流量的强度在 10 万年的天文学时间尺度下，足以造成卫星表面变暗或是太空风暴。这或许就是造成卫星表面和环均匀一致暗淡的原因。在天王星的两个磁极附近，有相对算是高度发达的极光，在磁极的附近形成明亮的弧。但是，不同于木星的是，天王星的极光对增温层的能量平衡似乎是无足轻重的。

20 世纪 80 年代，"旅行者" 2 号开始对天王星、海王星进行考察，使得人们有可能将这两个行星的磁场绘制成图。结果是出人意料的：大多数行星都有南极和北极两极磁场。地球的磁极位于极地附近，与地球的南北极存在一个偏角，称为磁偏角，二者交角约为 11.5°，其他许多行星，包括木星、土星和木星的卫星"伽里米德"都与地球类似，比如木星的磁偏角是 10°，与地球相近。然而海王星和天王星的磁场与其他行星的情况大相径庭，它们的磁场有多个极，而且磁偏角很大，分别是 47° 和 59°。科学家曾提出若干机制来解释这些异常的磁场，但都没有达成共识。

科学家曾猜想这可能是两个行星的薄外壳循环流动的结果，而这个外壳是由水、甲烷、氨和硫化氢组成的带电流体。现今，美国哈佛大学萨宾·斯坦利和杰里米·布洛克哈姆利用一个数学模型检验了这个理论，指出产生磁场的循环层是天王星、海王星的薄外壳，而不像地球那样，是位于接近地球核心的外核。他们同时指出薄外壳的循环或对流运动实际上是行星产生怪异磁场的原因，因为这是行星中存在流动和运动的部分。研究者说，磁场是由行星中导电体的复杂流动运动产生的，这个过程被称为"发电机效应"。

9. 天王星环（见图 8 – 40）

图 8 – 40　天王星环

天王星有一个暗淡的行星环系统，由直径约十米的黑暗粒状物组成。它是继土星环之后，在太阳系内发现的第二个环系统。天王星的光环像木星的光环一样暗，但又像土星的光环那样有相当大的直径。天王星环被认为是相当年轻的，在圆环周围的空隙和不透明部分的区别，暗示它们不是与天王星同时形成的，环中的物质可能来自被高速撞击或潮汐力粉碎的卫星。而最外面的第 5 个环的成分大部分是直径为几米到几十米的冰块。除此之外，天王星可能还存在着大量的窄环，宽度仅有 50 米，单环的环反射率非常低。

1977 年科学家们观测到了天王星的环。"旅行者" 2 号在 1986 年飞掠过天王星时，直接看见了这些环，并且还发现了两圈新的光环，使环的数量增加到 11 圈。

在 2005 年 12 月，哈勃太空望远镜侦测到一对早先未曾发现的蓝色圆环。最外围的一圈与天王星的距离比早先知道的环远了两倍，因此新发现的环被称为环系统的外环，使天王星环的数量增加到 13 圈。哈勃太空望远镜同时也发现了两颗新的小卫星，其中的天卫二十六还与最外面的环共享轨道。在 2006 年 4 月，凯克天文台公布的新环影像中，外环的一圈是蓝色的，另一圈则是红色的。

关于外环颜色是蓝色的一个假说是，它由来自天卫二十六的细小冰微粒组成，因此能散射足够多的蓝光。表 8 - 12 为天王星环的情况简介。

表 8 - 12　天王星环

星环名称	与天王星中心的距离/km	宽度/km
1986U2R	37 000	2 500
6	41 800	2
5	42 200	2
4	42 600	3
α	44 700	4～10
β	45 700	5～11
η	47 200	2
γ	47 600	1～4
δ	48 300	2
1986U1R	50 000	2
ε	51 200	20～100
R/2003U 2	66 000	—
R/2003 U 1	97 734	—

八、海王星

海王星（英文：Neptune，拉丁文：Neptunium）是太阳系八大行星之一，也是已知太阳系中离太阳最远的大行星，海王星与太阳的平均距离为 44.96 亿千米，是地球到太阳距离的 30 倍。海王星接收到太阳的光和热只有地球的 1.6%，于是其表面覆盖着延绵几千千米厚的冰层，外表则围绕着浓密的大气，海王星的直径约 49 500 千米，是地球的 3.88 倍，体积有 57 个地球那么大，但质量只是地球的 17 倍多（第 3 位，比它的近邻天王星稍大），所以其密度也相当小。

图 8-41　海王星

海王星的轨道半长轴为 30.1 天文单位，公转周期为 164.8 年，天王星和海王星的内部和大气构成与更巨大的气态巨行星（木星、土星）不同，天文学家设立了冰巨星分类来定义它们。冰质巨行星——海王星和天王星的形成，已经证明很难精确模拟。目前的模型表明，太阳系外部区域的物质密度太低，无法用传统的核心吸积方法来解释如此大的天体的形成，因而人们提出了各种假说来解释它们的形成。

一种说法是，冰巨星不是由核心吸积形成的，而是由原行星盘内的不稳定性形成的，后来它们的大气层被附近一颗大质量 OB 型星的辐射炸飞了，其中一部分形成了天王星和海王星。

另一个假说是，它们在离太阳更近的地方形成，那里的物质密度更高，然后在移除气态原行星圆盘之后迁移到它们当前的轨道上。这种形成后迁移的假设是有力的，因为它能够更好地解释在跨海王星区域观察到的小型天体的构成比例。目前被最为广泛接受的，对这个假设细节的解释被称为尼斯模型，它探索了迁移的海王星和其他巨行星对柯伊伯带结构的影响。

1. 笔尖下的海王星

（1）海王星早就在人们的视野中。

在最早的观测记录中，1612 年 12 月 28 日和 1613 年 1 月 27 日伽利略所画的图包含的点与现在已知的海王星当时的位置一致。在这两种情况下，当海王星在夜空中与木星接近时，伽利略似乎把它误认为是一颗固定的恒星。因此，海王星的发现并不能归功于他。1612 年 12 月，他第一次观测海王星时，海王星在天空中几乎是静止的，因为那天它刚好逆行了。这种明显的反向运动是当地球的轨道经过一颗外行星时产生的。因为海王星才刚刚开始它的年度逆行周期，这颗行星的运动太微弱了，伽利略的小型望远镜无法观测到。2009 年，一项研究表明，伽利略至少意识到他观测到的"恒星"已经相对于固定的恒星移动了。

（2）寻找观测与计算的偏差原因。

天王星的轨道元素在 1783 年首度被拉普拉斯计算出来。在 1821 年，布瓦尔（Alexis Bouvard）出版了天王星的轨道表，随后的观测显示出天王星位置与表中的位置有越来越大的偏差，使得布瓦尔假设有一个摄动体存在。在 1843 年约翰·柯西·亚当斯计算出会影响天王星运动的第八颗行星轨道，并将计算结果告诉给皇家天文学家乔治·艾里，艾里问了亚当斯一些计算上的问题，亚当斯虽然草拟了答案但未曾回复。

在 1845 年，法国工艺学院的天文学教师奥本·勒维耶（图 8-42）开始独立地进行天王星轨道的研究。奥本·勒维耶在得不到同行的支持下，以自己的热诚于 1846 年独立完成了海王星位置的推算。约翰·赫歇尔也开始拥护以数学的方法去搜寻行星，并说服詹姆斯·查理士着手进行。

在多次耽搁之后，查理士在 1846 年 7 月勉强开始了搜寻的工作；而在同时，勒维耶也说服了柏林天文台的约翰·格弗里恩·伽勒搜寻行星。当时仍是柏林天文台的学生达赫斯特表示正好完成了勒维耶预测天区的最新星图，可以作为寻找新行星时与恒星比对的参考图。在 1846 年 9 月 23 日晚间，海王星被

图 8-42　勒维耶像

发现了，与勒维耶预测的位置相距不到 1°，但与亚当斯预测的位置相差 10°。事后，查理士发现他在 8 月时已经两度观测到海王星，但因为对这件工作漫不经心而未曾进一步的核对，以致失之交臂。

在 1846 年 9 月 23 日，约翰·格弗里恩·迦雷在勒维耶预测位置的附近发现了一颗新行星，稍后被命名为海王星。

由于有民族优越感和民族主义的影响，使得这项发现在英法两国余波荡漾，国际舆论最终迫使勒维耶接受亚当斯也是共同的发现者。

（3）命名。

在发现之后的一段时间，海王星不是被称为天王星外的行星就是被称为勒维耶的行星。

伽雷是第一位建议取名的人，他建议的名称是 Janus（罗马神话中看守门户的双面神）。在英国，查理士将之命名为 Oceanus；在法国，阿拉贡（Arago）建议称为勒维耶，以回应法国之外强烈的抗议声浪。同时，在分开和独立的场合，亚当斯建议修改天王星的名称为乔治，而勒维耶经由经度委员会建议以 Neptune 作为新行星的名字。斯特鲁维（Struve）在 1846 年 12 月 29 日于圣彼得堡科学院挺身而出支持勒维耶建议的名称。

很快的，Neptune 成为国际上被接受的新名称。在罗马神话中的 Neptune（尼普顿）等同于希腊神话的 Poseidon（波塞冬），都是海神，因此中文翻译成"海王星"。

新发现的行星遵循了行星以神话中的众神为名的原则，而除了天王星之外，都是在远古时代就被命名的。在韩文、日文和越南文的汉字表示法都是"海王星"，李善

兰等人于 1859 年翻译《谈天》时，将其中文译文定为"海王星"。

在印度，这颗行星的名称是 Varuna（Devanāgarī），也是印度神话中的海神，与希腊/罗马神话中的 Poseidon/Neptune 意义是相同的。在现代希腊，人们仍旧将海王星称为波塞冬。

从 1846 年发现海王星到 1930 年发现冥王星之前，海王星是已知最远的行星。当冥王星被发现时，它被认为是一颗行星，因此海王星成为已知的第二远的行星。1992 年柯伊伯带的发现导致许多天文学家争论冥王星应该被认为是一颗行星还是柯伊伯带的一部分。2006 年，国际天文联合会首次定义了"行星"一词，将冥王星剔除太阳系重新归类为"矮行星"，使海王星再次成为太阳系最外层的行星。

海王星的视星等最高约为 7.70 等，需要借助天文望远镜才能观察。肉眼看上去，海王星是个蓝色的星球。

海王星是唯一利用数学预测而观测发现的行星。天文学家利用天王星轨道位置与理论计算的偏差，用摄动理论推测出海王星的存在与可能的位置，并且在计算出来的位置上找到了它，所以说它是"笔尖下的行星"。

2．星体相关数据

直径：49 532 千米（约 3.9 倍地球直径）；赤道半径：24 764 ± 15 千米；极半径：24 341 ± 30 千米；平均密度：1.66 g/cm³；质量：1.024 7 × 10² kg（约 17 倍地球质量）；逃逸速度：23.5 km/s；反照率：0.29（球面）、0.41（几何）；表面温度：−214℃（59 K，大气层顶）；视星等：7.704 ~ 7.811；已知卫星：14 个；光环数：5 条。

3．星体运动

（1）自转。

海王星平均自转周期 15 时 57 分 59 秒。因为海王星不是一个固体，它的大气层会发生较差旋转：赤道带的自转周期约为 18 小时，自转速度 2.68 km/s，在极地区域，旋转周期约为 12 小时，慢于星体磁场的自转周期 16.1 小时。海王星的较差自转是太阳系中最明显的，它会导致强烈的纬向风切变。

海王星自转轴倾角 28.32°，与地球和火星的自转轴倾角相似，因此，海王星也有与地球相似的季节变化。海王星的长轨道周期意味着四季持续 40 地球年。

（2）公转。

海王星公转周期 60 327.624 天，大约相当于 164.79 地球年，平均公转速度 5.448 km/s；从地球上观察，海王星冲日周期约为 367 天。

海王星与太阳之间的平均距离为 4.5 × 10⁹ 千米，约 30 个天文单位（AU）。公转轨道半长轴：4.503 443 661 × 10⁹ 千米，离心率：0.011 214 269；轨道倾角：1.767 975°；远日点：4.553 946 490 × 10⁹ 千米，近日点：4.452 940 833 × 10⁹ 千米，近日点幅角：265.646 853°，平近点角：267.767 281°；升交点黄经：131.794 31°。

4．海王星的物质构成

（1）内部结构（见图8-43）。

质量为 $1.024\,7 \times 10^{26}$ kg 的海王星，是介
于地球和巨行星（指木星和土星）之间的中等
大小行星：它的质量既是地球质量的 17 倍，
也是木星质量的 1/18。因为它们质量较典型类
木行星小，而且密度、组成成分、内部结构也
与类木行星有显著差别，海王星和天王星一起
常常被归为类木行星的一个子类：冰巨星。在
寻找太阳系外行星领域，海王星被用作一个通
用代号，指所发现的有着类似海王星质量的系
外行星，就如同天文学家们常常说的那些系外
"木星"。

图8-43　海王星内部结构

同为冰巨星，海王星内部结构和天王星相
近，通过比较转速和扁率可知海王星的质量分
布不如天王星集中。

据推测，海王星很可能有一个由铁、镍和硅酸盐组成的核心，质量大约是地球的
1.2 倍，温度约 7 000℃，和大多数已知的行星相似。

由于质量稍大于天王星，而半径稍小于天王星，故海王星的密度稍大于天王星。
海王星内部的中心的压力大约是地球中心的两倍。

行星核质量大概不超过一个地球质量，是一个由岩石和冰构成的混合体，海王星
内核的压力是地球表面大气压的数百万倍。

海王星地幔总质量相当于 10~15 个地球质量，富含水、氨、甲烷和其他成分。作
为行星学惯例，这种混合物被叫作"冰"，其实是致密的过热流体。

（2）大气。

①成分结构。

海王星的大气占总质量的 5% 到 10%，大气层包括大约从顶端向中心的 10% 到
20%，海王星大气层的化学组成以氢分子和氦为主，高层大气主要由 80% 的氢和 19%
的氦组成，其余的就是甲烷、氘、乙烷等。氨和水的含量随高度降低而增加。

此外，海王星大气中有类似于天王星的微量甲烷，对 600 nm 以上波长的红色和红
外线起吸收作用，一些未知的大气成分被认为有助于加强这种作用，使海王星呈现活
泼的淡青色调。

因为轨道距离太阳很远，海王星从太阳得到的热量很少，所以海王星大气层顶端
温度只有约 -218℃，比天王星云顶温度稍高。而由大气层顶端向内温度稳定上升，大
气底端温度更高，密度更大。和天王星类似，星球内部热量的来源仍然是未知的，而
结果却是显著的：作为太阳系最外侧的行星，海王星内部能量却大到维持了太阳系所

有行星系统中已知的最高速风暴。对其内部热源有几种解释，包括行星内核的放射热源，行星生成时吸积盘塌缩能量的散热，还有重力波对平流圈界面的扰动进而逐渐和行星地幔的过热液体混为一体。

②大气分层。

海王星的大气层可以细分为两个主要的区域：低层的对流层，该处的温度随高度降低而升高；平流层，该处的温度随着高度增加而增加。

分层的边界，对流层出现在气压为 100 百帕处。平流层在气压低于 0.01 百帕处成为热成层，热成层向上逐渐过渡为散逸层。

海王星的光谱显示平流层的低层是朦胧的，这是因为紫外线造成甲烷光解的产物，例如乙烷和乙炔的凝结。平流层也是微量的一氧化硫和氰化氢的来源，由于碳氢化合物的浓度较高，海王星平流层也比天王星的温暖。

由于一些尚不清楚的原因，这颗行星的热成层有着大约 750 K 的异常高温。如果说这是来自太阳的紫外线辐射使其获得热量，那对于这颗行星来说与太阳的距离是太遥远了。一个假设的加热机制是行星的磁场与离子的交互作用；另一个假设是来自内部的重力波在大气层中的消耗。热成层包含可以察觉到的二氧化碳和水，其来源可能来自外部，例如流星体和尘埃。

③云系。

模型表明海王星对流层的云带取决于不同海拔高度的成分。高海拔的云出现在气压低于 1 帕之处，该处的温度使甲烷可以凝结。压力在 1 巴至 5 巴（100 kPa 至 500 kPa），被认为是氨和硫化氢的云可以形成。压力在 5 巴以上，云可能包含氨、硫化氢、硫化氢和水。更深处的水冰云可以在压力大约为 50 巴（1 巴 = 100 kPa，约等于地球上 1 个标准大气压）处被发现，该处的温度达到 0℃。在下面，可能会发现氨和硫化氢的云。

曾经观察到海王星高层的云在低层云的顶部形成阴影，高层的云也会在相同的纬度上环绕着行星运转。这些环带在低层云顶之上 50 ~ 110 千米，宽度大约在 50 ~ 150 千米。

④气候。

海王星和天王星之间的一个典型区别是气象活动的水平，海王星的天气特点是极端活跃的。1986 年当"旅行者"2 号航天器飞经天王星时，该行星在视觉上相当平淡，而在 1989 年"旅行者"2 号飞越海王星期间，海王星展现了著名的天气现象。海王星的大气有太阳系中的最高风速，据推测源于其内部热流的推动，其风速达到超音速直至大约 600 m/s。在赤道带区域，更加典型的风速也能达到大约音速水平。

海王星上的大多数风都朝着与地球自转相反的方向移动。风的一般模式显示，在高纬度地区是顺行旋转，而在低纬度地区则是逆行旋转。流动方向的差异被认为是一种"趋肤效应"，而不是由任何更深的大气过程造成的。在 70°S 处，高速射流的速度为 300 m/s。

海王星赤道的甲烷、乙烷和乙炔的丰度是两极的 10～100 倍。这被解释为赤道上升流和两极附近下沉的证据，因为没有经向环流，光化学无法解释这种分布。

1989 年，美国航空航天局的"旅行者"2 号航天器发现了"大黑斑"（The Great Dark Spot）。在海王星表面的 22°S，有类似木星大红斑及土星大白斑的蛋型漩涡，以大约 16 天的周期反时钟方向旋转，称为"大黑斑"（见图 8-44）。由于"大黑斑"每 18.3 小时左右绕行海王星一圈，比海王星的自转周期还要长，"大黑斑"附近的纬度吹着速度达 300 m/s 的强烈西风。"旅行者"2 号还在南半球发现一个较小的"黑斑"，以及以大约 16 小时环绕行星一周的速度飞驶的不规则的"小团白色烟"，它或许是一团从大气层低处上升的羽状物，但它真正的本质还是一个谜。

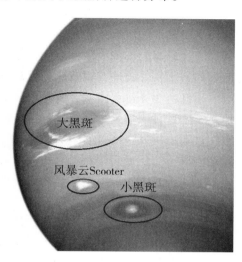

图 8-44 大黑斑

然而在 1994 年 11 月 2 日，哈勃太空望远镜对海王星的观察显示出"大黑斑"竟然消失了。它或许就这么消散了，或许暂时被大气层的其他部分所掩盖。几个月后哈勃太空望远镜在海王星的北半球发现了一个新的"黑斑"。这表明海王星的大气层变化频繁，这也许是因为云的顶部和底部温度差异的细微变化所引起的。

"滑行车"是位于"大黑斑"更南面的另一场风暴，是一组白色云团。1989 年，当它在"旅行者"2 号造访前的那几个月被发现时，就被命名了这个绰号：因为它比"大黑斑"移动得更快。随后图像显示出还有比"滑行车"移动得更快的云团。"小黑斑"是一场南部的飓风风暴，在 1989 "旅行者"2 号访问期间强度排在第二位。它最初是完全黑暗的，但在"旅行者"接近过程中，一个明亮的核心逐渐形成，并且出现在大多数最高分辨率的图像上。2007 年又发现海王星的南极比其表面平均温度（大约为 -200℃）高出约 10℃。这样高出 10℃ 的温度足以把甲烷释放到太空，而在其他区域海王星的上层大气层中甲烷是被冻结着的。这个相对热点的形成是因为海王星的轨道倾角使得其南极在过去的 40 年受到太阳光照射，而海王星的一年相当于 165 个地球年。随着海王星慢慢地移近太阳，它南极将逐渐变暗，并且换成北极被太阳光照亮，这将使得甲烷释放区域从南极转移到北极。

海王星在类木行星中的一个独有特点就是高层云彩在其下半透明的云基区域投下阴影。虽然海王星的大气远比天王星的活跃，但它们都是由相同的气体和冰组成。天王星和海王星都不是木星和土星那种严格意义上的类木行星而属于另一类的远日行星，即它们有一个较大的固体核而且还含有冰作为其组成成分。海王星表面温度非常低，1989 年测到的顶端云层的温度低至 -224℃。

由于季节的变化，海王星南半球的云带的大小和反照率都在增加。这种趋势最早出现在 1980 年，预计将持续几十年。

⑤风暴。

海王星上的风暴是太阳系类木行星中最强的，测量到的风速高达 600 m/s。考虑到它处于太阳系的外围，所接受的太阳光照比地球上微弱得多，这个现象和科学家们的原有期望不符。曾经普遍认为行星离太阳越远，驱动风暴的能量就应该越少。木星上的风速已达 200 m/s 以上，而在更加遥远的海王星上，科学家发现风速没有更慢而是更快了。这种明显反常现象的一个可能原因是，如果风暴有足够的能量，将会产生湍流，进而减慢风速（正如在木星上那样）。然而在海王星上，太阳能过于微弱，一旦开始刮风，它们遇到很少的阻碍，从而能保持极高的速度。海王星释放的能量比它从太阳得到的还多，因而这些风暴也可能有着尚未确定的内在能量来源。

⑥钻石梦。

在海王星和天王星这样的超大气态行星上，存在着类似钻石液化的超高温度和压力。

劳伦斯利弗莫尔国家实验室（美国）的超高压实验表明，海王星地幔顶部可能是液态碳的海洋。在海王星 7 000 千米的深度，甲烷可分解出碳并形成钻石晶体。在液态碳的海洋上漂浮着固体"钻石"，甚至于像冰雹一样向下滴落。科学家还认为，这种"钻石雨"还会发生在木星、土星和天王星上。

科学家唯一能确定海王星和天王星表面是否存在液态钻石的方法就是发射科学探测器，或者在地球模拟这些气态行星的环境特征，但以上的方法成本都很高，需要多年时间进行准备。

（3）磁层。

海王星有着与天王星类似的磁层，它的磁场相对自转轴有着高达 47° 的倾斜，并且偏离核心至少 0.55 半径。在"航海家" 2 号抵达海王星之前，天王星的磁层倾斜假设是因为它躺着自转的结果，但是，比较这两颗行星的磁场，科学家认为这种极端的指向是行星内部流体的特征。这个区域也许是一层导电体液体（可能是氨、甲烷和水的混合体）形成的对流层流体运动，造成类似发电机的活动。

海王星的磁场在几何结构上非常复杂。

（4）光环。

海王星也有光环。在地球上只能观察到暗淡模糊的圆弧，而非完整的光环。但"旅行者" 2 号的图像显示这些弧完全是由亮块组成的光环。其中的一个光环看上去似乎有奇特的螺旋形结构。同天王星和木星一样，海王星的光环十分暗淡，但它们的内部结构仍是未知数。人们已命名了海王星的光环：最外面的是 Adams［它包括三段明显的圆弧，今已分别命名为"自由"（Liberty），"平等"（Equality）和"友爱"（Fraternity）］，其次是一个未命名的包含 Galatea 卫星的弧，然后是 Leverrier（它向外延伸的部分叫作 Lassell 和 Arago），最里面暗淡但很宽阔的叫 Galle。这颗蓝色行星有着暗淡的天蓝色圆环，但与土星比起来相去甚远。

2005 年新发表的在地球上观察的结果表明，海王星的环比原先以为的更不稳定。凯克天文台在 2002 年和 2003 年拍摄的图像显示，与"旅行者" 2 号拍摄时相比，海王星环发生了显著的退化，特别是"自由弧"，也许在一个世纪左右就会消失。

（5）卫星。

海王星有 14 颗已知的天然卫星。海卫一是其中唯一的一颗大型卫星，由威廉·拉塞尔在发现海王星 17 天后发现。与其他大型卫星不同，海卫一运行于逆行轨道，说明它是被海王星俘获的，大概曾经是一个柯伊伯带天体。它与海王星的距离足够近，使它被锁定在同步轨道上，它将缓慢地经螺旋轨道接近海王星，当它到达洛希极限时最终将被海王星的引力撕开。海卫一是太阳系中被测量的最冷的天体，温度约为 −235℃。

海王星第二个已知卫星（依距离排列）是形状不规则的海卫二，它的轨道是太阳系中离心率最大的卫星轨道之一。从 1989 年 7 月到 9 月，"旅行者" 2 号发现了六个新的海王星卫星。其中形状不规则的海卫八以拥有在其密度下不会被它自身的引力变成球体的最大体积而出名。尽管它是质量第二大的海王星卫星，但它只是海卫一质量的 1/400。

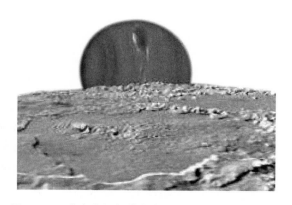

图 8−45　艺术家幻想的在海王星的卫星上看海王星

最靠近海王星的四个卫星：海卫三、海卫四、海卫五和海卫六，轨道在海王星的环之内。第二靠外的海卫七在 1981 年它掩星的时候被观察到。起初掩星的原因被归结为行星环上的弧，但据 1989 年"旅行者" 2 号的观察，才发现是由卫星造成的。2004 年宣布了在 2002 年和 2003 之间发现的五个新的形状不规则卫星。由于海王星得名于罗马神话的海神，它的卫星都以海神的下属命名。详见表 8−13。

表 8-13　海王星的卫星

卫星名称	卫星距离/km	直径/km	发现者	发现年份
海卫一（Triton）	355 000	2 706	Lassell	1846
海卫二（Nereid）	5 509 000	340	Kuiper	1949
海卫三（Naiad）	48 000	66	"旅行者" 2 号	1989
海卫四（Thalassa）	50 000	80	"旅行者" 2 号	1989
海卫五（Despina）	53 000	148	"旅行者" 2 号	1989
海卫六（Galatea）	62 000	158	"旅行者" 2 号	1989
海卫七（Larissa）	74 000	192	"旅行者" 2 号	1989
海卫八（Proteus）	118 000	422	"旅行者" 2 号	1989
海卫九（Halimede）	48 000 000	48	Matthew J. Holman	2003
海卫十（Psamathe）	46 695 000	56	David C. Jewitt	2003
海卫十一（Sao）	22 422 000	44	Matthew J. Holman	2002
海卫十二（Laomedeia）	23 571 000	42	Matthew J. Holman	2002
海卫十三（Neso）	48 387 000	60	Matthew J. Holman	2002

5．观测

（1）肉眼观测。

肉眼不能直接看到海王星，在天文望远镜或优质的双筒望远镜中，海王星显现为一个小小的蓝色圆盘，看上去与天王星很相似。蓝色来自于它大气中的甲烷。它在视觉上的细小给研究造成了困难；多数从望远镜中获得的数据是相当有限的，直到出现哈勃太空望远镜和大型地基望远镜与自适应光学技术，这种被动境况才获得改观。

（2）航天探测。

对无线电频段内海王星的观测表明，它既是连续发射又是不规则爆发的来源。这两种辐射源都被认为是由其旋转磁场产生的。在光谱的红外部分，海王星的风暴在较冷的背景下显得明亮，使得这些特征的大小和形状很容易被跟踪。

1989 年 8 月 25 日，"旅行者" 2 号探测器飞越海王星，这是人类首次用空间探测器探测海王星。它在距海王星 4 827 千米的最近点与海王星相会，从而使人类第一次看清了远在距离地球 45 亿千米之外的海王星面貌。它发现了海王星的 6 颗新卫星，使其卫星总数增至 8 颗；首次发现海王星有 5 条光环，其中 3 条暗淡、2 条明亮。

从 "旅行者" 2 号拍摄的 6 000 多幅海王星照片中发现，海王星南极周围有两条宽约 4 345 千米的巨大黑色风云带和一块面积有如地球那么大的风暴区，它们形成了像木星"大红斑"那样的"大黑斑"。这块"大黑斑"沿中心轴向逆时针方向旋转，每转360°需10天。海王星也有磁场和辐射带，大部分地区有像地球南北极那样的极光。海王星的大气层动荡不定，大气中含有由冰冻甲烷构成的白云和大面积气旋，跟随在气旋后面的是风速为180 m/s的飓风。海王星上空有一层因阳光照射大气层中的甲烷而形成的烟雾。

第三节　矮行星

一、冥王星成为"矮行星"的"头"

冥王星原来是太阳系九大行星之一，但却有些另类：体积小、公转轨道偏心率高且与黄道夹角大等。它到底算不算是大行星，历来就有争论。

2006年8月24日在捷克首都布拉格举行的第26届国际天文学大会上，为这种争论画了个句号。会上，确定了行星的定义，同时也确认了矮行星的称谓。决议文的描述如下："行星"指的是围绕太阳运转、自身引力足以克服其刚体力而使天体呈圆球状、并且能够清除其轨道附近其他物体的天体。一颗不是卫星的天体如果只满足了前两个准则，将被分类为"矮行星"。国际天文学协会术语委员会已正式决定以后不再称冥王星为"行星"，而称其为"矮行星"。

曾经被认为是"九大行星"之一的冥王星由此被定义为"矮行星"。

二、矮行星的特征

矮行星或称"侏儒行星"（dwarf planet），体积介于行星和小行星之间，围绕恒星运转，质量足以克服固体引力以达到流体静力平衡（近于圆球形状），但没有清空所在轨道上的其他天体，同时不是行星。

矮行星的特点是外幔和表面由冰冻的水和气体元素组成的一些低熔点的化合物组成。其中有混杂着一些由重元素化合物组成的岩石质的矿物质，厚度占星体半径的比例相对较大，但所占星体相对质量却不大，内部可能有一个岩石质占主要物质组成部分的核心，占星体质量的绝大部分，星体体积和总质量不大，平均密度较小，一些大行星的卫星也具有这种类似冰矮星的结构，像木卫二、三、四，土卫一、六等。

对于行星级的冰矮星来讲，最大的是冥王星，直径2 370±20千米，最小的卡戎（冥卫一），直径约800千米左右。像谷神星这样的距太阳较近的星体，表面的冰物质主要是水，而冥王星和卡戎的表面冰物质主要是水和熔点更低的甲烷、氮、一氧化碳等物质。过去曾将这些矮行星算作小行星中的一类，直到2006年才将它们从一般小行星中分离出来，划作单独的一类，称为矮行星，并把冥王星和冥卫一归入其中。

矮行星的这种星体结构和它产生的地处太阳系外围的低温环境和自身的质量有关，一方面，太阳的温度不足以将它们由气体元素组成的低熔点物质驱散。另一方面，它们自身原始质量较小，星体本身不能将氢氦等较轻的轻元素气体束缚住。

但星体收缩产生的热量也不能将较重一些的气体元素组成的化合物如水和碳氢化合物等完全驱散，而会保留下一部分，同时它足够的引力又使它足可以形成分层的物质结构，使较轻的物质浮于较重的由重元素组成的岩石质物质的表面，并随着星体以后的冷却，在表面上凝固下来，因此，会形成具有这种物质结构的星体。

但是实际上，最终的定义会比这复杂得多，有的天文学家倾向于把太阳系外围较小的天体称作"矮行星"，而另外一些人则愿意把它们叫作"小行星"，或者"柯伊伯带行星"，还有一些人则根本不想用到行星这个词。

三、大小与质量

矮行星质量和大小的上下限，在国际天文联合会会员大会的5A决议案中并没有规范。

下限则是以能否达到流体静力平衡的形状概念来规范，但是对这类物体的大小和形状尚未定义完成。在国际天文联合会的5号决议案原先建议的是质量大于510^{20}kg，直径超过800千米，但是在最后决议的5A案中未予以保留，因此以观测经验为依据提供的建议是要根据对象的历史变化和构成来做认定。

根据部分天文学家的说法，新定义可能会使矮行星的数量增至超过45颗。

四、矮行星家族成员

1. 矮行星冥王星

（1）冥王星及其被发现。

冥王星（Pluto，编号为134340，天文符号为♇）是柯伊伯带中的矮行星，被发现的第一颗柯伊伯带天体，第一颗类冥天体，是太阳系内已知体积最大、质量第二大的矮行星。

19世纪40年代，奥本·勒维耶（UrbainLe Verrier）在分析天王星轨道的扰动后，利用牛顿力学来预测当时未被发现的"行星"——海王星的位置。随后在19世纪后期对海王星的观测，使天文学家推测天王星的轨道正受到海王星以外的另一个"行星"的干扰。

帕西瓦尔·罗威尔（Percival Lowell），一位富有的波士顿人，于1894年在亚利桑那州弗拉格斯塔夫成立了罗威尔天文台（Lowell Observatory）。1906年，他开始搜索第九大行星——行星X。罗威尔和威廉·亨利·皮克林（William H. Pickering）提出了这种行星的几种可能的天球坐标。此项搜索一直持续到1916年罗威尔逝世为止，但是没有任何成果。1915年3月19日，拍摄到了两张带有模糊的冥王星图像的照片，但是这些图像并没有被正确辨认出来。已知的此类照片还有 15 张，最早可追溯至叶凯士天文台于 1909 年 8 月 20 日拍摄的照片。帕西瓦尔·罗威尔的遗孀康斯坦斯·罗威尔（Constance Lowell）企图获取天文台中其夫所有的份额，为此展开了十年的法律诉讼。对 X 行星的搜索因由此产生的法律纠纷直至 1929 年才恢复。时任天文台主管的维斯托·斯里弗（Vesto Melvin Slipher）在看到克莱德·汤博（Clyde Tombaugh）的天文绘图样品后，将搜索 X 行星的任务交与汤博。

汤博的任务是系统地成对拍摄夜空照片、分析每对照片中位置变化的天体。汤博借助闪烁比对器（原理是将不同时间拍摄的两张底片投影到一个屏上并调整位置使星点重合，然后交替投影两张底片，如有某个点在闪烁，就说明这个星点是在移动或是新出现的），快速调换感光干板搜索天体的位置变化或外观变化。一年后，终于发现第九大"行星"——冥王星。

冥王星的公转周期是 247.68 年，自从被发现以来，冥王星还没有完整的绕太阳公转一周。

全世界都将其视为第九大行星。直到 1992 年后在柯伊伯带发现的一些质量与冥王星相若的天体开始挑战其行星地位。2005 年发现的阋神星质量甚至比冥王星质量多出 27%，国际天文联合会（IAU）因此在 2006 年正式定义行星概念，将冥王星排除出行星行列，将其划为矮行星。

（2）冥王星命名。

发现第九大行星的消息在全世界产生轰动。罗威尔天文台拥有对该天体的命名权，他们从全世界收到了超过一千条命名建议，从 Atlas 到 Zymal。克莱德·汤博敦促维斯托·斯里弗尽快在他人起名前提出一个名字。康斯坦斯·罗威尔提出了宙斯（Zeus），然后是珀西瓦尔（Percival），最后是康斯坦斯（Constance），但这些建议均被无视了。

英国牛津的 10 岁女学生威妮夏·伯尼（Venetia Burney）因其对古罗马神话的兴趣建议以罗马神话中的冥界之神普鲁托（Pluto）命名此行星。伯尼在与其祖父福尔克纳·梅丹（Falconer Madan）交谈中提出了这个名字。原任牛津大学博德利图书馆馆员的梅丹将这个名字交给了天文学教授赫伯特·霍尔·特纳（Herbert Hall Turner），特纳将此事拍电报发给了美国同行。

该天体正式于 1930 年 7 月 12 日命名。所有罗威尔天文台成员允许在三个候选命名方案中投票选择一个：密涅瓦（Minerva，已被一小行星使用）、克罗诺斯（Cronus，宙斯之父第一代泰坦十二神的领袖，因被不受欢迎的天文学家托马斯·杰斐逊·杰克逊提出而落选）、普鲁托（Pluto）。最后普鲁托以全票通过，该命名于 1930 年 5 月 1 日公布。梅丹在得知此消息后奖励其孙女威妮夏 5 英镑（相当于 2014 年的 300 英镑或 450 美元）。Pluto 获选的部分原因是头两个字母 P 和 L 为帕西瓦尔·罗威尔的首字母缩写。

普鲁托（Pluto）这个名字迅速被大众所接受。

大多数语言以 Pluto 的不同文化的意译变体称呼该天体。日本天文学、民俗研究者野尻抱影提议在日语中以"冥王星"（Meiousei）称呼。汉语、韩语直接借用了该名称。越语（Sao Diêm Vương）意为阎罗王星，源于汉语中的阎王（Yánwáng）。

（3）星体数据。

现已确定，冥王星的直径为2376.6千米，扁率＜1%；表面积1.779×10^{7} km^{2}，与俄罗斯面积大致相当；体积7.057×10^{9} km^{3}；平均密度1.854 g/cm^{3}（±0.006），质量为$(1.303 \pm 0.003) \times 10^{22}$ kg，是月球的17.7%（地球的0.22%）；它的表面重力为0.063 g（地球为1 g，月亮为0.17 g）。

直径的判定：最早估计它的直径是6 600千米，1949年改为10 000千米；1950年杰拉德·柯伊伯用新建的5米望远镜将其直径修正为6 000千米；1965年杰拉德·柯伊伯用冥王星掩暗星的方法定出直径的上限为5 500千米；1977年发现冥王星表面存在冰冻甲烷，按其反照率测算，冥王星的直径缩小到2 700千米；2015年7月13日，来自美国国家航空航天局（NASA）的"新视野"号远程侦察成像仪（LORRI）的图像以及其他仪器的数据确定了冥王星的直径为2 370千米；7月24日更新为2 372千米，后来又更新为2 374±8千米；根据"新视野"号无线电科学实验装置（REX）的无线电掩星观测数据，确定直径为2 376.6±3.2千米。

尽管冥王星的直径略大于阋神星的直径2 326千米。但由于没有近距离探测过阋神星，因此无法确定阋神星一定比冥王星小。

质量的判定：1978年发现冥卫一后，可以通过开普勒第三定律的牛顿公式计算冥王星—冥卫一系统的质量，为$(1.303 \pm 0.003) \times 10^{22}$kg，发现冥王星质量远小于冥卫一被发现之前的估算，比类地行星的质量小得多，也小于太阳系中七个卫星的质量，包括木卫三、土卫六、木卫四、木卫一月球、木卫二和海卫一。

（4）星体运动。

①自转。

冥王星的自转周期等于6.387地球日（6日9小时17分36秒，逆自转）；自转轴倾角119.5 910°±0.014°；赤道自转速度3.106 m/s。

像天王星一样，冥王星在轨道平面上侧着旋转，转轴倾角120°，因此季节性变化非常大。到了至日（夏至和冬至），它的四分之一表面处于极昼之下，而另一个四分之一处于极夜之中。这种不寻常的自转方向的原因已经引起争论。亚利桑那大学的研究表明，这可能由于天体会以最大限度地减少能量的方式调整自转方向，以在赤道附近放置多余的质量，而缺乏质量的区域会趋向两极，这被称为极移。根据亚利桑那大学发表的一篇论文，这可能是由于矮行星阴影区域积聚的大量冻结的氮冰所致。这些质量会导致天体改变自转方向，从而导致其异常的120°转轴倾角。由于冥王星距离太阳很远，赤道温度可能降至－240℃，导致氮气冻结成氮冰，就像水会在地球上结冰一样。在南极冰盖增大数倍的情况下，地球上也会观察到与冥王星的相同影响。

②公转。

公转轨道倾角17.16°，半长轴39.482AU，远日点49.305AU（73.760亿千米），

近日点 29.658AU（44.368 亿千米），近日点幅角 113.834°，离心率 0.2488；平均公转速度 4.743 km/s，公转周期 247.94 年，会合周期 366.73 天；平近点角 14.53°，升交点黄经 110.299°。

冥王星在 1930 年初被发现时靠近双子座 δ，正在穿越黄道面。冥王星—冥卫一质心于 1989 年 9 月 5 日到达近日点，并在 1979 年 2 月 7 日至 1999 年 2 月 11 日之间比海王星更靠近太阳。

冥王星的轨道可能受到其他行星的摄动（拱点进动）而最终与海王星相撞。因此还有其他机制防止两颗天体相撞，其中最主要的机制是冥王星与海王星的 2∶3 平均运动轨道共振，并已保持了数百万年。平均运动共振的长期稳定性归因于相位保护。冥王星完成两次公转时，海王星完成三次公转。该过程以 495 年的周期周而复始。在每个周期中，冥王星第一抵达近日点，海王星比冥王星落后 50°。冥王星到达第二个近日点，海王星将完成其自身轨道的一半左右，比冥王星领先 130°。因此冥王星与海王星的最近距离是 17 天文单位，大于冥王星与天王星的最近距离（11 天文单位）。实际上，冥王星和海王星之间的最小距离发生在冥王星到达远日点时。

我们也可以这样理解：首先，冥王星的近日点幅角，也就是轨道和黄道的交点与最接近太阳的点之间的夹角，平均约为 90°。这意味着当冥王星最靠近太阳时，它位于太阳系平面上方最远的位置，从而防止与海王星的相遇。这是古在机制（Kozai mechanism）的结果，该机制将轨道倾角和离心率的周期性变化与更大的扰动体（在本例中为海王星）相关联。冥王星近日点幅角相对于海王星变化的幅度为 38°，因此冥王星近日点与海王星轨道的角距离总是大于 52°（38°~90°）。两颗天体的角距离大约每一万年达到最小值。

其次，两个物体的升交点经度（它们与黄道相交的点）与以上近似共振。当两者经度相同时（也就是说，可以通过两个节点和太阳绘制一条直线时），冥王星的近日点正好位于 90°，因此当冥王星最接近太阳时，则位于海王星轨道上方的最高点。这就是所谓的 1∶1 超共振。所有的类木行星，特别是木星，都在超共振的产生中发挥作用。

两者之间的强烈引力使海王星的角动量转移到冥王星。根据开普勒第三定律，这将使冥王星进入稍大的轨道，并在其中运行得稍慢一些。经过多次此类重复之后，冥王星被充分减速，海王星也被充分加速，以至于冥王星相对于海王星的轨道向相反方向漂移，直到过程逆转。整个过程大约需要 20 000 年。

（5）冥王星内部结构。

冥王星的密度为 1.860 ± 0.013 g/cm^3。由于放射性元素的衰变最终将加热冰物质，使岩石从冰中分离出来，因此科学家认为冥王星的内部结构与众不同，岩石物质沉降到被水冰幔包围的致密核心中。"新视野"号之前对核心的直径估计为 1 700 千米，占冥王星直径的 70%。这种加热有可能持续进行，在地幔边界处形成 100~180 千米厚的液态水地下海洋。冥王星没有磁场。2020 年 6 月，天文学家报告了冥王星首次形成时

可能存在内部海洋的证据。

（6）冥王星大气。

冥王星拥有由氮气（N_2）、甲烷（CH_4）和一氧化碳（CO）组成的薄弱大气，这层大气与冥王星表面的冰处于平衡状态。根据"新视野"号的测量，表面大气压力约为地球表面大气压的一百万分之一到十万分之一。最初认为，随着冥王星不断远离太阳，它的大气层应该逐渐冻结在表面上。后来，通过"新视野"号数据和地面掩星的研究表明，冥王星的大气密度在增加，并且可能在整个冥王星轨道周期中维持气态。

"新视野"号的观测表明，大气中氮气的逸出量比预期的少10 000倍。艾伦·斯特恩（Alan Stern）争辩说，即使冥王星的表面温度略有升高，也可能导致冥王星的大气密度呈指数式增长。

冥王星大气中甲烷（一种强大的温室气体）的存在会引起温度反转，其大气的平均温度比其表面高几十度，尽管"新视野"号的观测表明冥王星的高层大气要冷得多。冥王星的大气层被分成大约20个规则间隔的薄雾层，最高可达150千米，这被认为是冥王星山脉上的气流产生压力波的结果。

2015年7月，"新视野"号探测器陆续发送冥王星冰山、冰块、陨坑，甚至积雪的图像，显示冥王星有存在云层的证据。

在直接围绕太阳运行的天体中，冥王星体积排名第9，质量排名第10。冥王星是体积最大的外海王星天体，其质量仅次于位于离散盘中的阋神星。与其他柯伊伯带天体一样，冥王星主要由岩石和冰组成，质量相对较小。冥王星的轨道离心率及倾角皆较高，它与太阳的平均距离大约40天文单位，按平均距离计算，太阳光需要5.5小时才能到达冥王星。

由于离心率高，冥王星会周期性进入海王星轨道内侧，但因与海王星的轨道共振而不会碰撞。

从长期来看，冥王星的轨道是混乱的。使用计算机模拟可以向前和向后来预测数百万年间冥王星的位置，因冥王星会受太阳系内细微因素的影响而改变轨道，超过李雅普诺夫时间（Lyapunov Time，一千万年到两千万年）后，预测的不确定性会变大，难以预测的因素将逐渐改变冥王星在其轨道上的位置。冥王星轨道的半长轴在39.3～39.6天文单位之间变化，周期为19 951年，对应于246～249年之间的轨道周期。冥王星的半长轴和公转周期在变得越来越长。

（7）卫星。

冥王星有五个已知的天然卫星，轨道由内到外为：

冥卫一（卡戎，Charon，冥河摆渡人。最大且最接近冥王星的卫星，直径略大于Pluto的一半）于1978年由天文学家詹姆斯·克里斯蒂（James Christy）发现，是冥王星仅有的可能处于流体静力平衡状态的卫星。冥卫一和冥王星的大小相似，系统质心位于中心天体外部，是太阳系中的少数案例之一。因此一些天文学家称其为双矮行星。该系统在行星系统之中也很不寻常，冥王星与冥卫一相互潮汐锁定，因此它们始终用相同的半球面向彼此。2007 年，双子星天文台观察到冥卫一表面有氨水合物和水晶体的斑块，表明其存在活跃的低温间歇泉。据推测，在太阳系历史早期，冥王星与类似大小的天体碰撞形成了冥王星的卫星。碰撞释放了大量物质，这些物质聚集形成冥王星周围的卫星。

冥卫二（Nix）和冥卫三（Hydra）于 2005 年被发现，冥卫四（Kerberos）于 2011 年被发现；冥卫五（Styx）于 2012 年被发现，冥卫五卫星的轨道是圆形的（偏心率小于 0.006），且与冥王星的赤道共面（轨道倾角小于 1°），但与冥王星公转轨道面大约倾斜了 120°。

（8）冥王星起源。

冥王星的起源和身份一直困扰着天文学家。一个被否定的早期假设认为冥王星是海王星的逃逸卫星，被海王星当前最大的卫星海卫一（Triton）挤出轨道。动力学研究表明这个假设是不可能的，因为冥王星从未在轨道上接近过海王星。直到 1992 年冥王星在太阳系中的真实定位才开始明确，当时天文学家开始发现较小且冰冷的外海王星天体（TNO），它们不仅在轨道上而且在大小和组成方面都与冥王星相似。这种外海王星的天体被认为是许多短周期彗星的来源。冥王星是柯伊伯带中最大的成员之一，柯伊伯带是位于距太阳 30～50 天文单位之间的天体聚集的稳定带状区域。截至 2011 年，对柯伊伯带中视星等 21 等以上的天体调查已接近完成，此外任何剩余的冥王星大小的天体预计都将距离太阳 100 天文单位以上。像其他柯伊伯带天体（KBO）一样，冥王星也与彗星有类似的特征。例如，太阳风会逐渐将冥王星的表面物质吹向太空。假设冥王星与地球一样靠近太阳，它将像彗星一样长出一条尾巴。这一说法也存在争议，因为冥王星的逃逸速度太高以至于气体无法逃脱。有人提出，冥王星可能是由众多彗星和柯伊伯带天体的聚集而形成的。

冥王星是最大的柯伊伯带天体。海王星的卫星海卫一，稍大于冥王星，在地质和大气上都与它相似，被认为是海王星捕获的柯伊伯带天体。阋神星也与冥王星不相上下，但严格来说，阋神星并不是柯伊伯带的成员，一般被视为离散盘天体的成员。冥王星等大量柯伊伯带天体与海王星处于 2∶3 的轨道共振中。因冥王星最先被发现，故具有这种轨道共振的柯伊伯带天体称为"类冥天体"（plutinos）。

与柯伊伯带的其他成员一样，冥王星被认为是行星形成后剩余的微行星（Planetesimal）。这些微小天体属于太阳周围的原行星盘的一部分，但未能完全融合成一个完整的行星。大多数天文学家都认为冥王星处于当前位置，是由于海王星在太阳系形成初期突然发生行星迁移所致。当海王星向外迁移时，靠近原始柯伊伯带中的天体，俘获其中的一个绕其旋转（海卫一），将部分天体锁定为共振状态，并将其他天体推入混沌轨道。离散盘是一个与柯伊伯带重叠的动态不稳定区域，离散盘天体被认为是通过与海王星迁移的共振相互作用而被推至当前位置的。2004 年，位于法国尼斯的蔚蓝海岸天文台的亚历山德罗·莫比德利（Alessandro Morbidelli）创建了一个计算机模型，海王星向柯伊伯带的迁移可能是由木星与土星之间的 1∶2 共振形成触发的。

引力推动天王星和海王星进入更高的轨道，并导致它们互换轨道位置，最终使海王星到太阳的距离增加了一倍。由此产生的物体从原始柯伊伯带被逐出，也可以解释太阳系形成六亿年后的后期重轰炸期和木星特洛伊小行星的起源。在海王星迁移之前，冥王星在一个离太阳大约 33 天文单位的近圆形轨道上运行，之后海王星迁移干扰了冥王星的初始轨道并将其共振捕获。尼斯模型计算时需要在原始微行星盘中包含约 1 000 个冥王星大小的天体，其中包括海卫一和阋神星。

（9）冥王星观测与探测。

冥王星与地球的距离过于遥远，使其难以被深入研究和探索。2015 年 7 月 14 日，NASA 的"新视野"号太空探测器飞越了冥王星系统，提供了许多信息。

①冥王星观测。

冥王星的视星等平均为 15.1，在近日点增亮至 13.65。要想看到它，需要大约 30 厘米口径的望远镜。冥王星看起来像星星，即使在大型望远镜中也看不到圆盘，它的角直径只有 0.11″。冥王星最早的地图是 20 世纪 80 年代后期制作的，在冥卫一对其近距离掩食期间，通过对冥王星—冥卫一系统的总体平均亮度的变化进行观测。例如，掩盖冥王星上表面的亮区比掩盖暗区的总亮度变化更大。大量观察结果数据交由计算机处理，创建亮度地图。这种方法也可以跟踪亮度随时间的变化。更好的地图是由哈勃太空望远镜（HST）拍摄的图像生成的，有更高的分辨率并且显示更多细节，亮度变化精确到数百千米范围，包括极地地区和大的亮区。这些地图是通过复杂的计算机处理生成的，通过哈勃太空望远镜提供的像素点找到了最合适的投影。直到 2015 年 7 月"新视野"号飞越冥王星之前，这些地图仍然是冥王星最详细的地图，因为哈勃太空望远镜上用于拍摄这些照片的两个镜头已不再使用。

②冥王星探测。

在经过 3 462 天的飞越太阳系的旅行之后，"新视野"号于 2015 年 7 月 14 日完成对冥王星近距离的飞掠。对冥王星的科学观测始于飞掠之前 5 个月，并且在飞掠之后持续了至少 1 个月。这是首次也是仅有的一次直接探索冥王星的尝试。

"新视野"号的科学目标是测量冥王星及冥卫一的全球地质和形态，绘制其表面组成，分析冥王星的中性大气及其逃逸速率。在 2016 年 10 月 25 日，地面从"新视野"号接收到了冥王星系统的最后数据（总共 500 亿比特即 6.25 GB 数据）。

自"新视野"号飞掠冥王星以后，科学家一直倡导执行一次新的轨道探测任务，发射新的轨道探测器到冥王星以实现新的科学目标。其中包括以每像素 9.1 米的精度绘制其表面、观测冥王星的小卫星、观察冥王星自转轴如何变化，以及绘制因轴向倾斜而长期处于黑暗的区域的地形图。最后一个目标可以使用激光脉冲实现，生成冥王星的完整地形图。

2. 矮行星卡戎星

卡戎星是 1978 年华盛顿美国海军天文台的天文学家詹姆士·克里斯蒂发现的。直到今天，它仍被看成是冥王星的一颗卫星，或者说双行星系统，同步围绕太阳旋转。

卡戎在冥王星赤道上空约 1.9 万千米的圆形轨道上运转，其运行周期与冥王星自转周期相等。卡戎的直径约 1 208 千米，大约是冥王星的一半。其密度与冥王星相似，质量约为 1.9×10^{13} kg。它与冥王星直径之比是 2：1，所以，有人认为冥王星和卡戎更像一个双行星系统。

3．矮行星阋神星

阋神星（Eris，厄里斯）于 2003 年由美国帕洛玛山天文台的天文学家 Mike Brown（迈克尔·布朗）等所发现，在被正式命名前暂时编号为 2003 UB313，名字暂称为齐娜（Xena）。本体直径约为 2 400 千米，比冥王星还大一些，因此使得大家重新评估行星的定位问题。2006 年的新行星定义之后将其列为矮行星之一，是当前体积最大的矮行星。

相对于 200 多年前发现的谷神星和近 30 年前发现的卡戎星，"齐娜"是一个完全陌生的新来者，它是在 2003 年被发现的。"齐娜"的公转轨道是个很扁的椭圆，它公转一周需要 560 年，它离太阳最近的距离是 38 个天文单位，最远时为 97 个天文单位。科学家说，"齐娜"的大气可能由甲烷和氮组成，如今它离太阳太远，大气都结成了冰；当它运动到近日点时，表面温度将有所升高，甲烷和氮会重新变成气态。至于其内部结构，如今还只能猜测，有可能是冰和岩石的混合物，与冥王星类似。"齐娜"有一颗卫星，科学家暂时称之为加布里埃尔（他是好战公主齐娜的随从）。

4．矮行星谷神星

谷神星是人们最早发现的第一颗小行星，由意大利人皮亚齐于 1801 年 1 月 1 日发现。且为小行星群中体积最大的 1 颗，其平均直径为 952 千米，是小行星带中最大最重的天体。谷神星 4.6 个地球年才绕太阳公转一周。2006 年的新行星定义之后改列为矮行星。

5．矮行星鸟神星

鸟神星（马奇马奇，Makemake，2005 FY9）其直径大约是冥王星的四分之三。鸟神星没有卫星。最初被称为 2005 FY9 的鸟神星是由迈克尔·布朗领导的团队在 2005 年 3 月 31 日发现的；2005 年 7 月 29 日，他们公布了该次发现，被国际小行星中心编为第 136472 号小行星。2008 年 6 月 11 日，国际天文联合会将鸟神星列入类冥天体的候选者名单内。类冥天体是海王星轨道外的矮行星的专属分类，当时只有冥王星和阋神星属于这个分类。2008 年 7 月，鸟神星正式被列为类冥天体。2008 年 7 月 11 日，国际天文联合会将其列为矮行星的第四颗，并以复活节岛拉帕努伊族原住民神话中的人类创造者与生殖之神马奇马奇为其命名。

6．矮行星妊神星

妊神星（哈乌美亚，Haumea，2003 EL61）的质量是冥王星质量的三分之一，长得很像橄榄球。2005 年 7 月 29 日，迈克尔·布朗领导的加州理工学院团队在美国帕洛玛山天文台发现了该天体；2005 年，奥尔蒂斯领导的团队在西班牙内华达山脉天文台亦发现了该天体，但后者的声明遭到质疑。2008 年 9 月 17 日，国际天文联合会在矮行

星 IAUC 8976 中发布了（136108）2003 EL61 的命名公告，宣布将这颗矮行星命名为 Haumea—夏威夷当地神话中主管生育和生殖的神。它也是继谷神星、冥王星、阋神星和鸟神星后，太阳系第五颗被命名的矮行星。

7. 矮行星共工星

矮行星 2007OR10 位于太阳系边缘的柯伊伯带，距离地球约 64 亿千米，直径 1 535 千米，大小在太阳系矮行星中位列冥王星和阋神星之后排名第三，表面覆盖含有甲烷的水冰，呈红色。2007 年，三名科学家施万布、布朗和拉比诺维茨首先发现这颗遥远的天体，此后一直用 2007 OR10 作为它的代号。2020 年 2 月，国际天文学联合会小行星中心正式以中国古代水神"共工"命名 2007OR10，而围绕共工星运行的小行星以"相柳"命名。

第四节　小行星

一、缺失中的发现

1760 年，有人猜测太阳系内的行星离太阳的距离构成一个简单的数字序列。1766 年，德国人提丢斯提出，取一数列 0，3，6，12，24，48，96，192，…，然后将每个数加上 4，再除以 10，就可以近似地得到以天文单位表示的各个行星同太阳的平均距离。1772 年，德国天文学家波得进一步研究了这个问题，发表了这个定则，因而得名为提丢斯—波得定则，有时简称提丢斯定则或波得定则。

按这个公式及规则推得各大行星的值/实测值如下：

水星 0.4/0.39、金星 0.7/0.72、地球 1.0/1.00、火星 1.6/1.52、$n = 5$ 处 2.8/?、木星 5.2/5.20、土星 10.0/9.54，这个系列在火星和木星之间有一个空隙，也就是 2.8 个天文单位的位置上没有与之相符的行星。

18 世纪末有许多人开始寻找这颗未被发现的行星。当时欧洲的天文学家们组织了世界上第一次国际性的科研项目，在哥达天文台的领导下全天被分为 24 个区，欧洲的天文学家们系统地在这 24 个区内搜索这颗被称为"幽灵"的行星。

1781 年，英国天文学赫歇尔宣布，他在无意中发现了太阳系的第七大行星天王星。令人惊讶的是，天王星与太阳的平均距离是 19.2 天文单位，用定则推算：（192 + 4）/10 ≐ 19.6，符合得真是好极了！肉眼不可见的天王星 19.6/19.18 都相当符合，因而促使人们更加狂热地去寻找距离太阳 2.8 个天文单位处的大行星。

1801 年 1 月 1 日晚上，朱塞普·皮亚齐在西西里岛巴勒莫的天文台观测时，在金牛座里发现了一颗在星图上找不到的星。起初他认为这不会又是一颗彗星吧！但当它的运行轨道被测定后，才发现它不是彗星，而更像是一颗小型行星（即谷神星）。在随后的几年中同谷神星轨道相近的智神星、婚神星、灶神星相继被发现。天文照相术的引进和闪视比较仪的使用，使得小行星的年发现率大增。皮亚齐本人并没有参加寻找"幽灵"的项目，但他听说了这个项目，他怀疑他找到了"幽灵"，因此他在此后数日内继续观察这颗星。他将他的发现报告给哥达天文台，但一开始他称他找到了一颗彗星。此后皮亚齐生病了，无法继续他的观察。而他的发现报告用了很长时间才到达哥达天文台，此时那颗星已经向太阳方向运动，无法再被找到了。

大数学家高斯此时发明了一种计算行星和彗星轨道的方法，用这种方法只需要几个位置点就可以计算出一颗天体的轨道。高斯读了皮亚齐的发现后就将这颗天体的位置计算出来送往哥达。奥伯斯于 1801 年 12 月 31 日晚重新发现了这颗星。后来它获得了"谷神星"这个名字。1802 年奥伯斯又发现了另一颗天体，他将它命名为"智神星"。1803 年发现婚神星，1807 年发现灶神星。一直到 1845 年第五颗小行星义神星才被发现，但此后许多小行星被很快发现。到 1890 年为止已有约 300 颗已知的小行星了。

此后，这个数字仍以每年几百颗的速度增长。毫无疑问，必定还有成千上万的小行星由于太小而无法在地球上观察到。就 2018 年已知的，有 26 颗小行星的直径大于 200 千米。对这些可见的小行星的观测数据已基本完成，就我们所知，大约 99% 的小行星的直径小于 100 千米。对那些直径在 10 到 100 千米之间的小行星的编录工作已完成了一半。但我们知道还有一些更小的，或许存在着近百万颗直径为 1 千米左右的小行星。所有小行星的质量之和比月球的质量还小。现在，我们称之为"小行星带"。

二、摄影技术对搜寻天体的作用

1890 年，摄影术进入天文学，为天文学的发展给予了巨大的推力。此前要发现一颗小行星，天文学家必须长时间记录每颗可疑的星的位置，比较它们与周围星位置之间的变化。但在摄影底片上一颗相对于恒星运动的小行星在底片上拉出一条线，很容易就可以被确定。而且随着底片的感光度的增强，它们很快就比人眼要灵敏，即使比较暗的小行星也可以被发现。摄影术的引入使得被发现的小行星的数量增长巨大。1990 年，电荷耦合元件摄影技术被引入，加上计算机分析电子摄影的技术的完善使得更多的小行星在很短的时间里被发现。已知的小行星的数量约达 22 万。

一颗小行星的轨道被确定后，天文学家可以根据对它的亮度和反照率的分析来估计它的大小。为了分析一颗小行星的反照率，一般天文学家既使用可见光也使用红外线的测量。但这个方法还不是很可靠，因为每颗小行星的表面结构和成分都可能不同，因此对反照率的分析的错误往往比也较大。

比较精确的数据可以使用雷达观测来取得。天文学家使用射电望远镜作为高功率的发生器向小行星投射强无线电波。通过测量反射波到达的时间可以计算出小行星的距离。对其他数据（衍射数据）的分析可以推导出小行星的形状和大小。此外，观测小行星掩星也可以比较精确地推算小行星的大小。

到 1940 年，具有永久性编号的小行星已经有 1 564 颗。

三、当代研究

1. 非载人宇宙飞船对小行星的研究

在进入太空旅行的年代之前，小行星即使在最大的望远镜下也只是一个针尖大小的光点，因此它们的形状和地形仍然是未知的奥秘。

我们对小行星的所知很多是通过分析坠落到地球表面的太空碎石。那些与地球相撞的小行星称为流星体。当流星体高速闯进我们的大气层时，其表面因与空气的摩擦产生高温而汽化，并且发出强光，这便是流星。如果流星体没有完全烧毁而落到地面，便称为陨星。

1991 年以前，人们都是通过地面观测以获得小行星的数据。

1991 年，前往木星的太空船"伽利略"号飞掠过的 951 盖斯普拉（Gaspra），拍摄到第一张真正的小行星高分辨率特写镜头，1993 年，"伽利略"号飞掠过 243 艾星和它的卫星载克太（Dactyl）。

1997 年 6 月 27 日，NEAR 探测器与 253 Mathilde 小行星擦肩而过。这次难得的机会使得科学家们第一次能够近距离地观察这颗富含碳的 C 型小行星。

1999 年，"深空" 1 号拜访了 9969 布雷尔（Braille）小行星。

2002 年，"星尘"号拜访了安妮法兰克（Annefrank）小行星。

21 世纪起，在柯伊伯带内发现的一些小行星的直径比谷神星要大，比如 2000 年发现的伐楼拿（Varuna）的直径为 900 千米，2002 年发现的夸欧尔（Quaoar）直径为 1 280 千米，2004 年发现的厄耳枯斯的直径甚至可能达到 1 800 千米。2003 年发现的塞德娜（小行星 90377）位于柯伊伯带以外，其直径约为 1 500 千米。

2005 年 9 月，日本的太空船"隼鸟"号抵达 25 143 系川做了详细的探测，并且可能携带回一些样品回地球。

接下来的小行星探测计划是欧洲空间局的"罗塞塔"号。

2007 年美国国家航空航天局发射了"黎明"号太空船。

2017 年 4 月 19 日，一颗小行星将以"很近距离"与地球"擦身而过"，这颗编号为 2014JO25 的小行星直径约 600 米，2014 年 5 月被科学家们发现。2017 年 4 月 19 号，它将从太阳方向接近地球，以 4.6 倍的地月距离掠过地球。人们可在一或两个晚上借助小型光学望远镜观测到这位"天外来客"。这也是这颗小行星 400 年来最接近地球的一次，下一次要等到 500 年后。这是自 2004 年，直径约 5 千米的图塔蒂斯小行星以 4 倍地月距离飞掠地球以来最接近的一次。下一次出现类似的事件要等到 2027 年，届时直径约 800 米的 1999AN10 小行星将以一个地月距离飞过地球。

在太阳系内一共已经发现了约 70 万颗小行星，但这可能仅是所有小行星中的一小部分，这些小行星只有少数的直径大于 100 千米。

　　美国航空航天局发言人表示，截至 2017 年 12 月 24 日，人类已经发现地球周围有 17 495 个近地天体，其中小行星为 17 389 个。

　　美国航空航天局在推进冰箱大小、能阻止小行星与地球相撞的宇宙飞船的研发，并计划在 2024 年利用一颗对地球没有威胁的小行星进行测试。这是有史以来第一次演示让小行星改变轨道技术的任务。"双小行星变轨测试"将利用所谓的动能撞击技术——撞击小行星使之改变轨道。

　　2018 年 5 月，欧洲南方天文台宣布，一个国际研究小组利用其设在智利的甚大望远镜在海王星外发现了一颗富含碳的小行星，距离地球约 40 亿公里。这是天文学家首次在太阳系边缘区域发现这类天体，有望为研究太阳系形成早期提供依据。

　　2019 年 10 月 16 日，一颗小行星从地球上方掠过，与地球进行了 115 年来"最亲密的一次接触"！美国国家航空航天局（NASA）近地天体研究中心（CNEOS）称，这颗名为"2019 TA7"的天体在距地球 150 万公里的地方与地球"擦肩而过"。

　　2．地面观察

　　天文学家们已经对不少小行星做了地面观察。一些知名的小行星有 Toutais、Castalia、Vesta 和 Geographos 等。对于小行星 Toutatis、Castalia 和 Geographos，天文学家是在它们接近太阳时，在地面通过射电观察研究它们的。Vesta 小行星是由哈勃太空望远镜发现的。

　　3．形成原因

　　小行星是太阳系形成后的物质残余。有一种推测认为，它们可能是一颗神秘行星的残骸，这颗行星在远古时代遭遇了一次巨大的宇宙碰撞而被摧毁。但从这些小行星的特征来看，它们并不像是曾经集结在一起。如果将所有的小行星加在一起组成一个单一的天体，那它的直径只有不到 1 500 千米——比月球的半径还小。

　　一开始天文学家以为小行星是一颗在火星和木星之间的行星破裂而成的，但小行星带内的所有小行星的全部质量比月球的质量还要小。天文学家认为小行星是太阳系形成过程中没有形成行星的残留物质。木星在太阳系形成时的质量增长最快，它防止了在小行星带地区另一颗行星的形成。小行星带地区的小行星的轨道受到木星的干扰，它们不断碰撞和破碎，其他的物质则被逐出它们的轨道与其他行星相撞。大的小行星在形成后由于铝的放射性同位素 26Al（和可能铁的放射性同位素 60Fe）的衰变而变热。重的元素如镍和铁在这种情况下向小行星的内部下沉，轻的元素如硅则上浮。这样一来就造成了小行星内部物质的分离。在此后的碰撞和破裂后所产生的新的小行星的构成因此也不同。有些这些碎片后来落到地球上成为陨石。

　　4．分类

　　小行星是太阳系内类似行星环绕太阳运动，但体积和质量比行星小得多的天体。而人类对最大型的小行星开始重新分类，定义它们为矮行星。

　　直径超过 240 千米的小行星约有 16 个。它们都位于地球轨道外侧到土星的轨道内侧的太空中。而绝大多数的小行星都集中在火星与木星轨道之间的小行星带。其中一些小行星的运行轨道与地球轨道相交，曾有某些小行星与地球发生过碰撞。

约90%已知的小行星的轨道位于小行星带中。小行星带是一个相当宽的位于火星和木星之间的地带。谷神星、智神星等首先被发现的小行星都是小行星带内的小行星。

（1）火星轨道内的小行星总的来说分三群。

阿莫尔型小行星群：这一类小行星穿越火星轨道并接近地球轨道。其代表性的小行星是1898年发现的小行星433，这颗小行星可以到达离地球0.15天文单位的距离。1900年和1931年小行星433来到地球附近时，天文学家用这个机会来确定太阳系的大小。1911年发现的小行星719后来又失踪了，一直到2000年它才重新被发现。这个小行星组的命名小行星1 221阿莫尔的轨道位于离太阳1.08~2.76天文单位，这是这个群相当典型的一个轨道。

阿波罗小行星群：这个小行星群的小行星的轨道位于火星和地球之间。这个组中一些小行星的轨道的偏心率非常大，它们的近日点一直到达金星轨道内。这个群典型的小行星轨道有1932年发现的小行星1862阿波罗，它的轨道在0.65到2.29天文单位之间。

阿登型小行星群：这个群的小行星的轨道一般在地球轨道以内。其命名星是1976年发现的小行星2 062阿登。有些这个组的小行星的偏心率比较大，它们可能从地球轨道内与地球轨道相交。

这些小行星被统称为近地小行星。有一些近地小行星离距离地球很近，它们本来是一些小陨石但经过地球时被引力吸住了。人类对这些小行星的研究不断被加深，因为它们至少理论上有可能与地球相撞。比较有成绩的项目有林肯近地小行星研究计划（LINEAR）、近地小行星追踪（NEAT）和洛维尔天文台近地天体搜索计划（LONEOS）等。

（2）在其他行星的轨道上运行的小行星。

在其他行星轨道的拉格朗日点上运行的小行星被称为特洛伊小行星。最早被发现的特洛伊小行星是在木星轨道上的小行星，它们中有些在木星前运行，有些在木星后运行。有代表性的木星特洛伊小行星有小行星588和小行星1172。

1990年，第一颗火星特洛伊小行星——小行星5 261被发现，此后还有其他4颗火星特洛伊小行星被发现。

（3）土星和天王星之间的小行星。

土星和天王星之间的小行星有一群被称为半人马小行星群的小行星，它们的偏心率都相当大。最早被发现的半人马小行星群的小行星是小行星2060。估计这些小行星是从柯伊伯带中受到其他大行星的引力干扰而落入一个不稳定的轨道中的。

（4）柯伊伯带（Kuiper Belt）的小行星。

全称为艾吉沃斯—柯伊伯带（一般简称为柯伊伯带），海王星以外的小行星属于柯伊伯带，在这里天文学家们发现了最大的小行星如小行星50 000等。

（5）外海王星天体及类似天体：半人马小行星。

（6）水星轨道内的小行星（水内小行星）。

虽然一直有人猜测水星轨道内也有一个小行星群，但这个猜测未能被证实。

5．组成结构

（1）组成。

过去人们以为小行星是一整块完整单一的石头，但小行星的密度比石头低，而且它们表面上巨大的环形山说明比较大的小行星的组织比较松散。它们更像由重力组合在一起的巨大的碎石堆。这样松散的物体在大的撞击下不会碎裂，而可以将撞击的能量吸收过来。完整单一的物体在大的撞击下会被冲击波击碎结构。此外大的小行星的自转速度很慢，假如它们的自转速度高的话，它们可能会被离心力解体。天文学家一般认为直径大于 200 米的小行星主要是由这样的碎石堆组成的。而部分较小的碎片更成为一些小行星的卫星，例如：小行星 87 便拥有两颗卫星。

（2）结构成分。

由于小行星是早期太阳系的物质，科学家们对它们的成分非常感兴趣。经过对所有陨星的分析，其中 92.8% 的成分是二氧化硅（岩石），5.7% 是铁和镍，剩余部分是这三种物质的混合物。含石量大的陨星称为石陨石，占陨星总量的 93.3%；含铁量大的陨星称为陨铁，占陨星总量的 5.4%；成分是岩石与铁镍合金的混合的陨星被称为石铁陨石，占陨星总量的 1.3%。因为陨石与地球岩石非常相似，所以较难辨别。最大的小行星直径也只有 1 000 千米左右，微型小行星则只有鹅卵石一般大小。

（3）分类。

通过光谱分析所得到的数据可以证明小行星的表面组成很不一样。按其光谱的特性，小行星被分为以下几类：

C－小行星：这种小行星占所有小行星的 75%，因此是数量最多的小行星。C－小行星的表面含碳，反照率非常低，只有 0.05 左右。一般认为 C－小行星的构成与碳质球粒陨石（一种石陨石）的构成一样。一般 C－小行星多分布于小行星带的外层。

S－小行星：这种小行星占所有小行星的 17%，是数量第二多的小行星。S－小行星一般分布于小行星带的内层。S－小行星的反照率比较高，在 0.15～0.25 之间。它们的构成与普通球粒陨石类似，这类陨石一般由硅化物组成。

M－小行星：剩下的小行星中大多数属于这一类。这些小行星可能是过去比较大的小行星的金属核。它们的反照率与 S－小行星类似。它们的构成可能与镍—铁陨石类似。

E－小行星：这类小行星的表面主要由顽火辉石构成，它们的反照率比较高，一般在 0.4 以上。它们的构成可能与顽火辉石球粒陨石（另一类石陨石）相似。

V－小行星：这类非常稀有的小行星的组成与 S－小行星类似，不同的是它们含有比较多的辉石。天文学家怀疑这类小行星是从灶神星的上层硅化物中分离出来的。灶神星的表面有一个非常大的环形山，可能在它形成的过程中 V－小行星就诞生了。地球上偶尔会找到一种十分罕见的石陨石，HED－非球粒陨石，它们的组成可能与 V－小行星相似，它们可能也来自灶神星。

G－小行星：它们可以被看作是 C－小行星的一种。它们的光谱非常类似，但在紫外线部分 G－小行星有不同的吸收线。

B－小行星：它们与 C－小行星和 G－小行星相似，但紫外线的光谱不同。

F－小行星：也是 C－小行星的一种。它们在紫外线部分的光谱不同，而且缺乏水的吸收线。

P－小行星：这类小行星的反照率非常低，而且其光谱主要在红色部分。它们可能是由含碳的硅化物组成的。它们一般分布在小行星带的极外层。

D－小行星：这类小行星与 P－小行星类似，反照率非常低，光谱偏红。

R－小行星：这类小行星与 V－小行星类似，它们的光谱说明它们含有较多的辉石和橄榄石。

A－小行星：这类小行星含有很多橄榄石，主要分布在小行星带的内层。

T－小行星：这类小行星也分布在小行星带的内层。它们的光谱比较红暗，但与 P－小行星和 R－小行星不同。

6. 命名方式

小行星的命名权属于发现者。早期喜欢用女神的名字命名，后来改用人名、地名、花名乃至机构名的首字母缩写词来命名。有些小行星群和小行星特别著名，如脱罗央群、阿波罗群、伊卡鲁斯、爱神星、希达尔戈等。

小行星的名字由两个部分组成：前面的一部分是一个永久编号，后面的一部分是一个名字。每颗被证实的小行星先会获得一个永久编号，发现者可以为这颗小行星建议一个名字，这个名字要由国际天文联合会批准才能被正式采纳，原因是因为小行星的命名有一定的常规。有些小行星没有名字，尤其是永久编号在上万的小行星。如果小行星的轨道可以足够精确地被确定，那么它的发现就算是被证实了，在此之前，它会有一个临时编号，是由它的发现年份和两个字母组成，比如 2004 DW。

第一颗小行星是皮亚齐于 1801 年在西西里岛上发现的，他给这颗星起名为谷神·费迪南星。前一部分是以西西里岛的保护神谷神命名的，后一部分是以那波利国王费迪南四世命名的。但国际学者们对此不满意，因此将第二部分去掉了，故第一颗小行星的正式名称是小行星 1 号谷神星。

此后发现的小行星都是按这个传统以罗马或希腊的神来命名的，比如智神星、灶神星、义神星，等等。

但随着越来越多的小行星被发现，最后古典神的名字都用光了。因此后来的小行星以发现者的夫人的名字、历史人物或其他重要人物、城市、童话人物名字或其他神话里的神来命名。比如小行星 216 是按埃及女王克丽欧佩特拉命名的，小行星 719 阿尔伯特是按阿尔伯特·爱因斯坦命名的，小行星 17744 是按女演员茱迪·福斯特命名的，小行星 1773 是按格林童话中的一个侏儒命名的，等等。截至 2007 年 3 月 6 日，已计算出轨道（即获临时编号）的小行星共 679 373 颗，获永久编号的小行星共 150 106 颗，获命名的小行星共 12 712 颗。表 8 - 14 中列举了 1 ～ 100 号小行星名称。表 8 - 15 为以中国元素命名的小行星。

表 8 - 14　1 ～ 100 号小行星名称

001	谷神星	021	司琴星	041	桂神星	061	囚神星	081	司舞星
002	智神星	022	司赋星	042	育神星	062	效神星	082	怨女星
003	婚神星	023	司剧星	043	爱女星	063	澳女星	083	欣女星
004	灶神星	024	司理星	044	侍神星	064	神女星	084	史神星
005	义神星	025	福后星	045	欧仁妮	065	原神星	085	犊神星
006	韶神星	026	冥后星	046	司祭星	066	光神星	086	化女星
007	虹神星	027	司箫星	047	仁神星	067	洋神星	087	林神星
008	花神星	028	战神星	048	昏神星	068	明神星	088	尽女星
009	颖神星	029	海后星	049	牧神星	069	夕神星	089	淫神星
010	健神星	030	司天星	050	贞女星	070	蟹神星	090	休神星
011	海妖星	031	丽神星	051	禽神星	071	石女星	091	河神星
012	凯神星	032	果神星	052	掳神星	072	期女星	092	波神星
013	芙女星	033	司瑟星	053	岛神星	073	芥神星	093	慧神星
014	司宁星	034	巫神星	054	哲女星	074	巫女星	094	彩神星
015	司法星	035	沉神星	055	祸神星	075	狱神星	095	源神星
016	灵神星	036	驰神星	056	思神星	076	舒女星	096	辉神星
017	海女星	037	忠神星	057	忆神星	077	寒神星	097	纺神星
018	司曲星	038	卵神星	058	协神星	078	月神星	098	佳女星
019	命神星	039	喜神星	059	希神星	079	配女星	099	泰神星
020	王后星	040	谐神星	060	司音星	080	赋女星	100	权神星

表 8 - 15　以中国元素命名的小行星（部分）

编号	名称	发现者	命名意义
139	九华星（Juewa）	J. C. Watson	第一颗在中国土地上发现的小行星

续上表

编号	名称	发现者	命名意义
1125/3789	中华（China）	张钰哲	第一颗由中国人发现的小行星
1802	张衡（Zhang Heng）	紫金山天文台	第一颗以中国人名命名的小行星
2045	北京（Peking）	紫金山天文台	第一颗以中国地名命名的小行星
3611	大埔（Dabu）	紫金山天文台	第一颗以中国县名命名的小行星
2240	蔡（Tsai）（蔡章献）	哈佛天文台	第一颗以中国台湾人名字命名的小行星
8256	神舟（Shenzhou）	紫金山天文台	第一颗以中国太空船名字命名的小行星
9221	吴良镛星	国家天文台兴隆观测基地	以中国科学院院士、中国工程院院士命名
20780	陈易希星（Chanyikhei）	LINEAR 小组	为表扬中国香港中学生陈易希在发明上的成就
23408	北京奥运星	紫金山天文台	为纪念北京奥运会而命名的
32928	谢家麟星	中科院国家天文台施密特CCD小行星项目组	以中国科学院院士、加速器物理学家命名
41981	姚贝娜星（Yaobeina）	香港业余天文学家杨光宇先生	以歌手姚贝娜命名，以纪念她生前勇敢积极地面对生活
148081	孙家栋星	中国科学院国家天文台施密特CCD小行星项目组	以国家最高科学技术奖获奖者名字命名
2886	田家炳星	紫金山天文台	以"中国百校之父"命名
283279	钱伟长星	—	钱伟长逝世十周年时，纪念钱先生杰出的科学贡献

7．小行星的大威胁

①行星碰撞说。

小行星碰撞说认为：大约在 6 500 万年前，一颗直径 10 千米的小行星与地球相撞，猛烈的碰撞卷起了大量的尘埃，使地球大气中充满了灰尘并聚集成尘埃云，厚厚的尘埃云笼罩了整个地球上空，挡住了阳光，使地球成为"暗无天日"的世界，这种情况持续了几十年。缺少了阳光，植物赖以生存的光合作用被破坏了，大批的植物相继枯萎而死，身躯庞大的食草恐龙每天要消耗大量植物，它们根本无法适应这种突发事件引起的生活环境的变异，只有在饥饿的折磨下绝望地倒下；以食草恐龙为食源的食肉恐龙也相继死去。

　　1991 年，美国科学家用放射性同位素方法，测得墨西哥湾尤卡坦半岛的大陨石坑（直径约 180 千米）的年龄约为 6 505.18 万年；1994 年，苏梅克—列维彗星连串撞击木星就发生在我们眼前，小行星撞击地球导致恐龙灭绝的说法也得到大多数人的认可。

　　1908 年 6 月 30 日上午 7 时 17 分，俄罗斯西伯利亚埃文基自治区发生大爆炸，这就是著名的通古斯大爆炸。爆炸威力相当于 10 ~ 15 百万吨 TNT 炸药，超过 2 150 km² 内的 6 000 万棵树焚毁倒下。虽然这次爆炸的原因仍是个谜，但撞击说还是很盛行，如陨石撞击说、彗星撞击说和行星撞击说等。

　　不管是什么东西撞击，极度危险是其共性。直径 1 千米的陨星可在几千平方千米的范围造成灾难，直径 5 千米的陨星可在大洲范围造成灾难，直径 10 千米的陨星可在全球范围造成灾难。

　　（2）危险的近地小行星。

　　撞击地球危险性最大的就是近地小行星。

　　近地小行星指的是轨道与地球轨道相交的小行星。已知直径 4 千米的近地小行星有数百个，除此之外，可能还存在成千上万个直径大于 1 千米的近地小行星。

　　据天文学家测算，这些近地小行星可能已经在自己的轨道上运行了 1 000 万至 1 亿年，而它们最终的命运不是与内行星（水星和金星的绕日运行轨道在地球轨道以内，称为内行星）碰撞，就是在接近行星时被弹出太阳系。

　　近地小行星究竟距地球有多近呢？20 世纪 30 年代，近地小行星频繁造访地球。1936 年 2 月 7 日，小行星阿多尼斯星在距地球 220 万千米的地方掠过地球。1937 年 10 月 30 日，"赫米斯"星更是吓了人们一大跳，它跑到地球身旁的 70 万千米处。

　　几十万千米在普通人看来可能遥不可及，但在天文学家眼里却是近在咫尺，"上帝打靶打了 10 环，只不过是未中靶心而已"。如果这些小行星在运行中"遭遇"什么"不幸"（如受地心引力作用），弄不好就会撞上地球，"正中靶心"就是地球的一场灾难。

　　天文学家认为，尽管有些小行星轨道并不与地球轨道完全重合，有一定的倾角，但由于小行星在大行星的摄动下，轨道会和地球轨道相交，与地球相撞也就并非耸人听闻。

　　面对来自近地小行星的威胁，各国纷纷采取密切的监视与追踪措施，但还是有小行星成为漏网之鱼。2002 年 6 月 6 日，一颗直径约 10 米的天体撞击地中海。该天体在大气层中引爆燃烧，释放出的能量大约相当于 2.6 万吨三硝基甲苯（黄色炸药），与中型核武器爆炸释放的能量相当。而当时印巴正处于核战边缘，如果这颗小行星撞击在该区域，后果不堪设想。

据美国"近地小行星追踪计划"的天文学家估计，有可能撞击地球并带来灾害的近地小天体总数大约 700 颗。其中最为人关注的是一颗叫作"阿波菲斯"，其直径约 300 米的近地小行星，它在 2036 年存在着与地球发生碰撞的可能性。

（3）对小行星的监测。

第一次获得小行星的特写镜头是 1971 年"水手"9 号拍摄到的傅博斯和戴摩斯照片，这两个小天体虽然都是火星的卫星，但可能都是被火星捕获的小行星。这些图像显示出多数的小行星不规则、像马铃薯的形状。之后的"航海家计划"从气体巨星获得了更多小卫星的影像。

第一张真正的小行星特写镜头是由前往木星的太空船"伽利略"号在 1991 年飞掠过的 951 盖斯普拉（Gaspra），然后是 1993 年的 243 艾女星和它的卫星载克太（Dactyl）。

第一个专门探测小行星的太空计划是"会合—舒梅克"号，它在前往 433 爱神星的途中，于 1997 年拍摄了 253 玛秀德（Mathilde），在完成了轨道环绕探测之后，在 2001 年成功地降落在爱神星上。

曾经被太空船在其他目的地航程中简略拜访过的小行星还有 9969 布雷尔（Braille）（"深空"1 号于 1999 年）和安妮法兰克（Annefrank）（"星尘"号于 2002 年）。

小行星已经被建议作为未来的地球资源来使用，作为罕见原料的采矿场，或是太空休憩站的修建材料。这些材料或矿产未来或许能直接从设在小行星上的太空工厂制造和开采。

（4）最危险的小行星。

①小行星 4179（Toutatis，图塔蒂斯）。是迄今为止靠近地球的最大的小行星之一。它长度为 4.46 千米，宽 2.4 千米，质量 5×10^{13} kg，为穿越火星轨道阿波罗型艾琳达族小行星。形状看起来就像一颗多瘤的花生（形似哑铃）。这颗小行星将和地球紧密接触，距离地球将仅约为 0.046 天文单位，也就是 690 万千米。假设其不幸碰到了地球，那么撞击引起的爆炸威力将相当于 1 万亿吨炸药。

正因为它运行时与地球距离太近，因此小行星 4179 早就被美国航空航天局收入"潜在危险小行星名单"之中，全世界的科学家们每时每刻都在关注着它的一举一动。

② 2002 NT7。2002 NT7 小行星直径 2 千米，837 天绕太阳转一周。英国一太空研究专家曾称它将于 17 年内撞击地球，届时地球上的生命将遭受毁灭性的打击。据称这个小行星是迄今为止所探测到的对地球威胁最大的物体，预料撞击速度达 28 km/s，无论撞落在地球五大洲的任何一地，都足以摧毁整个洲块，并造成全球性的气候剧变。但 2002 年 7 月 28 日，美国科学家终于排除这个威胁，称其 100 年内不会撞击地球。

③阿波菲斯。"阿波菲斯"2029 年撞上地球的危险虽然已被排除，但 2036 年仍然存在着与地球发生碰撞的可能性，虽然其中还存在着变数，但万一碰撞后果不堪设想。

科学家通过阿雷西波天文望远镜，对"阿波非斯"的运行轨道进行了精确推算，预测 2036 年其撞地的概率是百万分之四，2068 年撞地的概率是三十三万分之一。在天文学上，这绝对属于非常高的概率。只不过"阿波非斯"神出鬼没，能够观测的时间非常有限，一般两到三年，它才会出现在我们的视野中，时间也只有一到两个晚上。

④ 2000SG344。这颗小行星很可能在 2071 年撞击地球，它与地球"碰面"的可能性约为千分之一，撞击能量相当于 100 颗广岛原子弹。这颗小行星的确是迄今为止人类发现的最危险的小行星。它的运行轨道与地球极为近似，绕太阳公转一周的时间为 354 天（地球周期为 365 天）。这颗小行星的转向是与地球一致的，虽然不会"迎头相撞"，却有可能在 2071 年轨道重合。

⑤ 2002 Aj129。2018 年 2 月 4 日，这颗巨大的小行星，以 30 km/s 的速度掠过地球，距离为 4 208 641 千米——在太空中这是一个相当近的距离。

这颗小行星宽约 1.1 千米，比迪拜大厦（高 800 米）还长，被美国航空航天局认为具有"潜在危险"，但认为这颗小行星不会与地球相撞。

（5）碰撞概率。

据天文学家研究认为，直径大于 1 千米的小行星撞击地球的概率为每 10 万年 1 次，但仅此一次就可能毁灭地球。而直径接近 10 米的天体撞上地球的概率仅为每 3 000 年一次。一些科学家认为，小行星撞地球的风险被严重低估了。

2019 年 11 月 18 日，NASA 的科学家声称，一块长 128 米，接近埃及吉萨金字塔大小的小行星可能于 2022 年 5 月 6 日与地球相撞。尽管 NASA 表示，小行星在预计日期撞上地球的可能性仅为 2.6%，但由于其巨大的规模以及碰撞的潜在危害，NASA 的监测系统"哨兵"仍然会继续密切观察它的运动。

（6）全球预警

面对可能发生的小行星撞击事件，各国天文学家高度重视，一直没有放弃对近地小行星的密切观察。

美国启用了 PS1 天文望远镜，负责测绘地球轨道附近直径 300～1 000 米的小行星。300 米的小行星如果撞击地球上的居住区，将造成重大区域性破坏，如果是 1 千米的小行星就会造成全球灾难。

PS1 每隔 30 秒就会对 36 个月球大小的天空范围拍摄一张 1 400 M 像素的照片，每天夜里收集的数据足以装满 1 000 张 DVD，而每张照片都可以打印成一张足以覆盖半个篮球场的 300 dpi 图片。

虽然还未发现企图撞击地球的小行星，但天文学家通过 PS1 望远镜在一个月里发现的天文爆炸现象（如超新星爆发）比整个天文界在一年中发现的还要多。

2001 年，英国宣布建设新的研究中心，专门研究近地小行星和彗星等天体与地球相撞的概率，以便为公众提供准确客观的信息。该中心的任务包括：提供近地天体的数量和位置的资讯，评估它们撞上地球、造成灾害的概率等。

2009 年，NASA 发射了一部新望远镜，用于搜寻宇宙中尚未被发现的天体，其中包括可能对地球构成威胁的小行星和彗星。这架望远镜名为"广域红外探测器"（简称 WISE），将利用红外照相机探测"哈勃"等其他在轨望远镜可能错过的发光、发热天体。

俄罗斯发现有一颗小行星可能撞上地球，政府更考虑向太空发射一种特殊的航天器，将其撞离轨道，俄罗斯还准备邀请美国、欧洲和中国的航天机构共同参加这次"拯救地球计划"。

中国在观测预警方面也是投入巨资，中科院紫金山天文台就建设了一台近地天体探测望远镜，中国第一台专门用于搜索近地小行星杀手的望远镜，其观测能力居全国第一，世界第五。天文台专家借着这双"慧眼"，已经发现了近 800 颗小行星并且获得了国际临时编号。

如何做好小行星撞击地球的防范工作？中国著名学者周海中教授认为：首先，应该建立一个全球性的信息、分析和预警系统（仅观测网是不够的），操控世界各地的地面和太空望远镜来观测和跟踪那些可能会给地球带来灾难的小行星，这是防止灾难发生的基础。其次，应该制定一个灾难风险的应急计划，从而做到未雨绸缪，防患于未然。再次，应该配备更先进的观测设备，培养更多的高级专门人才，同时加大科普宣传力度。最后，做好防灾减灾的准备工作，以减少灾害威胁。

任何机构或个人一旦发现"杀手"近地小天体，应该及时向国际天文学联盟（IAU）报告；经核实确认后，由国际天文学联盟上报联合国有关部门；然后由联合国向各成员国通报，并组织全球的科技力量来采取防御措施。

（7）规避。

虽然小行星撞击威力与大地震、严重气象灾害等不相上下，但它是人类可能避免的重大自然灾害。

首先，危险小行星处于天文专家监控下，能够精确预测小行星的飞行轨道。在撞击即将到来时，也可以用相应的方法改变小行星轨道。

具体方案有以下几种：

①机械改变轨：即发射人造天体到太空后，把它调整到和小行星平行，并使两者的相对速度为零，然后用机械力推小行星一下，或在小行星体表面安装一台大型火箭发动机，让它改变轨道。

②改色改轨：用改变颜色的方式以改变小行星轨道。如果原来小行星是灰的，可以将它变成纯黑，物体的颜色可决定吸收热量的多少，轨道也会随之改变。给小行星"上漆"也是一种应对方式，虽然听起来有些荒诞可笑，但这种方式其实利用的是太阳能轨道力学。在炎热的夏季，你一定会选择白衬衫，而不是黑衬衫，因为白色能够反射更多太阳辐射，而黑色则会吸收更多辐射。"上漆法"利用的便是这种原理。如果给小行星的部分表面刷成白色，这些区域便会受到太阳辐射产生的更多"推力"，从而逐渐将小行星推出原有轨道，与地球说"再见"。"上漆法"使用的"漆"可以是浅色粉尘、白垩或者其他任何能够改变小行星反射和吸收辐射比例的材料。

③装太阳帆：给小行星"上漆"可能不会吸引所有人的眼球，但在多种通过改变轨道应对小行星撞击的方式中，太阳风能都将扮演一个至关重要的角色。例如，科学家可以派遣一艘飞船，负责为小行星安装巨型"太阳帆"，利用强大的太阳风能让小行星偏离原有轨道，进而防止其撞击地球。在科学家提出的一些设想中，太阳帆甚至可以进行调整，允许在一定程度上对其进行远程操控。不过，很多专家对"给小行星安装太阳帆"的策略产生怀疑，因为小行星一直处于翻滚和旋转状态，即使能够派遣无人飞船登陆小行星，我们也很难架设起足以改变其轨道的太阳帆。

④核弹摧毁：对于组成元素是铁质的、结构结实的小行星，可以利用导弹或是核装置对其进行攻击，使用核弹攻击来袭小行星的目的并不是为了将其摧毁，如果将其摧毁，来袭小行星的致命碎片仍会坠落地球，给人类带来灾难。理想的状态是将它炸成一分为二的两部分，这样质量就发生了变化，轨道也就跟着变了。或者利用核爆产生的强辐射蒸发小行星的部分表面，使其向太空喷射表面物质。这种喷射就如同为小行星安装了无数个微型火箭，进而达到改变其轨道的目的。

⑤动力拦截：一些科学家认为使用核武器阻止小行星撞击地球的做法有点"反应过度"，通过撞击小行星的方式同样能够达到改变其轨道的目的。NASA 提出了所谓的"动力学拦截器"，这种方式就像用弹丸枪发射一个旋转的保龄球，用撞击促使小行星偏离撞地轨道。据美国太空网报道，如果在预测的撞击前 20 年发射这种"保龄球"，以 1.6 km/h 的速度撞击便足以让小行星偏离出原轨道 30 万千米。

⑥网捕"恶魔"：NASA 的科学家认为，一张重约 250 kg 的碳纤维网便足以改变类似毁神星（又称阿波菲斯）这样的来袭小行星的轨道。这种"天网"所用的材料能够起到太阳帆的作用，增加小行星吸收和放射的太阳辐射。在 2029 年前，毁神星并不会与地球上演危险的亲密接触。2036 年，这颗小行星将再次光临地球。科学家认为即使毁神星被套在网中的时间只有短短 18 年，也足以让这个"太空恶魔"远离地球。

⑦以"镜"制之：为了阻止小行星撞击地球，我们不必兴师动众地使用核武器，只需镜子便可达到相同效果。镜子的作用是聚集阳光，加热小行星表面的一小部分区域，使其向外喷射蒸汽。这种物质喷射会产生推力，改变小行星的运行轨道。早期的设想建议使用所谓的"单一巨型太空镜"，但随着研究的深入，科学家认为部署多镜系统能够产生更理想的效果。一些科学家将镜子法称之为"激光升华"。

⑧火箭推之：无论是太阳帆还是太空镜都需要很长时间才能改变来袭小行星的轨道，既然如此，为何不直接给小行星安装一枚巨型火箭，利用火箭产生的巨大推力改变其轨道呢？相比之下，这种方式更为直接，也更为迅速。对于巨型火箭法，一些科学家持赞同观点。根据他们提出的设想，可以派遣一艘飞船登陆小行星，而后在上面挖洞并放入采用化学燃料驱动的重型火箭，最后点燃火箭，利用火箭产生的推力"一脚踢开"企图毁灭地球的小行星。

⑨引力拖拽：在很多人眼里，引力拖拽听起来似乎是《星际迷航》中编剧凭空想象出来的技术，拥有惊人的复杂性，实际上却恰恰相反。宇宙万物都会产生引力拖拽，

包括小行星和人造飞船在内。引力可能是宇宙中最微弱的力之一，但同时也是最容易利用的一种力，因为你需要的不过是一点质量罢了。这里的质量指的是负责拖拽的装置。理论上说，一个在小行星附近飞行的重型机器人便足以利用引力拖拽改变小行星的轨道。不过，并非所有人都支持采用这种方式。为了防止航天器撞击小行星，推进器必须对准小行星的行进方向。此外，这种方式的成本也是一个天文数字。

⑩机器人吞噬：根据NASA出资实施的模块化小行星偏移任务计划（MADMEN）提出的设想，科学家可以派遣核动力机器人攻击威胁地球的小行星。登陆之后，它们便在小行星上展开挖掘，形象地说，即"吞噬"小行星表面物质，同时利用电磁体让碎片高速喷射到太空。这种物质喷射会产生与火箭相同的推力，同时无须任何化学燃料。不过，科学家需要进行深入研究，以确定这种方式能否奏效。

⑪坦然面对：如果上述几种改变小行星轨道的方式最终都以失败告终，人类在来袭小行星面前基本上已经无能为力，即使提前几百年就预见到这种威胁也是如此。在这种情况下，我们只能选择坦然接受⋯⋯

第五节　彗星

"彗"的本意就是扫帚，用作动词有清扫之意。文人墨客中只有屈原歌颂它："孔盖兮翠旌，登九天兮抚彗星。"《楚辞·少司命》，将彗星当作少司命手中扫除人间污秽的武器。

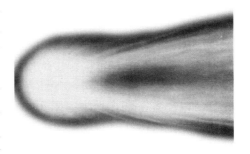

图 8 - 46　彗星

彗星（见图 8 - 46）是在扁长轨道（极少数在近圆轨道）上绕太阳运行的一种质量较小的云雾状小天体。宇宙中彗星的数量极大，但观测到的仅约有1 600颗。明亮的彗星，披头散发的脑袋，拖着长长的明亮稀疏的尾巴，在黝黑的夜空中特别引人注目。中国民间把彗星贬称为"扫帚星""灾星"。像这种把彗星的出现和人间的战争、饥荒、洪水、瘟疫等灾难联系在一起的事情，在中外历史上有很多。公元1066年，诺曼人入侵英国前夕，正逢哈雷彗星回归。当时，人们怀有复杂的心情，注视着夜空中这颗拖着长尾巴的古怪天体，认为是上帝给予的一种战争警告和预示。后来，诺曼人征服了英国，诺曼统帅的妻子把当时哈雷彗星回归的景象绣在一块挂毯上以示纪念。西欧关于哈雷彗星的最早记录在公元66年。

我国有悠久的彗星观测历史，甲骨卜辞中就有"彗异"的记载。张钰哲先生在他的《哈雷彗星轨道演变趋势和它的古代历史》一文中认为，中国关于哈雷彗星的最早记录为《淮南子·兵略训》中的："武王伐纣，东面而迎岁。至汜而水，至共头而坠。彗星出而授殷人其柄。当战之时，十日乱于上，风雨击于中。"这次哈雷彗星出现的时间应该是在公元前 1057 年或公元前 1056 年，如果把它列为哈雷彗星的第一次回归（在世界范围内还没有找到比这更早的记录），那么到 1986 年，哈雷彗星共回归了 41 次，我国记录了其中的 33 次。

截至清末，史料中关于观测到彗星的记录不下 250 次，特别值得提到的是长沙马王堆汉墓中出土的帛书彗星图，绘有 29 幅形态各异的彗星，反映出远在战国末期的秦汉之际，人们已经十分细致地区分了彗星的形态。他们在肉眼观测的条件下，甚至在彗头中看出了彗核和彗发。对彗尾的区分更细，有细而直的，有弯曲的，也有粗宽彗尾的。由此可见，从古至今发现和观测彗星，一直是人们极感兴趣的观测活动。

望远镜发明以后，发现新彗星成为许多业余天文学家努力追求的目标之一。他们转动着望远镜巡天寻觅，希望发现 1 颗新彗星的幸运降临到自己头上；对预报回归的彗星，也渴望最先看到它的身影。澳大利亚有一个名叫布雷德费的业余天文学家，他被誉称为"彗星猎手"，在 1972—1980 年间，他一个人就发现过 11 颗彗星，确实不凡。

一、彗星离我们有多远

在过去彗星给人们这样的印象，即认为彗星很靠近地球，甚至就发生在地球大气范围之内。1577 年，第谷指出当从地球上不同地点观察时，彗星显出在星空上的位置并没有什么不同，据此他正确地得出彗星距离地球必定很远的结论。

我们现在知道，长周期彗星在远日点时多在 50 AU 以上。

二、彗星的亮度变化

彗星属于太阳系小天体，其运动完全遵循开普勒行星运动三大定律，它们沿着被高度拉长的椭圆轨道运动。彗星运行在远日点时，运动速度极其缓慢，就像虫子般蠕动，此时哪怕是极为微弱的摄动，也会引起彗星运行状态的极大改变；在那里几乎是黑暗的，它们是看不见的。当它向太阳运动时，随着不断接近太阳，亮度指数式增长，直到地球上能够见到它，这在周期彗星上表现得尤为明显。

大约有 40 颗彗星公转周期相当短（小于 100 年），因此它们作为同一颗天体会相继出现。我们就可以提前在预计的位置上搜索它们的踪迹。

历史上第一个被观测到并相继出现的同一天体是哈雷彗星。中国对这颗彗星的记录可以追索到殷商时期，历史记录表明自公元前 240 年也可能自公元前 466 年以来，它每次接近太阳时都被观测到了。

当彗星进入离太阳 8AU 以内时，它的亮度开始迅速增长并且光谱急剧地变化，但它的光谱单纯是反射阳光的光谱。科学家看到若干属于已知分子的明亮谱线。发生这种变化是因为组成彗星的固体物质（彗核）突然变热到足以蒸发并以叫作彗发的气体云包围彗核，太阳的紫外光引起这种气体发光。彗发的直径通常约为 10^5 千米，但彗尾常常很长，达 10^8 千米或超过 1 天文单位。科学家估计一般接近太阳距离只有几个天文单位的彗星将在几千年内瓦解。

三、彗星的结构

宇宙空间的"脏雪球"靠近太阳时，可挥发物质受太阳光照射而挥发，在阳光的作用下形成披头散发（彗发）带辫子（彗尾）的样子，一颗彗星就这样出现在我们的眼前。彗星的体形虽然庞大，但其质量却小得可怜，就连大彗星的质量也不到地球的万分之一。彗发和彗尾物质十分稀薄，透过它们甚至可以看到星星，所以肉眼看彗星从里到外，一览无遗。

彗星主要由彗头和彗尾两大部分组成，彗头又包括彗核和彗发两部分，后来经探空火箭、人造卫星和宇宙飞船对彗星近距离的探测，又发现有的彗星在彗发的外面被一层由氢原子组成的巨云所包围，人们称为"彗云"或"氢云"。这样我们就可以说彗头实际是由彗核、彗发和彗云组成的。但并不是所有的彗星都有彗发、彗尾、彗云等结构。

1. 彗核

彗核是彗星最本质、最主要的部分。彗核的性质还不能确切知道，因为它藏在彗发内，不能直接观察到。但人类早在 1907 年就可以利用物端棱镜的办法来拍摄彗星的光谱，以此分析其物质组成。这些谱线表明彗星存在有 OH、NH 和 NH_2 等气体，这很容易解释为最普通的元素 C、N 和 O 的稳定氢化合物，即 CH_4，NH_3 和 H_2O 分解的结果，这些化合物冻结的冰可能是彗核的主要成分。

科学家相信各种冰和硅酸盐粒子以松散的结构散布在彗核中，当冰受热蒸发后会遗留下松散的岩石物质。当地球穿过彗星的轨道时，这些粒子冲进大气层就成为我们观察到的流星。

有理由相信彗星可能是聚集了形成太阳和行星的星云中物质的一部分。因此，人们很想设法获得一块彗星物质的样本来做分析以便对太阳系的起源知道得更多。这一计划理论上可以做到，如设法与周期彗星在空间做一次会合。

德国天文学家海恩（Hirn）及英国天文学家兰阿特（Ranyard）于 19 世纪时首先提出"脏雪球"模型（Dirty Snowball Model）的概念，但直至 1949 年美国天文学家惠普尔（Fred Whipple）才将该模型正式提出，他认为彗核就是由冰冻的固态气体分子（H_2O、HCN、CH_3、CO_2、CN 等）夹杂细尘粒构成组织疏松的"脏雪球"。接着苏联天文学家威斯萨斯基（Vsekhsvyarsdy）及莱文（Levin）再加发展，提出彗核是不良导热体，当彗星接近太阳时，仅仅彗核表层受热被蒸发，而内部则受热很慢，仍保持冰冻状态，因而其寿命也可达几千个公转周期。又由于固态气体的不同性质，当接近太阳至几个天文单位距离时，首先蒸发的物质是甲烷，至火星附近则为二氧化碳及氨气，当越来越接近近日点时，氢气及水汽也受热蒸发，各种气体混杂逸出，向外膨胀，同时微尘也被斥力推出，便形成彗发及彗尾。另外彗尾所含各种分子由于光解作用而分解，彗星的物质亦因此逐渐消耗。1984 年哈雷彗星回归时，惠普尔已经年逾八十，他为自己的"脏雪球"模型获得证实而兴奋得彻夜难眠。

彗核直径很小，有几千米至十几千米，最小的只有几百米。彗核的平均密度为 1 g/cm³。在宇宙空间，彗星表面温度只要加热到 100℃就开始挥发，当它们接近到离太阳 3AU 时（约 4.5 亿千米），太阳的热量足以使彗核表面物质大量汽化，形成明显的彗发。

2. 彗发

彗发是彗核周围由气体和尘埃组成星球状的雾状物。半径可达几十万千米，平均密度小于地球大气密度的十亿亿分之一。通过光谱和射电观测发现，彗发中气体的主要成分是中性分子和原子，其中有氢、羟基、氧、硫、碳、一氧化碳、氨基、氰、钠等，还发现有比较复杂的氰化氢（HCN）和甲基氰（CH₃CN）等化合物。这些气体以平均 1～3 km/s 的速度从中心向外流出。彗发和彗尾的物质极为稀薄，其质量只占彗核总质量的 1%～5%，甚至更小。

3. 彗云

在彗发外由氢原子组成的云，人们又称为氢云。直径可达 100 万～1 000 万千米，但是有的彗星没有彗云。

4. 彗尾

彗尾被认为是由气体和尘埃组成，四个联合的效应将它从彗星上吹出：
①当气体和伴生的尘埃从彗核上蒸发时所得到的初始动量；
②阳光的辐射压将尘埃推离太阳；
③太阳风将带电粒子吹离太阳；
④朝向太阳的万有引力吸力。

这些效应的相互作用使每个彗尾看上去都不一样。当然，物质蒸发到彗发和彗尾中去，消耗了彗核的物质。有时以爆发的方式出现，那就决定它的寿命不会太长。比拉彗星就是那样：1846 年它通过太阳时破裂成两个，1852 年再次通过以后就全部消失了。

彗星在远离太阳时，体积很小；在靠近太阳的过程中，因凝固体的蒸发、气化、膨胀、喷发，彗发变得越来越大，在阳光光压等作用下，挥发出来的微粒向背离太阳的方向运动，形成彗尾，距离太阳越近，彗尾越长，最长竟可达 2 亿多千米。彗尾形状各异，有的彗星还不止一条彗尾。

彗尾是在彗星接近太阳大约 3 亿千米（2 AU）开始出现，逐渐由小变大变长。当彗星过近日点（即彗星走到距太阳最近的一点）后远离太阳时，彗尾又逐渐变小，直至没有。当彗星接近太阳时，彗尾是拖在后边，当彗星离开太阳远走时，彗尾又成为前导。彗尾的体积很大，但物质却很稀薄。彗尾的长度、宽度也有很大差别，一般彗

尾长度在 1 000 万至 1.5 亿千米之间，有的长得让人吃惊，可以横过半个天空，如 1842 I 彗星的彗尾长达 3.2 亿千米，可以从太阳附近伸到火星轨道处。一般彗尾宽度在 6 000 ~ 8 000 千米之间，最宽达 2 400 万千米，最窄也有 2 000 千米。

一般一颗彗星有两条以上不同类型的彗尾。根据彗尾的形状和受太阳斥力的大小，可将其分为两大类。一类为"离子彗尾"，由离子气体组成，如一氧化碳、氢、二氧化碳、碳、氢基和其他电离的分子。这类彗尾比较直，细而长，因此又称为"气体彗尾"或 I 型彗尾。另一类为"尘埃彗尾"，是由微尘组成，呈黄色，是在太阳光子的辐射压力下推斥微尘而形成。由于微尘的质量较电离气体颗粒大很多，在彗星对太阳作切线运动时，不易很快地离开原来的位置，从而形成弯曲的彗尾。弯曲较大，较宽的又称为 II 型彗尾；弯曲程度最大，又短又宽的又称为 III 型彗尾。此外还有一种叫"反常彗尾"，彗尾是朝向太阳系方向延伸的扇状或长钉状，这可能是有易挥发物质集中在正对太阳的一面，受阳光的激发强烈喷射所致。

当人们对彗星的性质还不了解的时候，闹出了很多笑话。最开始时，人们以为彗星的尾巴是刚性的，如果扫向地球，会将地球上的人或物扫得干干净净，经过观察，人们发现透过彗尾可以看到后面的星星，这才松了一口气。1910 年哈雷彗星回归时，根据计算，地球将于当年 5 月 18 日穿过彗尾，很多人都担心沼气和氢的燃烧会将地球的氧气烧尽，而氰化物则会毒死地球上的所有生物。这些论调在欧美传开之后，造成了一次世界末日式的大恐慌，人人都担心地球难逃浩劫，全人类会同归于尽。投机的商人也因此大做生意，推出氧气筒、"氧气糖"及防毒面具等商品，甚为畅销。但 5 月 18 日那天地球平静地过去了，地球大气丝毫没有被彗尾的气体所污染，人类照样在地球生活着。天文学家告诉我们，彗星尾巴的物质极其稀薄，人类在地球上所能做到的真空状态也及不上彗尾的稀薄程度，所以担心是多余的。

四、彗星的轨道

彗星的轨道有椭圆、抛物线、双曲线三种。

1. 周期彗星的轨道

周期彗星具有椭圆轨道，有另外两种轨道的又叫非周期彗星。彗星的轨道与行星的轨道很不同，它是极扁的椭圆，有些甚至是抛物线或双曲线轨道。

轨道为椭圆的彗星能定期回到太阳身边，称为周期彗星。周期彗星又分为短周期（绕太阳公转周期短于 200 年）和长周期（绕太阳公转周期超过 200 年）彗星。

2. 非周期彗星的轨道

非周期彗星的轨道为抛物线或双曲线，终生只能接近太阳一次，而一旦离去，就会永不复返。

这类彗星或许原本就不是太阳系成员，它们只是来自太阳系之外的过客，无意中闯进了太阳系，而后又义无反顾地回到茫茫的宇宙深处。

目前，天文学家已经计算出 600 多颗彗星的轨道。彗星的轨道可能会受到行星的影响而产生变化。当彗星受行星影响而加速时，它的轨道将变扁，甚至成为抛物线或双曲线，从而使这颗彗星被抛离太阳系；当彗星减速时，轨道的偏心率将变小，从而使长周期彗星变为短周期彗星，甚至从非周期彗星变成了周期彗星以致被"捕获"。

五、彗星的起源

彗星的起源仍是个未解之谜。除了一些周期性彗星外，不断有开放式或封闭式轨道的新彗星造访太阳系深处。新彗星来自何处？也有蛛丝马迹可寻。这就要从太阳系的形成谈起了。

有一种观点认为，太阳系天体上的火山爆发把大量物质抛向空间，彗星就是由这些物质形成，这类观点可以叫作"喷发说"；而另一种称为"碰撞说"的观点则认为，在很遥远的年代，太阳系里的某两个天体互相碰撞，由此产生的大量碎块物质，形成了太阳系中的彗星。这些假说都存在着一些难以解释的问题，很难得到大多数天文学家的认可。

目前，关于彗星起源的假说当中，被介绍得比较多而且得到相当一部分科学家赞赏的，那就是所谓的"原云假说"。

1. 与太阳系的形成有关

太阳系的前身，是气体与尘埃所组成的一大团星云，在 46 亿年前，这团云气或许受到超新星爆炸震波的压缩，开始缓慢旋转与陷缩成盘状，圆盘的中心是年轻的太阳。盘面的云气颗粒相互碰撞，有相当比率的物质凝结成为行星与它们的卫星，另有部分残存的云气物质凝结成彗星体。

当太阳系还很年轻时，彗星可能随处可见，这些彗星常与初形成的行星相撞，对年轻行星的成长与演化，有着深远的影响。地球上大量的水，可能是与年轻地球相撞的许多彗星之遗骸，而这些水，后来更孕育了地球上各式各样的生命。

太阳系形成后的四十多亿年中，靠近太阳系中心区域的彗星，或与太阳、行星和卫星相撞，或受太阳辐射的蒸发，已消失殆尽，我们所见的彗星应来自太阳系的边缘。如假设残存在太阳系外围的彗星物质，历经数十亿年未变，则研究这些彗星，有助于了解太阳系的原始化学组成与状态。

2. 长周期彗星可能多来自于奥尔特云（Oort Cloud）

因为周期彗星一直在瓦解着，必然有某种产生新彗星以代替老彗星的方式。

在 1950 年，荷兰的天文学家 Jan Oort 提出在距离太阳 30 000 AU 到一光年之间的球壳状地带，有数以万亿计的彗星存在，这些彗星是太阳系形成时的残留物。有些奥尔特彗星偶尔受到"路过"星体的影响，或彼此间的碰撞，离开了原来的轨道。大多数的离轨彗星，从未进入用大型望远镜可侦测的距离。只有少数彗星，以各式各样的轨道进入内太阳系。不过到目前为止，奥尔特云理论仅是假设，尚无直接的观测证据。

由于受到其他恒星引力的影响，一部分彗星进入太阳系内部，又由于木星的影响，一部分彗星逃出太阳系，另一些被"捕获"成为短周期彗星；也有人认为彗星是在木星或其他行星附近形成的；还有人认为彗星是在太阳系的边远地区形成的；甚至有人认为彗星是太阳系外的来客。这个概念得到观测的支持，天文学家观测到非周期彗星以随机的方向沿着非常长的椭圆形轨道接近太阳。随着时间的推移，由于过路的天体给予的轻微引力，就可以扰乱遥远彗星的轨道，直至它的近日点的距离变成小于几个天文单位。当彗星随后进入太阳系时，太阳系内的各行星的万有引力的吸力能把这个非周期彗星转变成新的周期彗星（它瓦解前将存在几千年）。另一方面，这些力也可将它完全从彗星云里抛出。如果这些说法正确，过去几个世纪以来一千颗左右的彗星记录只不过是巨大彗星云中很少的一部分样本，这种云迄今尚未被直接观察到。

奥尔特云理论可以合理地解释长周期彗星的来源和这些彗星与黄道面夹角的随意性。但短周期彗星的轨道在太阳系行星的轨道面上，奥尔特云理论无法合理解答短周期彗星的起源。

3. 短周期彗星可能多来自于柯伊伯带（Kuiper Belt）

长周期彗星可能来自奥尔特云，而短周期彗星可能来自柯伊伯带。

1951 年，美国天文学家柯伊伯提出在距离太阳 30～100 AU 之间有一柯伊伯带，带上有许多绕太阳运动的冰体，这些冰体的轨道面与行星相似，偶尔有些柯伊伯带物体受到外行星的重力扰动与牵引，而向太阳的方向运行，在越过海王星的轨道时，更进一步受海王星重力的影响，而进入内太阳系成为短周期彗星。故柯伊伯带天体又常被称为是海王星外天体（List Of Transneptunian Objects）。

六、彗星与地球环境

1. 地球水分的来源

大约在地球形成的时候，太阳的热量把太阳系里的大部分水分赶到了星系的外围地区，这些水分至今还以冰冻的形式存在于土星环、木星的卫星欧罗巴、海王星、天王星以及数以十亿计的彗星之中。地球上也有足够的水分，一直以来科学家们都很好奇这些水是怎么来的。

目前有一种主流理论认为：这些水是地球形成约 5 亿年之后，一连串呼啸撞向太阳的彗星带来的。天文学家发现至少部分彗星拥有和地球上的水相同化学特性的物质，这一理论的研究取得了重大进展。

2. 彗星与生命

彗星是一种很特殊的星体，与生命的起源可能有着重要的联系。彗星中含有很多气体和挥发成分。根据光谱分析，主要是 C_2、CN、C_3，另外还有 OH、NH、NH_2、CH、Na、C、O 等原子和原子团。这说明彗星中富含有机分子。许多科学家注意到了这个现象：也许，生命起源于彗星！

1990 年，NASA 对白垩纪—第三纪界线附近地层的有机尘埃做了这样的解释：一颗或几颗彗星掠过地球，留下的氨基酸形成了这种有机尘埃；并由此指出，在地球形成早期，彗星也能以这种方式将有机物质像下小雨一样洒落在地球上——这就是地球上的生命之源。

🪐 第六节　流星体、流星和陨星

行星际流星体、尘埃以及气体也是太阳系的成员。

由国际天文联合会制定的流星体的官方定义是：运行在行星际空间的固体颗粒，体积比小行星小但比原子或分子要大。英国的皇家天文学会则提出较明确的新定义：流星体是直径介于 100 微米至 10 米之间的固态天体。更大的则被称为小行星，更小的则是星际尘埃。

流星是怎样产生的呢？缺少天文知识的人，也许以为流星真是天上的星星掉下来了。其实，天上的星星（恒星、大行星），是绝不会从天上"掉"下来的。迷信的说法认为"地上死个人，天上掉颗星"，更没有丝毫科学根据。诗人称流星是天上仙人们提的灯笼，这也只是浪漫的想象。科学研究告诉我们：流星体是太阳系中的固体小天体。它们的体积、质量和行星或恒星比较起来，可以说微乎其微，但它们的数目却多得不可计数。这些大大小小的固体小天体（大的可以大过一座山，小的可以小过一粒尘埃），同八大行星一样各自在自己的轨道上绕太阳不停地旋转，由于流星体的数目巨大，轨道多种多样，还时常受到大天体的摄动，一旦进入地球（或其他行星）引力场后，高速冲入大气层之后，受空气阻尼减速，动能转变为热能，直至融化、发光，并被我们看见，这个阶段才被称为流星。在这个过程中没有烧完，落到地球表面的残余物被称之为陨星。

地球每昼夜所受到的流星的撞击，大约有 2 400 万至 80 亿次，每年降落到地球上的流星体有 20 万吨以上。不过，每个人所能观看到的天空，只占整个地球上空表面积很小的一部分，且很少能在白天看到流星，还有许多小流星发光太弱，不能够被人们直接看到。所以，就是远距大城市灯光干扰的细心观测者，一般情况下，晚上每小时也只能观测到 5 ~ 10 颗流星。

一、流星体的来源

（1）小行星带中被其他大天体摄动脱离原来的运行轨道，进入到地球引力场中的物体。

（2）游荡在行星际空间的固体块和尘粒。

（3）彗星离开之后残留的彗尾物质通常会形成同轨流星体，但也有些成员最终会因为散射而进入其他的轨道成为散乱的流星体。

（4）许多的流星体来自小行星彼此之间撞击后形成的碎片。

（5）火星和月球等行星、卫星受到其他天体撞击溅出的碎片，有些陨石已经被证实是来自这些天体。

二、流星到陨星的历程

流星体原是围绕太阳运动的，在经过地球附近时，受地球引力的作用，改变轨道，从而进入地球大气圈。

通俗的说法是：流星体被地球引力所吸引，高速闯入地球大气层与大气摩擦燃烧产生的光迹，这就是流星。

若它们在大气中未燃烧尽，落到地面后就称为"陨星"或"陨石"。陨石按照其主要化学成分分为石陨石、铁陨石和石铁陨石三种。陨星给我们带来丰富的太阳系天体形成演化的信息，是受人欢迎的不速之客。

按目前的排名，世界上最大的陨石是南非潮波西陨石，重60多吨；我国新疆铁陨石居第七，重约28吨。

三、陨星的分类

1．按出现的方式分

（1）散发流星 。散发流星绝大多数由游荡在宇宙空间的碎屑所致，出现在星空中的位置和时间毫无规律。

（2）群发流星。许多流星来自相同的方向，并在一段时间内相继出现，即为群发流星，也称之为"流星雨"。多由彗星或小行星解体所致。它们就像一群黄蜂一样在同一轨道上运行，如果这轨道与地球轨道相交，则在相交点相对固定的时间形成流星雨。所谓"流星雨"，绝大多数没有"星堕如雨"的壮观景象，不过是在某时间段出现流星比较密集而已。

2．按物质构成分

（1）金属流星体。多是铁镍质为主的流星体。

（2）石质流星体。多是硅酸盐类岩石为主的流星体。

（3）冰质流星体。多是水冰为主的流星体。

四、流星体对地球的利与害

（1）在地球形成的早期，地球依靠吸引宇宙空间的流星体壮大自己。直至今日，这种过程仍在继续，只不过其速度大大降低。

（2）由于流星体形成于太阳系形成的早期，故坠入地球的流星体为研究太阳系起源的科学家提供了宝贵的信息。

（3）危害到航天器。当人类进入到宇航时代，在地球上空绕转的人造卫星和空间飞行器都有可能受到流星体的致命撞击。即使非常小的流星体都可能危害到空间飞行器。以哈勃太空望远镜为例，已经有超过600个微小的撞击坑和被切削的区域。

（4）巨大的陨星会造成严重后果：如果撞击地球的小天体直径在10千米以上，那么其造成的破坏将和6 500万年前年恐龙灭绝那次一样。1908年6月30日，俄罗斯西伯利亚通古斯发生大爆炸，很可能是一颗陨星造成的，超过2 150平方千米的8 000万棵树以爆炸点为中心放射状向外倒下焚毁。

五、流星的亮度

流星体在不同状态下有不同的称呼。

流星体进入地球的大气层后因撞击压力产生的热（不是摩擦，这与一般人的认知不同），从而发出可见的光亮，此时被称为流星。在这个阶段，还会产生离子尾、流星尘或发出声音并留下烟尘的痕迹；绝大多数的流星都只是沙子到谷粒大小的流星体造成的，所以多数可以看见的光都来自于流星体被蒸发的原子和大气层内的成分碰撞时，由电子所释放的能量。流星呈现的只是看见的现象而不是流星体本身。

火流星是比平常看见的更亮的流星。国际天文联合会对火流星的定义是：比任何一颗行星都要亮的流星（星等超过−4等或更亮）。国际流星组织是一个由研究流星的业余人士组成的团体，他们则有更具体的定义：火流星是在天顶被看见时，亮度超过−3等的流星。这样的定义修正了在地平线附近出现的流星和观测者之间因距离所造成的差异。例如，出现在距离地平高度5°之处一颗亮度为−1等的流星，就可以被称为"火球"，因为换算成出现在天顶时，这颗流星的亮度将会达到−6等。

地质学家比天文学家更重视火流星这种现象，因为这通常意味着会造成一次强力的撞击事件。例如，美国地质勘探局使用这个字眼来说明由弹头撞击形成一般坑洞的大小，"暗示我们不需要知道撞击体的本质……不论它是石块、金属的小行星还是冰冻的彗星。"天文学家则倾向于使用于末端特别明亮，或是有爆炸现象的"火球"（有时也用于有一连串爆炸现象的"火球"）。

六、流星的残余

1. 陨石

陨石是穿越过地球大气层并与地面撞击之后未被毁坏的小行星或流星体的残余部分。可以在与高速撞击有关系的撞击火山口附近发现：在高能量的撞击下，撞击体如果没有被完全气化，就会留下陨石。

深层被熔解的物质从火山口飞溅而出后，冷却和变硬的矿物称为玻璃陨石，民间常称之为"雷公墨"。

2. 流星尘

多数的流星体在进入大气层时都会被毁坏掉，这些残骸称为流星尘。流星尘可以在大气层内逗留数月之久，经由大气上层的化学反应催化和对电磁辐射的散色，可能会影响地球的气候。

3. 离子尾

当流星体或小行星进入上层大气层时，经过范围遭遇到的上层大气层分子便会被游离而创造出一条离子尾，这些电离的尾迹可以存留达 45 分钟之久。小如谷粒大小的流星体经常进入大气层，基本上每隔几秒钟就会在上层大气层的特定区域内或多或少的连续留下电离的痕迹。这些痕迹能够反射无线电波，被称为"流星爆发通信"。流星雷达可以根据流星尾迹反射电波的衰减率和多普勒位移，测量大气层的密度和风。

4. 声音

当明亮的流星从头顶飞过时，有许多的民众都报告会听到声音。这似乎是不可能的，因为相对来说声音的速度是缓慢的。一颗流星在上层大气层产生的任何声音，例如一个音爆，应该在流星飞过并消失之后几秒钟才会被听到。然而，在某些状况下，像是 2001 年的狮子座流星雨，当出现明亮的火流星时，还是有一些人报告听到的声音像是"劈劈啪啪"的、"飒飒"的，或是"嘶嘶"声的响声。在地球出现强烈的极光时，也有相似的声音的报告。许多调查员都认为声音是虚构的，其实是随着光亮的出现在脑中伴随的音效。假设这些声音是真实存在的，那么这些声音是如何被引起的，就有点神秘了。它被假设是流星游离的活跃湍流与地球磁场的作用，引起的无线电脉冲。当尾迹消失之后，百万瓦的电磁能被释放出来，而在能谱上的一个峰顶出现在音频上。如果它们的强度足够的话，这种电磁脉冲可以导致物体的震动，像是草木、植物、眼镜框和其他的导体，都可能因震动而发出声音。被提出的这种机制，虽然在实验室中的证明是无懈可击的，但仍然缺乏直接的测量值来对照与验证。

七、流星的轨道

流星体和小行星都在太阳附近循着轨道运行，但轨道有很大的差异。有许多流星体可能是彗星留在轨道上的碎屑，因此有着相似的轨道并汇聚成流而形成流星雨；还有其他的流星体不和任何天体有关，相互间也没有关联（虽然它们的轨道也必须和地球或其他的行星轨道交会）。经过地球轨道附近的流星体，最高的速度大约是 42 km/s，而地球在轨道上的速度是 29.5 km/s，因此与地球遭遇的流星体最高速度约为 72 km/s，但这只会发生在与地球逆向而行的流星体上，也就是我们在下半夜看到的流星，如图 8 – 47 所示。大约有 50% 的流星体会在白天（或接近白天时）与地球碰撞，成为昼间流星而难以见到，因此，多数的流星，特别是那些亮度较低的流星，都是在晚间天空亮度较低时被观察到的。流星被观察到的高度通常都在 60 ~ 120 千米之间。已经有足够数量的流星被观测过，有许多是被大众观测到的，也有许多是很意外地被观测到的，但接踵而来的流星和陨石已足以计算出其轨道的细节，所有的这些流星都来自主带小行星的附近。

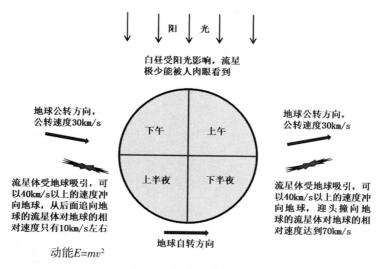

图 8 – 47　下半夜的流星更亮

活 动 篇

第九章　学校天文活动的组织和开展

第一节　天文社团的组织

一、召集

（1）由学校按课外活动统一规划，确定社团的人数以及某年级各班报名人数。

（2）由原来天文社团的成员发出海报，让有兴趣的同学自由报名。

（3）组团以后，来去自由。因为有的同学报名不过是一时新鲜，待体会到夜间观测比较辛苦之后，加上部分同学过了新鲜劲，自然有退出的。

二、分组

（1）每组人数以 5 人为好，既能互相配合操作望远镜等仪器，又可以讨论活动过程中出现的问题及解决方法；务必使每个人都有操作观测的机会。

（2）整个社团分为几个小组，以便轮流活动。小组个数按活动次数及实际要求，既可以固定在周几活动，也可以轮完一周后错开固定的日期。

三、管理

（1）将每个社团成员编号，如：天 2021001、2021002，男生的尾数为奇数，女生的尾数为偶数；成员编号不得更改，存档保留，若干年后都能查得到。

（2）每个团员都拍一张登记照，下署编号、班级和姓名，要做到终身可查询。

（3）他们参加活动所取成果，均按这个编号签名，办汇报展览时，其成果下面列出其人照片和社团编号。

第二节 经常性的观测活动

一、太阳出没方位的变化

（1）观测器材：一架照相机，镜头可以涵盖90°以上的角度。

（2）观测地点：开敞的地方，如楼顶平台上固定的地方，可以画两个脚印，站在这里既可以看到东方又可以看到西方远处地平线上的地物。

（3）观测方法：选取二十四节气的日子，在这一天日出和日落的时候，当太阳发红较暗时，相机测光模式为全景测光，自动对焦，程序快门，每隔半小时或者15分钟拍一张照片，直到下缘刚好和地平线或地物接触时结束。

（4）观察照片可以发现：

①日出或日落的轨迹与地平面的夹角等于90°-φ（观测地的纬度）。

②日出或日落的轨迹与地平面的交点在春秋分时在正东正西；春分后向北移，秋分后向南移。

③由于日出或日落的轨迹与地平面的夹角不变，故：与地平面的交点向北移时，太阳运行的轨迹露在地面以上的超过半圆，也就是白昼时间超过12小时；与地平面的交点向南移时，太阳运行的轨迹露在地面以上的不到半圆，也就是白昼时间小于12小时。

④与纬度不同的兄弟学校联谊做出比较，还可以发现③所呈现的现象，纬度越高越是显著。

⑤进一步作逻辑思维：不同纬度的观测点太阳的日运行轨迹与地平面的交角是怎样变化的？由①可知赤道和两极的状况。

（5）由观察现象形成形象思维，引导学生构成逻辑思维，提炼出结论。与相关学科课本知识作印证，这才是观测活动的真正目标。二十四节气日出日落照片不大可能一年就能拍齐，可能某一节气一连几年都是阴雨天，由此可知观测地的雨季，同时也可磨炼意志。

二、日影的周期变化观测

观测日影变化的仪器即为日晷。日晷又分为赤道式日晷和地平式日晷，赤道式日晷是时钟的原型，地平式日晷是典型的"立竿见影"。

1. 地平式日晷

（1）制作：

　　①觅一开敞、从早到晚都能见到太阳之处，比如楼顶平台，先将观测场地平整至水平，竖直立一直竿，高出地平的长度以周围的空间而定，一般在1～2米为宜。

　　②以立竿之中心点为圆心，按太阳高度角（30°、45°、60°等）的影之长度为半径画同心圆（当然可以更细密一些）。

　　③取上午和下午竿影顶端恰好在同一同心圆上的两点，与圆心作连线，取这两条线的平分线，这条平分线指向正北。

　　④按冬至正午太阳高度角计算出竿影的长度，在正北线上画出标志。

　　⑤按夏至正午太阳高度角计算出竿影的长度，在正北线上画出标志。

　　⑥按春秋分正午太阳高度角计算出竿影的长度，在正北线上画出标志。

　　（2）使用：

　　①每天观测到竿影正指北方且最短的时刻（观测地地方时的午时），与北京时间12时相差多少？思考这是为什么？

　　观测地的经度如果正好是120°E，竿影应该在北京时间12时正指北方且最短；如果不在120°E，则每差1°时间就会偏离4分钟。

　　②能不能由此测定观测地的经度？

　　能。由①中所述原理可推知：如观测地的经度小于120°E，其正午时相对于北京时间12时会延后；如观测地的经度大于120°，其正午时相对于北京时间12时会提前。

　　③二至正午时刻，竿影顶端是否正好在相应标示处？

　　有可能，但非常难得。二十四节气有精确时刻。只有在这个时刻上，观测竿所在地正好是正午才会出现这种现象。由于观测精度的关系，平时我们看到的现象都会觉得竿影顶端正好在相应标示处。

　　④怎样提高观测精度？

　　加长竿的高度；校正竿的垂直度和地面的水平度；竿越细，影越清晰、精度越高。

　　2．赤道式日晷

　　（1）制作：

　　①取一不易变形、可耐风吹雨打日晒的平板材料（以灰色或白色石板为好），以几何中心为圆心画一平板的内切圆，过圆心画出互相垂直的南北线和东西线，再画出12等分线，正（反）面对应按顺（逆）时针标注：子、丑、寅、卯、辰、巳、午、未、申、酉、戌、亥（若圆盘较大，可根据情况其间更细致划分）。

　　②在圆心上钻一与板面垂直的孔，切掉圆以外的部分。

　　③取一结实的不锈钢直棒，直径略小于中心孔，其长度长于盘半径，安装在盘中心圆孔上，并使其与盘面垂直。

　　④建一基台，将石板搁置其上：盘的正面朝北，将"子"竖直向上，中心的指针与地面所成角度与建日晷地的纬度相等。

　　至此，赤道式日晷建成。

（2）使用：

①观测地方时，并与区时做比较。

②检验钟表的精确度。

③计算昼夜长度。

三、月球的观测

1. 月相的观测

（1）朔望周期及月球在天空位置的变化。

朔，必是初一，是看不到月亮的。初二的月亮不容易见到，正是因为如此。搜寻紧挨着太阳的月亮是很有趣的一件事。在太阳快西沉之际，若天空没有云彩，说不定用肉眼就可以发现像一根红线的月亮。用小型双筒望远镜在西沉的红太阳上方大约12°附近搜索，不难看到一丝红月亮。自此以后，每逢日落之时观测月亮，就会发现月亮向东移动了12°多一点。大约7天后，月亮与太阳的角距离约为90°（上弦），直到月亮和太阳遥遥相望之日（望）；此后，月亮从东方升起的时间每天要晚49分钟。

（2）用望远镜观测月面状况。

上弦月时，重点观测危海、澄海、静海、丰富海、酒海；比利牛斯山脉、高加索山脉、阿尔泰峭壁；亚里士多德、赫尔克利斯、欧多克苏斯、波西当尼斯、塔马尔斯、大普林尼等环形山。满月时，重点观测阿里斯塔克、哥白尼、开普勒、第谷等环形山的辐射纹；下弦月时，重点观测雨海及周边的柏拉图、阿基米德、埃拉托逊等环形山和虹湾、亚平宁山脉、喀尔巴阡山脉。如图9-1所示。

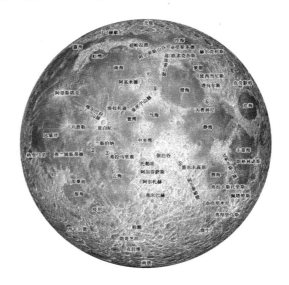

图9-1　月球各地形的观测

（3）照相观测月球。

准备一台普及型数码相机，使用前调校好相机的时间：年、月、日、时、分，这样在整理照片时就可以知道拍摄时间了。

用专用接环将相机和望远镜连接起来，将月球成像在数码相机的 CCD 屏或感光胶片上，月球成像直径的大小可以将望远镜的焦距除以 100，其商大致是月球成像直径的毫米数。能专题拍摄月面上某地环形山、月谷等是很有趣的事。

数码相机都有测光系统，只要将月像能够覆盖其中的测光圆，就可以用相机的光圈优先模式 A，进行自动曝光。如果你的相机没有测光点或圆，可以用以下方法粗略地确定合适的曝光时间：望远镜的焦距/口径相当于照相机镜头的光圈，当光圈为 11 时，感光度 100，满月上中天的曝光时间为 1/500 秒，拍摄时用相关的曝光（如 1/125 秒、1/250 秒、1/500 秒、1/1 000 秒、1/2 000 秒，有些相机具备 1/3 档就更好了），拍摄完后再根据需要挑选合适的照片（见图 9 - 2）。

图 9 - 2　月相照片

拍摄前调校好相机的时间（年、月、日、时、分），使每张月相照片的拍摄时间有准确的记录。

（4）月龄的计算。

查阅天文年历，将本年各月的朔、上弦、望、下弦的时刻记下，这些时刻是优先

拍摄的照片。初入门的爱好者可以趁晴天连续拍摄月球朔望周期照片。

以朔的时刻为起点，朔的月龄为0，以后每过24小时月龄加1。如2021年2月12日3时6分为朔，则2021年2月26日21时6分的月龄为14 + 18时/24时 = 14.75。知道手中照片的月龄，可以帮助你有计划地在某天某时拍摄一个朔望周期中缺少的照片。

四、彗星的观测

1. 观测方法

彗星的目视观测是青少年业余爱好者的主要观测项目，其方法简单易做，所需经费少，大多数的业余观测者都能进行，而且也为部分专业观测者所运用。尽管照相观测已较普遍，但由于历史上保留有大量多颗彗星目视观测资料，因此，目视观测资料可同以前的联系起来，以保持目视观测的连续性，并能很直观地反映彗星所在的状态，这对研究彗星演化有重要意义，一直受到国际彗星界的重视。

目视观测项目主要有彗星的亮度估计、彗发的大小和强度测定，以及彗尾的研究和描绘等几方面的内容。

2. 彗星的亮度估计

彗星需要测光的有三个部分：核、彗头和彗尾。由于彗尾稀薄、反差小，呈纤维状，对它测光是十分困难的，因此彗尾测光不作为常规观测项目。通常所谓彗星测光是测量彗星头部（即总星等M1）和核（即核星等M2）的亮度。彗核常常是看不到的，或者因彗头中心部分凝结度很高、彗核分辨不清等原因，彗核的测光相对来说要困难些。另外，我们所指的彗星测光不仅是测量它的光度，记录测量时刻，而且要密切监视彗星亮度变化，记下突变时刻，所有这些资料对核性质的分析是十分有用的。

估计彗星亮度的几种方法如下：

①博勃罗尼科夫方法（B法）。使用这种方法时，观测者先要选择几个邻近彗星的比较星（有些比彗星亮，有些比彗星暗）。然后按步骤进行：a—调节望远镜的焦距，使恒星和彗星有类似的视大小（即恒星不在望远镜的焦平面上，成焦外像，称散焦）。b—来回调节焦距，在一对较亮和较暗恒星之间内插彗星星等（内插方法见莫里斯方法）。c—在几对比较星之间，重复第二步。d—取第二和第三步测量的平均值，记录到0.1星等。

②西奇威克方法（S法）。当彗星太暗，用散焦方法不能解决问题时，可使用此法：a—熟记在焦平面上彗发的"平均"亮度（需要经常实践，这个"平均"亮度可能对不同观测者是不完全一样的）。b—对一个比较星进行散焦，使其视大小同于对焦的彗星。c—比较散焦恒星的表面亮度和记住的对焦的彗发的平均亮度。d—重复第二和第三步，直到找到一颗相配的比较星，或对于彗发来讲，一种合理的内插能进行。

③莫里斯方法（M法）。这个方法主要是把适中的散焦彗星直径同一个散焦的恒星相比较。它是前面两种方法的综合：a—散焦彗星头部，使其近似有均匀的表面亮

度。b—记住第一步得到的彗星星像。c—把彗星星像大小同在焦距外的比较星进行比较，这些比较星比起彗星更为散焦。d—比较散焦恒星和记住的彗星星像表面亮度，估计彗星星等。e—重复第一步至第四步，直到能估计出一个近似到 0.1 星等的彗星亮度。

　　另外，还有拜尔（Bayer）方法，由于利用这个方法很困难，以及此法对天空背景亮度非常灵敏，一般已不使用它来估计彗星的亮度了。

　　当一个彗星的目视星等是在两比较星之间时，可用如下的内插方法：a—估计彗星亮度同较亮恒星亮度之差数，以两比较量的星等差的 1/10 级差来表示。b—用比较星星等之差乘上这个差数，再把这个乘积加上较亮星的星等，四舍五入，就可得到彗星的目视星等。例如，比较星 A 和 B 的星等分别是 7.5 和 8.2，其星等差 8.2 − 7.5 = 0.7。若彗星亮度在 A 和 B 之间，差数约为 6 × 1/10，于是估计的彗星星等为：0.6 × 0.7 + 7.5 = 0.42 + 7.5 = 7.92，约等于 7.9。

　　应用上面几种方法估计彗星星等时，应参考标注大量恒星星等的星图，如 AAVSO 星图（美国变星观测者协会专用星图）。该星图的标注极限为 9.5 等，作为彗星亮度的比较星图是合适的。那些明显是红色的恒星，不用作比较星。使用该星图时，应注意到星等数值是不带小数位的，如 88，就是 8.8 等。另外，星等数值分为画线和不画线两种，画线的表示光电星等。如 33，表示光电星等 3.3 等，在记录报告上应说明。

　　另外，SAO 星表或其他有准确亮度标识的电子星图中的恒星也可作为估计彗星亮度的依据。细心的观测者还可以进行 "核星等" 的估计。使用一架 15 厘米或口径再大一些的望远镜，要具有较高放大率。进行观测时，观测者的视力要十分稳定，而且在高倍放大情况下，核仍要保持恒星状才行。把彗核同在焦点上的比较星进行比较，比较星图还是用上述星图。利用几个比较星，估计的星等精确度可达到 0.1 等。彗星的核星等对研究彗核的自转、彗核的大小等有一定的参考价值。

　　3. 彗星运行轨迹、彗尾长度的记录

　　当彗星比较暗时，就需要有一份与你望远镜能看到的最暗星相配的星图。

　　彗星比较亮时，要求不是很高，仅培养眼力和对星空的熟悉，用北京天文馆出的《全天星图》就可以了。每天在观测到彗星时，利用周边星星的位置网格的位置来确定彗星的位置，在星图上画出彗头的位置和彗尾延伸的方向、展开的角度和长度，并标注出记录的时刻。

　　4. 搜寻彗星

　　能发现新彗星是非常激动人心的，新发现的彗星绝大多数是用发现者的姓名命名的。现代望远镜能够自动巡视星空且在计算机帮助下能自动识别不明天体，靠肉眼发现新彗星，既需要对星空的熟悉，还要有锲而不舍的搜寻精神，再加上一分运气。

　　彗星最初出现在天幕上，是繁星中一个不太亮的模糊的小斑点，它相对于周围的恒星有缓慢的移动。搜寻就以这种模糊的略亮于背景的斑块为对象。一旦找到这样的天体，还不能说已经发现了彗星，因为这个斑块也有可能是星云或者星团。要剔除它是星团或星云，一看星图上这一位置是否有已知的星团或星云，另一个看斑块有无相对于恒星的运动。如果相隔几分钟或 10 几分钟就看出它有明显的移动，它就不是星团或者星云，而很可能是彗星。相对于恒星有运动的天体还有小行星、人造地球卫星、流星或者火流星。暗的小行星一般不可能在较小的望远镜里为肉眼所见；人造地球卫星的移动要比彗星快得多；流星或火流星稍纵即逝，亮度变化迅速，和彗星有明显的区别。

彗星只有在接近太阳并在太阳光照耀下产生彗尾时，才容易为人们所发现，所以经验告诉我们，绝大多数彗星都是在离太阳角距 90° 以内被发现的。这就是说搜寻彗星观测的重点是围绕太阳 90° 角距以内的那部分天空，在这一范围内没有找到目标，再向大于 90° 角距的星空搜寻。显然，前半夜西半天球是重点，逐渐侧向西北半天球，子夜前后，转向北半天球；后半夜，重点搜寻东北半天球，到黎明前转向东半天球。为了能在背景上区分出微弱亮于背景的斑块，自然是无月的晴夜最适合观测，若有月光，因天空背景增亮，只能看到较亮的彗星。

有了观测范围，也不能盲目无序地东瞧一下西望一眼，要制定一个观测程序，以做到既不漏掉一大片天空，也不重复已观测过的天区，可以编三种观测程序：

第一种称为等高平移法。将望远镜的高度指向，止动在略高于地平的角度，在正西左右各 90° 的范围内逐渐改变方位角，扫过这一高度的天空；如没有找到，再升高望远镜的高度，升高的角度要与第一层扫视衔接为宜，然后止动高度，重复变化方位角的扫视，为克服偶尔疏忽造成的疏漏，每一层扫视要来回各一次，可以先左后右，再由右回左重复一次。层层改变高度，直至天顶为止。等高平移法前半夜以正西方向为扫视中点，逐渐转为以西北方向为中点，到子夜将扫视的中点定在正北方向。顺理成章黎明前就要以正东方向作为扫视的中点了。对有地平装置的望远镜来说，等高平移法十分方便。

第二种方法称为选区扫视法。有的彗星已有预计可能出现的大致星区，就可以采取选区扫视法，或者按照观测时刻，知道发现彗星概率最大的天区，则选区扫视法可以突出重点，提高搜彗效率。彗星可能发现的高概率星空，自然与观测时间有关，有些人根据历史上发现彗星的情况，统计了不同月份哪些星座内容易发现彗星而提出选区。但这种统计也只能供参考，不一定得照搬。总之，选区扫视法建立在高概率发现彗星区确定的基础上，与观测者自身的经验很有关系。

定好选区后，在星图上勾出选区范围并对选区编号，然后定出每一选区在观测时间内地平高度的上下限和方位角的左右限，再按选区依次在选区内采用等高平移法一个选区一个选区地观测。直到观测完预定的所有选区。

下面所列是据他人经验确定的高概率选区，仅供参考：

1 月金牛、波江、武仙等星座；

2 月狮子、仙王；

3 月室女、狮子、天秤、飞马；

4 月飞马、仙女、仙后、英仙；

5 月飞马、双鱼；

6 月英仙、双鱼、御夫、大熊、鹿豹；

7 月鹿豹、白羊、武仙、御夫、鲸鱼、金牛、小熊、蛇夫、仙后；

8 月鹿豹、大熊、宝瓶、御夫、天猫、武仙、金牛、仙后；

9 月鹿豹、大熊、宝瓶、天猫、狮子、蛇夫、长蛇、双子；

10 月鹿豹、宝瓶、狮子、天龙、鲸鱼、金牛、蛇夫、牧夫；

11 月狮子、飞马、室女、武仙、波江、金牛、鲸鱼、六分仪、天龙；

12 月室女、金牛、鲸鱼、武仙。

以上所列选区，在采用时不要机械套搬，原则上要掌握选区与当时太阳的角距，将观测重点放到距太阳 90°范围内。

第三种方法是选区时角平移法。如果你采用的是赤道式装置望远镜，可以根据观测时刻太阳的位置在星图上勾出搜彗观测范围，按赤经算出观测时间的时角范围，然后在选区内转动望远镜赤纬指向，沿时角方向来回转动望远镜，再逐渐升高赤纬，用类似等高平移的方法观测，直到选区全部观测完毕。

五、彗星命名规则

在 1995 年前，彗星是依照每年发现的先后顺序以英文小写字母排列。如 1994 年发现的第一颗彗星就是 1994a，按此类推，经过一段时间观测，确定该彗星的轨道并修正后，就以该彗星过近日点的先后次序，以罗马数字 I、II 等排在年之后（这编号通常是该年结束后第二年才能编好）。如舒梅克·利维九号彗星的编号为 1993e 和 1994 X。

除了编号外，彗星通常都以发现者姓氏来命名。一颗彗星最多只能冠以三个发现者的名字，舒梅克·利维九号彗星的英文名称为 Shoemaker-Levy 9。

由 1995 年起，国际天文联合会参考小行星的命名法则，采用以半个月为单位，按英文字母顺序排列的新彗星编号法。以英文字母（去掉 I 和 Z 不用）剩下的 24 个字母的顺序，如 1 月份上半月为 A、1 月份下半月为 B、按此类推至 12 月下半月为 Y。

其后再以 1、2、3 等数字序号编排同一个半月内所发现的彗星。此外为方便识别彗星的状况，于编号前加上标记：

A/可能为小行星。

P/确认回归 1 次以上的短周期彗星，P 前面再加上周期彗星总表编号（如哈雷彗星为 1P/1982 U1 或简称 1P 亦可）。

C/长周期彗星（200 年周期以上，如海尔·波普彗星为 C/1995 O1）。

X/尚未算出轨道根数的彗星。

D/不再回归或可能已消失了的彗星（如舒梅克·利维九号彗星为 D/1993 F2）。

如果彗星破碎，分裂成两个以上的彗核，则在编号后加上 – A、– B……以区分每个彗核。回归彗星方面，如彗星再次被观测到回归时，则在 P/（或可能是 D/）前加上一个由 IAU 小行星中心给定的序号，以避免该彗星回归时重新标记。例如哈雷彗星有以下标记：1P/1682 Q1 = 1P/1910 A2 = 1P/1982 U1 = 1P/Halley = 哈雷彗星。

截至 2015 年 4 月，中国人发现的彗星共计 14 颗，详见表 9 – 1。

表 9 – 1　中国人发现的彗星

编号	命名	中文名称	发现者
60P	Tsuchinshan 2	紫金山 2 号彗星	张钰哲团队
62P	Tsuchinshan 1	紫金山 1 号彗星	张钰哲团队
142P	Ge-Wang	葛—汪彗星	葛永良、汪琦
153P	Ikeya-Zhang	池谷—张彗星	张大庆
172P	Yeung	杨彗星	杨光宇
292P	Li	李彗星	李卫东
C/1977 V1	Tsuchinshan	紫金山彗星	紫金山天文台员工
C/1997 L1	Zhu-Balam	朱—巴拉姆彗星	朱进
P/1999 E1	Li	李彗星	李卫东
P/2007 S1	Zhao	赵彗星	赵海斌
C/2007 N3	Lulin	鹿林彗星	叶泉志　林启生
C/2008 C1	Chen-Gao	陈—高彗星	陈韬　高兴
P/2009 L2	Yang-Gao	杨—高彗星	杨睿　高兴
C/2015 F5	SWAN-XINGMING	斯万—星明彗星	孙国佑　高兴

注：以上数据截至 2015 年 4 月。

六、各类彗星系统情况

在给予周期彗星一个永久编号之前，该彗星被发现后需要再通过一次近日点，或得到曾经通过的证明，方能得到编号。例如编号"153P"的池谷—张彗星，其公转周期为 360 多年，因证明与 1661 年出现的彗星为同一颗，因而获得编号。其他未有编号的周期彗星请参阅网站。

彗星通常是以发现者来命名，但有少数则以其轨道计算者来命名，例如编号为"1P"的哈雷彗星，"2P"的恩克彗星和"27P"的克伦梅林彗星。同时彗星的轨道及公转周期会因受到木星等大型天体的影响而改变，它们也有可能因某种原因而消失，无法再被人们找到，包括在空中解体碎裂、行星引力、物质通过彗尾耗尽等。

周期彗星表与非周期彗星表分别见表9-2与表9-3，已分裂的彗星见表9-4，已消失的彗星见表9-5，部分彗星亮度排行榜见表9-6。

表9-2　周期彗星表

编号	命名	中文名称	发现者	周期（年）
1P	Halley	哈雷彗星	哈雷	76.01
2P	Encke	恩克彗星	Johann Franz Encke	3.30
3D	Biela	比拉彗星	Biela	6.62
4P	Faye	法叶彗星	Faye	7.34
5D	Brorsen	布罗森彗星	Brorsen	5.46
6P	d'Arrest	达雷斯特彗星	d'Arrest	6.51
7P	Pons-Winnecke	庞斯—温尼克彗星	Pons & Winnecke	6.38
8P	Tuttle	塔特尔彗星	Tuttle	13.51
9P	Tempel 1	坦普尔1号彗星	Tempel	5.52
10P	Tempel 2	坦普尔2号彗星	Tempel	5.38
11P	Tempel-Swift-LINEAR	坦普尔—斯威夫特—林尼尔彗星	坦普尔、斯威夫特、LINEAR 小组	6.37
12P	Pons-Brooks	庞斯—布鲁克斯彗星	Pons & Brooks	70.92
13P	Olbers	奥伯斯彗星	Olbers	69.56
14P	Wolf	沃尔夫彗星	Wolf	8.21
15P	Finlay	芬利彗星	Finlay	6.76
16P	Brooks 2	布鲁克斯2号彗星	Brooks	6.89
17P	Holmes	霍尔姆斯彗星	Holmes	7.07
18D	Perrine-Mrkos	佩伦—马尔科斯彗星	Perrine & Mrkos	6.72
19P	Borrelly	博雷林彗星	Borrelly	6.88
20D	Westphal	威斯特普哈尔彗星	Westphal	61.86
21P	Giacobini-Zinner	贾科比尼—津纳彗星	Giacobini & Zinner	6.62
22P	Kopff	科普夫彗星	Kopff	6.46

续上表

编号	命名	中文名称	发现者	周期（年）
23P	Brorsen-Metcalf	布罗森—梅特卡夫彗星	Brorsen & Metcalf	70.54
24P	Schaumasse	肖马斯彗星	Schaumasse	8.22
25D	Neujmin 2	诺伊明2号彗星	Neujmin	5.43
26P	Grigg-Skjellerup	格里格—斯克杰利厄普彗星	Grigg & Skjellerup	5.31
27P	Crommelin	克伦梅林彗星	Crommelin	27.41
28P	Neujmin 1	诺伊明1号彗星	Neujmin	18.19
29P	Schwassmann-Wachmann 1	施瓦斯曼—瓦茨曼1号彗星	Schwassmann & Wachmann	14.70
30P	Reinmuth 1	莱马斯1号彗星	Reinmuth	7.32
31P	Schwassmann-Wachmann 2	施瓦斯曼—瓦茨曼2号彗星	Schwassmann、Wachmann	8.72
32P	Comas Sola	科马斯—索拉彗星	Comas、Sola	8.78
33P	Daniel	丹尼尔彗星	Daniel	7.06
34D	Gale	盖尔彗星	Gale	11.17
35P	Herschel-Rigollet	赫歇尔—里高莱特彗星	Herschel & Rigollet	155.91
36P	Whipple	惠普尔彗星	Whipple	8.51
37P	Forbes	福布斯彗星	Forbes	6.35
38P	Stephan-Oterma	史蒂芬—奥特玛彗星	Stephan & Oterma	37.71
39P	Oterma	奥特玛彗星	Oterma	19.5
40P	Vaisala 1	维萨拉1号彗星	Vaisala	10.8
41P	Tuttle-Giacobini-Kresak	塔特尔—贾科比尼—克雷萨克彗星	Tuttle & Giacobini & Kresak	5.46
42P	Neujmin 3	诺伊明3号彗星	Neujmin	10.7
43P	Wolf-Harrington	沃尔夫—哈灵顿彗星	Wolf & Harrington	6.45
44P	Reinmuth 2	莱马斯2号彗星	Reinmuth	6.64
45P	Honda-Mrkos-Pajdusakova	本田—马尔克斯—帕贾德萨科维彗星	本田实 & Mrkos & Pajdusakova	5.27
46P	Wirtanen	沃塔南彗星	Wirtanen	5.46

续上表

编号	命名	中文名称	发现者	周期（年）
47P	Ashbrook-Jackson	阿什布鲁克—杰克逊彗星	Ashbrook & Jackson	8.16
48P	Johnson	约翰逊彗星	Johnson	6.96
49P	Arend-Rigaux	阿伦—里高克斯彗星	Arend & Rigaux	6.62
50P	Arend	阿伦彗星	Arend	8.24
51P	Harrington	哈灵顿彗星	Harrington	6.78
52P	Harrington-Abell	哈灵顿—阿贝尔彗星	Harrington & Abell	7.53
53P	Van Biesbroeck	范比斯布莱特彗星	Van Biesbroeck	12.5
54P	de Vico-Swift-NEAT	德威科—斯威夫特—尼特彗星	de Vico & Swift & NEAT	7.31
55P	Tempel-Tuttle	坦普尔—塔特尔彗星	Tempel & Tuttle	33.22
56P	Slaughter-Burnham	斯劳特—伯纳姆彗星	Slaughter & Burnham	11.59
57P	Du Toit-Neujmin-Delporte	杜托伊特—诺伊明—德尔波特彗星	du Toit & Neujmin & Delporte	6.41
58P	Jackson-Neujmin	杰克森—诺伊明彗星	Jackson & Neujmin	8.27
59P	Kearns-Kwee	基恩斯—克威彗星	Kearns & Kwee	9.47
60P	Tsuchinshan 2	紫金山2号彗星	紫金山天文台	6.95
61P	Shajn-Schaldach	沙因—沙尔达奇彗星	Shajn & Schaldach	7.49
62P	Tsuchinshan 1	紫金山1号彗星	紫金山天文台	6.64
63P	Wild 1	怀尔德1号彗星	Wild	13.24
64P	Swift-Gehrels	斯威夫特—格雷尔斯彗星	Swift & Gehrels	9.21
65P	Gunn	冈恩彗星	Gunn	6.80
66P	du Toit	杜托伊特彗星	du Toit	14.7
67P	Churyumov-Gerasimenko	丘留莫夫—格拉西缅科彗星	Churyumov & Gerasimenko	6.57
68P	Klemola	凯莫拉彗星	Klemola	10.82
69P	Taylor	泰勒彗星	Taylor	6.95
70P	Kojima	小岛彗星	小岛信久	7.04

续上表

编号	命名	中文名称	发现者	周期（年）
71P	Clark	克拉克彗星	Clark	5.52
72P	Denning-Fujikawa	丹宁—藤川彗星	Denning & 藤川繁久	9.01
73P	Schwassmann-Wachmann 3	施瓦斯曼—瓦茨曼 3 号彗星	Schwassmann & Wachmann	5.34
74P	Smirnova-Chernykh	斯默诺瓦—切尔尼克彗星	Smirnova & Chernykh	8.52
75D	Kohoutek	科胡特克彗星	Kohoutek	6.67
76P	West-Kohoutek-Ikemura	威斯特—科胡特克—池村彗星	West & Kohoutek & Ikemura	6.41
77P	Longmore	隆莫彗星	Longmore	6.83
78P	Gehrels 2	格雷尔斯 2 号彗星	Gehrels	7.22
79P	du Toit-Hartley	杜托伊特—哈特雷彗星	du Toit & Hartley	5.21
80P	Peters-Hartley	彼得斯—哈特雷彗星	Peters & Hartley	8.12
81P	Wild 2	怀尔德 2 号彗星	Wild	6.40
82P	Gehrels 3	格雷尔斯 3 号彗星	Gehrels	8.11
83P	Russell 1	拉塞尔 1 号彗星	Russell	6.10
84P	Giclas	吉克拉斯彗星	Giclas	6.95
85P	Boethin	波辛彗星	Boethin	11.23
86P	Wild 3	怀尔德 3 号彗星	Wild	6.91
87P	Bus	巴斯彗星	Bus	6.52
88P	Howell	霍威尔彗星	Howell	5.50
89P	Russell 2	拉塞尔 2 号彗星	Russell	7.42
90P	Gehrels 1	格雷尔斯 1 号彗星	Gehrels	14.8
91P	Russell 3	拉塞尔 3 号彗星	Russell	7.67
92P	Sanguin	桑吉恩彗星	Sanguin	12.4
93P	Lovas 1	洛瓦斯 1 号彗星	Lovas	9.15
94P	Russell 4	拉塞尔 4 号彗星	Russell	6.58
95P	Chiron	奇龙彗星	Kowal	50.78

续上表

编号	命名	中文名称	发现者	周期（年）
96P	Machholz 1	麦克霍尔兹 1 号彗星	Machholz	5.24
97P	Metcalf-Brewington	梅特卡夫—布鲁英顿彗星	Metcalf & Brewington	7.76
98P	Takamizawa	高见泽彗星	高见泽今朝雄	7.21
99P	Kowal 1	科瓦尔 1 号彗星	Kowal	15.1
100P	Hartley 1	哈特雷 1 号彗星	Hartley	6.29
101P	Chernykh	切尔尼克彗星	Chernykh	13.90
102P	Shoemaker 1	舒梅克 1 号彗星	C. Shoemaker & E. Shoemaker	7.26
103P	Hartley 2	哈特雷 2 号彗星	Hartley	6.41
104P	Kowal 2	科瓦尔 2 号彗星	Kowal	6.18
105P	Singer Brewster	辛格—布鲁斯特彗星	Singer Brewster	6.44
106P	Schuster	舒斯特彗星	Schuster	7.29
107P	Wilson-Harrington	威尔逊—哈灵顿彗星	Helin & Wilson & Harrington	4.30
108P	Ciffreo	西弗里奥彗星	Ciffreo	7.25
109P	Swift-Tuttle	斯威夫特—塔特尔彗星	Swift & Tuttle	135.00
110P	Hartley 3	哈特雷 3 号彗星	HartleSpitalery	6.88
111P	Helin-Roman-Crockett	赫林—罗曼—克罗克特彗星	Helin & Roman & Crockett	8.12
112P	Urata-Niijima	浦田—新岛彗星	浦田武、新岛恒男	6.65
113P	Spitaler	斯皮塔勒彗星	Spitaler	7.10
114P	Wiseman-Skiff	怀斯曼—斯基夫彗星	Wiseman & Skiff	6.66
115P	Maury	莫里彗星	Maury	8.79
116P	Wild 4	怀尔德 4 号彗星	Wild	6.48
117P	Helin-Roman-Alu 1	赫琳—罗曼—阿勒 1 号彗星	Helin & Roman & Alu	8.25
118P	Shoemaker-Levy 4	舒梅克—利维 4 号彗星	C. Shoemaker, E. Shoemaker & Levy	6.49
119P	Parker-Hartley	帕克尔—哈特雷彗星	Parker & Hartley	8.89

续上表

编号	命名	中文名称	发现者	周期（年）
120P	Mueller 1	米勒1号彗星	Mueller	8.43
121P	Shoemaker-Holt 2	舒梅克—霍尔特2号彗星	C. Shoemaker, E. Shoemaker & Holt	8.01
122P	de Vico	德威科彗星	de Vico	74.41
123P	West-Hartley	威斯特—哈特雷彗星	West & Hartley	7.58
124P	Mrkos	马尔科斯彗星	Mrkos	5.74
125P	Spacewatch	太空观察彗星	Spacewatch	5.54
126P	IRAS	艾拉斯彗星	IRAS 卫星	13.29
127P	Holt-Olmstead	霍尔特—奥尔斯特德彗星	Holt & Olmstead	6.34
128P	Shoemaker-Holt 1	舒梅克—霍尔特1号彗星	C. Shoemaker, E. Shoemaker & Holt	6.34
129P	Shoemaker-Levy 3	舒梅克—利维3号彗星	C. Shoemaker, E. Shoemaker & Levy	7.24
130P	McNaught-Hughes	麦克诺特—哈根斯彗星	McNaught & Hughes	6.67
131P	Mueller 2	米勒2号彗星	Mueller	7.08
132P	Helin-Roman-Alu 2	赫琳—罗曼—阿勒2号彗星	Helin & Roman & Alu	8.24
133P	Elst-Pizarro	厄斯特—匹兹阿罗彗星	Elst & Pizarro	5.61
134P	Kowal-Vávrová	科瓦尔—瓦洛瓦彗星	Kowal & Vávrová	15.58
135P	Shoemaker-Levy 8	舒梅克—利维8号彗星	C. Shoemaker, E. Shoemaker & Levy	7.49
136P	Mueller 3	米勒三号彗星	Mueller	8.71
137P	Shoemaker-Levy 2	舒梅克—利维2号彗星	C. Shoemaker, E. Shoemaker & Levy	9.37
138P	Shoemaker-Levy 7	舒梅克—利维7号彗星	C. Shoemaker, E. Shoemaker & Levy	6.89
139P	Vaisala-Oterma	维萨拉—奥特马彗星	Vaisala & Oterma	9.57

续上表

编号	命名	中文名称	发现者	周期（年）
140P	Bowell-Skiff	鲍威尔—斯基夫彗星	Bowell & Skiff	16.18
141P	Machholz 2	麦克霍尔兹 2 号彗星	Machholz	5.23
142P	Ge-Wang	葛—汪彗星	葛永良、汪琦	11.17
143P	Kowal-Mrkos	科瓦尔—马尔科斯彗星	Kowal & Mrkos	8.94
144P	Kushida	串田彗星	串田嘉男	7.58
145P	Shoemaker-Levy 5	舒梅克—利维 5 号彗星	C. Shoemaker, E. Shoemaker & Levy	8.69
146P	Shoemaker-LINEAR	舒梅克—林尼尔彗星	C. Shoemaker, E. Shoemaker-LINEAR	7.88
147P	Kushida-Muramatsu	串田—村松彗星	串田嘉男、村松修	7.44
148P	Anderson-LINEAR	安德逊—林尼尔彗星	Anderson & LINEAR	7.04
149P	Mueller 4	米勒 4 号彗星	Mueller	9.01
150P	LONEOS	罗尼斯彗星	LONEOS 小组	7.67
151P	Helin	赫琳彗星	Helin	14.1
152P	Helin-Lawrence	赫琳—劳伦斯彗星	Helin & Lawrence	9.52
153P	Ikeya-Zhang	池谷—张彗星	池谷薰、张大庆	367.17
154P	Brewington	布鲁英顿彗星	Brewington	10.7
155P	Shoemaker 3	舒梅克 3 号彗星	C. Shoemaker & E. Shoemaker	17.1
156P	Russell-LINEAR	罗素—林尼尔彗星	Russell-LINEAR 小组	6.84
157P	Tritton	特里顿彗星	Tritton	6.45
158P	Kowal-LINEAR	科瓦尔—林尼尔彗星	Kowal、LINEAR 小组	10.3
159P	LONEOS	罗尼斯彗星	LONEOS 小组	14.3
160P	LINEAR	林尼尔彗星	LINEAR 小组	7.95
161P	Hartley-IRAS	哈特雷—艾拉斯彗星	Hartley & IRAS 卫星	21.5

表 9－3　非周期彗星表

编号	命名	中文名称	发现者
162P	Siding Spring	塞丁泉彗星	Siding Spring
163P	NEAT	尼特彗星	NEAT 小组
164P	Christensen	克里斯坦森彗星	Christensen
165P	LINEAR	林尼尔彗星	LINEAR 小组
166P	NEAT	尼特彗星	NEAT 小组
167P	CINEOS	西尼奥彗星	CINEOS 小组
168P	Hergenrother	赫詹若斯彗星	Carl W. Hergenrother
169P	NEAT	尼特彗星	NEAT 小组
170P	Christensen 2	克里斯坦森 2 号彗星	Christensen
171P	Spahr	斯帕尔彗星	Timophy B. Spahr
172P	Yeung	杨彗星	杨光宇
173P	Mueller 5	米勒 5 号彗星	Jean Mueller
174P	Echeclus	太空监测彗星	—
175P	Hergenrother	赫詹若斯彗星	Carl W. Hergenrother
176P	LINEAR	林尼尔彗星	LINEAR 小组
177P	Barnard 2	巴纳德 2 号彗星	巴纳德
178P	Hug-Bell	胡格—贝尔彗星	Hug-Bell
179P	Jedicke	詹迪克彗星	Jedicke
180P	NEAT	尼特彗星	NEAT 小组
181P	Shoemaker-Levy 6	舒梅克—利维 6 号彗星	C. Shoemaker, E. Shoemaker & Levy
182P	LONEOS	罗尼斯彗星	LONEOS 小组
183P	Korlevic-Juric	科莱维克—尤里奇彗星	Korlevic-Juric
184P	Lovas 2	洛瓦斯 2 号彗星	Lovas
185P	Petriew	帕特雷彗星	Petriew
186P	Garradd	杰拉德彗星	Garradd

续上表

编号	命名	中文名称	发现者
187P	LINEAR	林尼尔彗星	LINEAR 小组
188P	LINEAR-Mueller	林尼尔—米勒彗星	LINEAR 小组 & Mueller
189P	NEAT	尼特彗星	NEAT 小组
190P	Mueller	米勒彗星	Mueller
191P	McNaught	麦克诺特彗星	McNaught
192P	Shoemaker-Levy 1	舒梅克—利维 1 号彗星	C. Shoemaker, E. Shoemaker & Levy
193P	LINEAR – NEAT	林尼尔—尼特彗星	LINEAR 小组 & NEAT
194P	LINEAR	林尼尔彗星	LINEAR 小组
195P	Hill	希尔彗星	Hill
196P	Tichy	迪奇彗星	Tichy
197P	LINEAR	林尼尔彗星	LINEAR 小组
198P	ODAS	奥达斯彗星	ODAS
199p	Shoemaker	舒梅克彗星	Shoemaker
200P	Larsen	拉森彗星	Larsen
201P	LONEOS	罗尼斯彗星	LONEOS
202P	Scotti	斯科特彗星	Scotti
203P	Korlevic (P/1999 WJ7 = P/2008 R4)	科莱维克彗星	Korlevic
204P	LINEAR-NEAT (P/2001 TU80 = P/2008 R5)	林尼尔—尼特彗星	LINEAR 小组 & NEAT
205P	Giacobini (P/1896 R2 = P/2008 R6)	贾科比尼彗星	Giacobini
206P	Barnard-Boattini	巴纳德—博阿蒂尼彗星	Barnard-Boattini
207P	NEAT	尼特彗星	NEAT
208P	McMillan	麦克米尔兰彗星	McMillan
209P	LINEAR	林尼尔彗星	LINEAR 小组

续上表

编号	命名	中文名称	发现者
210P	Christensen	克里斯坦森彗星	Christensen
211P	Hill	希尔彗星	Hill
212P	NEAT	尼特彗星	NEAT
213P	Van Ness	—	—
214P	LINEAR	林尼尔彗星	LINEAR 小组
215P	NEAT	尼特彗星	NEAT
216P	LINEAR	林尼尔彗星	LINEAR 小组
217P	LINEAR	林尼尔彗星	LINEAR 小组
218P	LINEAR	林尼尔彗星	LINEAR 小组
219P	LINEAR	林尼尔彗星	LINEAR 小组
220P	McNaught	麦克诺特彗星	McNaught
221P	LINEAR	林尼尔彗星	LINEAR 小组
222P	LINEAR	林尼尔彗星	LINEAR 小组

表 9 - 4　已分裂的彗星

编号	中文名称
51P	哈灵顿彗星
57P	杜托伊特—诺伊明—德尔波特彗星
73P	施瓦斯曼—瓦茨曼 3 号彗星
101P	切尔尼克彗星
128P	舒梅克—霍尔特彗星
141P	麦克霍尔兹 2 号彗星

表 9 - 5　已消失的彗星

编号	中文名称
3D	比拉彗星
5D	布罗森彗星

续上表

编号	中文名称
18D	佩伦—马尔科斯彗星
20D	威斯特普哈尔彗星
25D	诺伊明 2 号彗星
34D	盖尔彗星
75D	科胡特克彗星

表 9 – 6　国际天文联合会列出的 1935 年以来出现的明亮彗星亮度排行榜

总星等	彗星编号	命名	中文名称
−10	C/1965 S1	Ikeya-Seki	池谷—关彗星
−5.5	C/2006 P1	McNaught	麦克诺特彗星
−3.0	C/1975 V1	West	威斯特彗星
−3.0	C/1947 X1	Southern comet	南天彗星
−0.8	C/1995 O1	Hale-Bopp	海尔—波普彗星
−0.5	C/1956 R1	Arend-Roland	阿伦—罗兰彗星
−0.5	C/2002 V1	NEAT	尼特彗星
0.0	C/1996 B2	Hyakutake	百武彗星
0.0	C/1969 Y1	Bennett	贝内特彗星
0.0	C/1973 E1	Kohoutek	科胡特克彗星
0.0	C/1948 V1	Eclipse comet	—
0.0	C/1962 C1	Seki – Lines	关—林恩斯彗星
0.5	C/1998 J1	SOHO	索霍彗星
1.0	C/1957 P1	Mrkos	马尔科斯彗星
1.0	C/1970 K1	White-Ortiz-Bolelli	—
1.7	C/1983 H1	IRAS-Araki-Alcock	艾拉斯—荒贵—阿尔科克彗星
2.0	C/1941 B2	de Kock-Paraskevopoulos	—
2.2	C/2002 T7	LINEAR	林尼尔彗星
2.4	1P/1982 U1	Halley	哈雷彗星

续上表

总星等	彗星编号	命名	中文名称
2.4	17P［Oct. 2007］	Holmes	霍尔姆斯彗星
2.5	C/2000 WM_1	LINEAR	林尼尔彗星
2.7	C/1964 N1	Ikeya	池谷彗星
2.8	C/2001 Q4	NEAT	尼特彗星
2.8	C/1989 W1	Aarseth-Brewington	阿塞斯—布鲁英顿彗星
2.8	C/1963 A1	Ikeya	池谷彗星
2.9	153P/2002 C1	Ikeya-Zhang	池谷—张彗星
3.0	C/2001 A2	LINEAR	林尼尔彗星
3.3	C/1936 K1	Peltier	佩尔提尔彗星
3.3	C/2004 F4	Bradfield	布雷得菲尔德彗星
3.5	C/2004 Q2	Machholz	麦克霍尔兹彗星
3.5	C/1942 X1	Whipple-Fedtke-Tevzadze	—
3.5	C/1940 R2	Cunningham	坎宁安彗星
3.5	C/1939 H1	Jurlof-Achmarof-Hassel	—
3.5	C/1959 Y1	Burnham	—
3.5	C/1969 T1	Tago-Sato-Kosaka	多胡—佐藤—小坂彗星
3.5	C/1980 Y1	Bradfield	布雷得菲尔德彗星
3.5	C/1961 O1	Wilson-Hubbard	威尔逊—哈巴德彗星
3.5	C/1955 L1	Mrkos	马尔科斯彗星
3.6	C/1990 K1	Levy	利维彗星
3.7	C/1975 N1	Kobayashi-Berger-Milon	小林—博尔格尔—米伦彗星
3.9	C/1974 C1	Bradfield	布雷得菲尔德彗星
3.9	C/1937 N1	Finsler	—

七、流星的观测

由于科学技术的不断发展，使得天文学的装备越来越精良，天文仪器的性能越来越高超。但是，天文学仍旧同过去一样，丝毫也离不了天文爱好者的协同作战。对流星进行观测，是天文爱好者可以大显身手的地方。

1. 目视观测的意义

目视观测特别适合青少年活动：第一，流星目视观测不需任何专门的仪器设备，也不需什么高深的专业知识，所以，这项活动任何天文爱好者都可以参加；第二，只要周围视野开阔，没有强光的干扰，那么，任何一个晴朗无云无月的夜晚，都可以进行这样的观测；第三，流星观测带有极明显的偶然性，需要尽可能多的人参加，且需要尽可能无遗漏地进行观测，而天文爱好者正具备人数多、分布广的特点，正好能在这样的观测活动中发挥作用；第四，通过观测过程中的分工配合，可以促进团体意识的形成。

质量特别大的流星体碰到地球时，在空气中来不及完全气化，这样，它们就有可能落到地面而被人们发现；质量小的流星体碰到地球时，空气的阻力使它们的速度很快就减慢下来，成为空气中飘浮的尘埃，因而有可能被人们收集到。在航天时代前，它们是唯一能被人们拿在手中进行研究的"天外物质"。对流星的观测，往往有助于发现大陨星。流星群出现的时期，往往也是微陨星大量增多的时期。这是流星、流星群研究受到科学家关注的又一个原因。

流星一般发生在 100 千米的高空，因此观测流星现象，特别是对流星余迹变化现象的研究，可以推算出地球高层大气的密度、电离状况、运动方向和速度等有用信息。

流星休的运动速度都是很快的，在航天时代，它们将对各种航天器构成威胁，这更使得对流星的研究受到人们的重视。

2. 流星群的产生

流星群俗称"流星雨"。

由于同一个流星群内的流星体在宇宙间运行的轨道基本上是互相平行的，这使得当它们进入地球大气层成为可看见的成群的流星时，它们也好像是从一点（或一个不大的区域）发射出来的，这个发出流星的点，叫作辐射点。正如铁路上两根平行的钢轨，往远处看，它们最后好像相交到一点一样，这就是透视现象。这是判断流星是否成群，或某颗流星是否属于某一已知流星群的唯一根据。在流星观测工作中，有一项内容就是找流星群的辐射点。发现了一个辐射点，也就等于找到了一个流星群。

3. 流星观测前的准备工作

进行流星观测，是一项既艰苦又细致的工作。每次观测，都需要观测者克服酷热或严寒、蚊虫叮咬等困难，深更半夜在空旷的野外做长时间的观测。因此，充分预见观测的艰苦性是十分必要的，也是使观测能坚持下去、取得成绩的必不可少的条件。

（1）知识储备。观测者应掌握一些基本的天文知识。比如：熟练地认识十几、二十颗全天最亮的恒星，认识金、木、火、土等大行星，认识猎户、狮子、天琴、飞马等最著名的星座，能分辨天球上的方位，了解天体周日视运动的规律，粗略地估计天体的星等（亮度），了解月球的相位变化、运动规律，使用星图并能根据星图认星……如能对天文知识有更广泛深入的了解，那就更好了。

（2）物资准备。对流星进行正规观测前，还应该准备一些必需的用品。观测流星所需用的物品包括：星图（最好用中心投影的，在这种星图上，流星的轨迹都成直线形状，这是很有好处的。这种星图，在1986年《普及天文年历》中有一套，可以根据它进行复制）；记录本（最好两本，一本做原始记录，一本誊清）；笔、直尺；校对好的或知道表差的计时钟表；照明用的手电筒（为避免强光刺眼，影响对暗弱流星的观测，手电筒应该用两层红布包起来，让它只发出微弱的、不刺眼的红光）；做记录、观测用的桌凳（如果所观测的天区高度较大，最好准备躺椅）；驱蚊水和相关药品等。

（3）观测时间的选择。如果是对已知辐射点的流星群进行观测，还必须选择观测日期和时间。在《天文普及年历》及许多天文书籍、资料中，都有流星群出现日期和辐射点位置的记载。参照这些资料，即可选择预定要观测的流星群活动的极盛日期，以及前后几天的日期。时间的选择要注意三个问题：一是要安排在辐射点的地平仰角较高的时间（由于地球本身在宇宙空间的位置和运动方向的变化，流星辐射点的视位置逐日会有缓慢地变化，日变化幅度在1°左右）。二是尽可能安排在下半夜，这是因为地球有自转和公转，上半夜出现的流星只是追上地球的流星，下半夜出现的流星，除了追上地球的流星，还有同地球迎面相撞的流星，所以下半夜的流星一般要多些、亮些。三是要避开月光对观测的影响。这样，才能选择出最合适的观测时间。例如，观测猎户座流星群，日期应选择十月中、下旬，时间应选择每天下半夜1～5时。

（4）战前练习。

一般可分两步进行：

第一步：单人计数观测练习。

它的观测要点是：在一段时间（例如1小时）内，保持眼睛不离天空，尽量无遗漏地统计这段时间内，在守望天区范围内所看到的流星的个数。

为便于统计，进行流星观测的时间每次都不能少于1小时，并且要从整点、半点、至少整刻开始或结束。不过，当流星出现得很多（例如每分钟出现一两颗以上）时，则需改用较短的时间间隔（例如半小时、一刻钟或更短），作为计数的时间单位。

为了保证流星观测的连续性，观测时是不允许眼睛离开天空的；而为了保证观测的准确性，又必须把观测到的资料、数据尽量可靠地记录下来。这样，除"摸黑"用笔做记录外还可以用计数器记录（例如往碗里放石子）；用录音机记录口述的观测内容，观测完后再根据录音整理出文字记录；或事先请助手协助记录。总之，第一要保证准确无误，第二要尽量不中断观测。

在逐步了解、熟练地掌握了观测方法后。可增加记录内容，如流星出现的时刻、亮度、延续时间、颜色等。

第二步：单人作图观测练习。

在单人计数观测练习的基础上，需进一步做单人作图观测练习，其要点是：观测者把所看到的每一颗流星的移动路线准确地在星图上画出来。具体做法是：当一颗流星出现后，迅速记住它在天空中出现和消失时的位置，在星图上找出相应的这两点，用直尺将这两点连接起来，标上表示运动方向的箭头和表示观测序数的标号，这种观测的目的是为了从所作的流星轨迹图上找出辐射点来。

进行作图观测，必须有一张适用的星图，以及在黑暗的环境中准确作图的技能。所以对观测者提出了较高的要求。这种观测，对研究已知流星群的辐射点的变化情况及发现新的流星群，都有重要作用。当然，目视观测精度不够高，为了确定精确的辐射点，主要依靠照相观测。

经过以上两个观测项目的练习，观测者取得了观测流星的实际经验，特别是几个人组织在一起进行的观测练习，可以培养互相协作、默契配合的能力，以增强观测结果的准确性、可靠性。

在以上各项准备工作都完成后，就可以进行正式的流星观测了。需要强调的是：流星的观测资料，是用于统计处理的资料，数量越多，越利于整理研究。

4. 流星的目视观测

流星目视观测方法，常用的有以下几种。

（1）单人分类计数观测。

这是指一个人对已知辐射点的流星群的观测，要点是：在所守望的天区（最好是把辐射点包括在内），统计在观测时间内所观测到的群内、群外流星的数目。怎样判断流星是群内的还是群外的呢？方法很简单：将观测到的流星都画到专用星图上后，将每颗流星的轨迹反向延长，看它们是否交会于一点或交会在一个不大的区域内。如果有这种情况，就可以断定这些流星是属于同一个流星群的。这个交会点，就是流星群的辐射点，这个流星群，就以辐射点所在的星座命名（如猎户座流星群），有时另加辐射点附近亮星的名称（如宝瓶座 η 流星群）。

现在，一般都认为，同哈雷彗星有关的流星群有两个，一个是 5 月上旬的宝瓶座 η 流星群，一个是 10 月中下旬的猎户座流星群。这是两个已知辐射点的流星群，所以可以采用这种方法观测。这两个流星群也是天文界当前普遍关注的流星群。它们的一般情况，可以查阅每年的《天文普及年历》等有关资料。

进行单人分类计数观测的关键，第一要认准辐射点的位置；第二要能够迅速准确判断出现的流星是否属于群内。

这种观测方法简单易行，又有一定的科学价值，最适合初学者或在青少年中推广。

（2）单人多项观测。

为得到更多的流星群的信息，熟练的观测者可以在观测中记下尽可能多的观测内容。这样的观测就叫单人多项观测。对流星研究有用的信息内容有：每颗流星出现的时刻（准确到分即可，流星较密时准确到 10 秒）；是否群内、最亮时的星等（准确到半个星等）；最亮时所在的星座、路径（根据周围恒星确定并画在星图上）；颜色、有无余迹（流星飞过的路径上可能形成的一条云雾状的亮带）及余迹存在的时间；有无爆发及分裂现象等。

当观测的内容较多时，记录观测内容所需的时间也就较长，这样必然影响对天空的连续观测。为此，除采用前面已经提到的熟练"摸黑"做记录的技能，或找助手协助，或用录音机录音等办法外，应尽量用字母、符号代替汉字，使记录简捷，便于在暗弱光线下书写。例如："0409"代表"4时9分"，"②"代表亮度"2"等，"B"代表"白色"，"K"代表"快"等。各种字母、符号，各人可自行设计，以使用起来可靠、方便、迅速为准。

必须指出：不论观测项目多寡，都要保证记录资料的可靠性。宁可少观测几个项目，也绝不能使记录资料的可靠性得不到保证。一个人单独进行观测，观测资料的可靠性、准确性毕竟有限。如果有多个观测者共同进行观测，情况就可以得到改善。这时，可按下面多人观测的方法去组织观测。

（3）多人分区观测。

一个人观测流星，绝不可能监视整个天空。而且，离视场中心越远，视觉的灵敏度也越低。但当流星群的辐射点较高时，群内流星可能在天空任何部位出现。为了有效地监视整个天空，可以组织几个观测者同时进行观测，把全天分成几部分，每人观测一部分天空。一般可分为东、南、西、北天顶这几部分，人多时可分得更细小些。各人守望的天空范围，可以先在星图上划分，然后在天空中找出来。这样，可以得到整个天空的流星观测资料。但因为每一个天区仍旧只有一个人在观测，所以观测的精度并没有得到提高。

（4）多人多重观测。

每一个观测者做流星观测时，即使尽量全神贯注、目不转睛，也不可能保证不出现遗漏的情况。如果几个人同时守望同一天区，各人独立地进行观测，这样，各人所看到和所漏掉的流星便不会完全相同，那么，利用概率论的数学方法，便可以推算出真实流星数。这样，观测的精度就得到了提高。

进行这种观测时，观测者之间绝不要互相核对、参照，观测后各人也必须单独填写观测报表。必不可少的是，每位观测者必须同时记下每一颗流星出现的时刻。

观测资料誊清后，应及时交专人负责归算。归算方法可参看《哈雷彗星观测手册》的介绍。

（5）多人多重分区观测。

这种方法是前面两种观测方法的综合：当参加观测的人数足够多时，将观测者分成几个小组，分别观测指定的一部分天区；每一个小组中的观测者，又都按多人多重观测的方法进行观测。这样的观测资料，将是精度高、范围广、具有较高的科学价值的。

由于观测人数较多，组织工作显得特别重要。因此，分组分区一定要清楚明确；各组、各人的观测行动一定不能互相妨碍、干扰；各人所需星图、记录本及其他应用物品，一定要准备齐全，不能临时乱拉乱扯；每一位观测者一定要有单独作战的能力，不能滥竽充数；如果在旷野进行观测，一定要互相照顾，注意安全；观测资料一定要及时整理、集中，以免遗失损坏。

5. 流星观测资料的整理

流星观测资料，应按统一的表格（见表9-7）登记填写，及时寄送有关机构，例如南京紫金山天文台全国流星资料汇总中心、北京天文馆等。下面这份观测记录，可供印制、填写表格时参考。

需要说明的是：①报送资料可分为三级：第一级只填"流星目视观测报表"，第二级加填"流星目视观测附表"（见表9-8）中的流星出现时刻、群内、群外等栏，第三级再加填"附表"中的所在星座、其他特征等栏。观测者可根据自己的情况选择一种级别报送。至于轨迹图是否一同报送，可不做要求。②每个人、每夜的观测结果合在一起。

表9-7 流星目视观测报表

猎户座 _____ 流星群

日期（世界时）：2020 年 10 月 29 日 观测者：_____人

适应黑暗时间：**20 分** 地点：深圳大鹏 地理坐标：

计数方法：笔写_____ 计数器_____ 录音机_____ 其他_____

是否集体观测：否____是____ 人数：_____

守望天区面积：无限制_____ 限于60°____ ×100°____

世界时		最暗恒星星等	云量_____%	面对方向	流星	
开始	结束				群内	群外
12 时	20 时	5.5	0	南	5	8
20 时	21 时	5.5	0	南	6	7

观测者（签名）：_____

表 9-8　流星目视观测附表

日期（世界时）：<u>2001</u> 年<u>10</u> 月<u>29</u> 日　观测者：_____　指导教师：_____

序号	流星出现时间			群内	群外	星等	所在星座	其他特征
	时	分	秒					
1								
2								
3								
4								
5								
6								
7								
8								
9								
10								
11								
12								

6. 流星队伍的"新陈代谢"

同宇宙中万事万物一样，流星队伍也有它的发生、发展和消亡的历史。

流星中的偶发流星与流星群，各来自不同的地方：偶发流星来自小行星，包括小行星相撞产生的碎块；流星群则来自彗星。由于彗星的陆续回归，原有的流星群不断得到来自彗星的物质补充，使流星群的生命得以延续下去。随着岁月的流逝，太阳系中各大天体吸引力的不断影响，使得老的流星群中的流星体相互之间的距离越来越大，流星群也就逐渐解体，其中的流星体再遇上地球时，就被当成了偶发流星——这是偶发流星的又一个来源。当流星群的运行轨道太靠近大天体时，大天体的吸引力有可能使流星群的轨道发生变化，这样，这个流星群的轨道不再和地球的轨道相交，这个流星群就可能无声无息地消失了。然而，大天体的吸引力又有可能使并没有同地球相遇的流星群的运动发生变化，把它变成同地球相遇的新流星群。流星的队伍，就这样一刻不停地变化着，成为天体演化长链上闪亮的一环。

一颗颗在宇宙中漫无目的地遨游了几十亿年而丝毫没有发生变化的流星体，在同地球相遇的机会里，突然地，在不到零点几秒的短暂瞬间，化成了一缕发光的气体，随即无影无踪了。

如果流星有生命，当它知道它所发的那一闪即逝的光芒，已被流星观测者观测到，给人们提供了很多有用的天文信息，那么，它一定再不会为自己虚度了漫长的毫无作为的几十亿年时光而遗憾了。

让我们都来观测流星吧！